连铸电磁搅拌和
电磁制动的理论及实践

王宝峰　李建超　著

北　京
冶 金 工 业 出 版 社
2011

内容提要

本书从连铸电磁冶金技术出发，结合连铸电磁冶金理论，采用先进的数值计算方法，模拟分析了各种电磁搅拌技术及其搅拌设备，如小方坯电磁搅拌、大方坯电磁搅拌、圆坯电磁搅拌等；重点介绍了目前钢铁工业上比较成熟的连铸电磁冶金技术，主要包括电磁搅拌技术和电磁制动技术，模拟分析了各种技术在二冷区和结晶器中的应用以及工业实践。本书是作者十几年来对电磁理论及其在连铸领域应用研究的结晶，具有很强的参考价值。

本书适合钢铁生产领域的生产、科研、教学、管理人员参阅。

图书在版编目(CIP)数据

连铸电磁搅拌和电磁制动的理论及实践/王宝峰，李建超著．
—北京：冶金工业出版社，2011．2
ISBN 978-7-5024-5441-8

Ⅰ．①连…　Ⅱ．①王…　②李…　Ⅲ．①连续铸造—电磁振荡—研究　②电磁制动器—研究　Ⅳ．①TG249．7　②TF777　③TH134

中国版本图书馆 CIP 数据核字(2011)第 002510 号

出 版 人　曹胜利
地　　址　北京北河沿大街嵩祝院北巷 39 号，邮编 100009
电　　话　(010)64027926　电子信箱　yjcbs@cnmip.com.cn
责任编辑　刘小峰　常国平　美术编辑　彭子赫　版式设计　孙跃红
责任校对　石　静　责任印制　牛晓波
ISBN 978-7-5024-5441-8
北京百善印刷厂印刷；冶金工业出版社发行；各地新华书店经销
2011 年 2 月第 1 版，2011 年 2 月第 1 次印刷
787 mm×1092 mm　1/16；10．25 印张；245 千字；154 页
36．00 元

冶金工业出版社发行部　电话：(010)64044283　传真：(010)64027893
冶金书店　地址：北京东四西大街 46 号(100010)　电话：(010)65289081(兼传真)
(本书如有印装质量问题，本社发行部负责退换)

前　　言

电磁冶金技术在钢铁工业中的应用已经有三十多年的历史，其改善钢材质量的作用已经得到普遍认可。20世纪80年代以来，我国从引进到开发，使得电磁搅拌技术在我国钢铁企业的连铸生产中得到了广泛应用。但是，在很多钢铁企业中普遍存在着电磁搅拌技术和装置达不到预期效果的现象。其主要原因是，电磁搅拌器为非标准的机电一体化设备，需要进行针对用户的设计和参数优化，牵涉到多种学科和多项技术。而对很多钢铁企业来说，是在现有连铸机上新增电磁搅拌装置，这就要求所配置的电磁搅拌技术和装备适应现有的连铸设备和工艺，否则将难以发挥电磁搅拌的预期效果。

目前，钢铁工业上应用比较成熟的连铸电磁冶金技术主要包括电磁搅拌技术和电磁制动技术。其中，电磁搅拌技术主要应用于方（圆）坯连铸机和板坯连铸机上；而电磁制动技术主要应用于板坯连铸中，特别是在薄板坯连铸过程中应用居多。经过近二十年的应用实践和研究开发，对电磁搅拌和电磁制动理论和技术进行系统地梳理和总结已经变得十分必要和迫切。

本书内容涵盖了现在钢铁工业上应用比较成熟的各种电磁冶金技术。针对电磁搅拌技术在连铸这一具体领域上的应用，从电磁理论出发，阐述了各种形态电磁场的传递和作用规律；采用先进的数值模拟方法，对不同类型的电磁搅拌和电磁制动下的磁场和流场进行了耦合计算，定量分析了国内外不同形式的电磁冶金设备的特点，并结合工厂中的实际应用情况，对理论分析和数值计算的正确性进行了验证。本书内容主要包括电磁冶金理论、方（圆）坯电磁搅拌技术、板坯电磁搅拌技术及电磁制动技术等内容。本书作者及其团队长期从事该领域的研究工作，并且开发出了具有自主知识产权的电磁冶金设备，在很多钢厂得到应用，从中积淀的实践经验丰富和发展了电磁冶金理论。通过阅读本书，读者能够了解电磁冶金的原理，深刻认识连铸电磁冶金的关键技术，掌握电磁搅拌和电磁制动设备的设计思路和使用原则，使连铸电磁冶金技术更好地为企业服务，创造更多的经济效益。

研究团队成员有王宝峰、李建超、曹建刚、丁国、麻永林、黄军等教师及于海岐、宿国栋等研究生，他们的研究成果是本书内容的重要来源。

在本书撰写过程中，参考了许多学者和专家的相关著作和论文，在此表示衷心的感谢！

由于编者水平所限，书中不妥之处，欢迎广大读者批评指正。

内蒙古科技大学 王宝峰 李建超

2010 年 11 月于包头

目　　录

1 绪　　论

1.1　国内外连铸技术的发展概况

1.1.1　国外连铸技术发展简要回顾

连续浇铸液体金属的思想可以追溯到150多年前。由于受各种条件的限制，塞勒斯(G. E. Sellers)等人提出的这种设想只能在低熔点的有色金属中得到应用，如铅的浇铸等。最早的有关类似于现代连铸技术和工艺的建议是在1887年，由德国人戴伦(R. M. Daelen)首先提出。在戴伦等人提出的这种连铸技术中，包括了水冷和上下口敞开的结晶器、二次冷却部分、引锭杆、夹辊及连铸坯切割装置等设备和工艺技术。但是，当时钢坯黏结结晶器及连铸过程中拉漏现象经常发生，操作工艺也极不稳定，难以实现大规模生产。德国人容汉斯(Siegflid Junghans)提出了结晶器振动技术，解决了钢坯黏结结晶器的问题，奠定了近代连铸生产技术的基础。容汉斯于1933年在德国建成了第一台立式的、带振动结晶器的连铸机，并用这种设备浇铸了铜、铝等合金，获得了成功。与此同时，美国Alcoa公司也发明了立式的半连续铸造工艺(Vertical Direct Chill Casting，DC法)，用来生产铝合金铸锭等材料。由于采用这种立式连续铸造技术具有占地少、投资省、效率高、成本低等优点，在有色金属材料的生产中得到了广泛应用。

钢铁材料具有熔点高、凝固速度慢和生产规模庞大等特点，在工业规模上实现连续铸造存在很多技术困难，发展速度非常缓慢。20世纪40年代，容汉斯在德国建设了第一台生产钢的试验性连铸机，并采用了带振动的水冷结晶器、浸入式水口和保护浇铸等技术，为现代连续铸钢技术的发展奠定了基础。第二次世界大战后，世界各地相继建成了一批浇铸钢铁材料的实验性和半工业性连续铸钢实验设备。到20世纪50年代，连续铸钢技术实现了工业化设计和生产，从此连铸技术得到迅速发展。20世纪70年代，世界能源危机的出现和与模铸相比连铸本身固有的节能优势，以及相关技术(如大型氧气转炉、电磁搅拌技术等)在连铸生产中的广泛采用，促进了连续铸钢技术的进一步发展。在这一时期，连铸技术的理论、生产工艺、设备、连铸坯的品种规格、质量等都取得了巨大的进步。

20世纪80年代，世界钢铁生产和科学研究中心从欧美逐渐转移到日本。连铸技术呈现出强劲的发展态势，而高效连铸技术的提出(生产过程的高效化、铸坯洁净化、产品近终形、操作自动化以及与后续工艺衔接上的连续化)代表了世界现代连铸技术的发展方向。特别是在20世纪90年代，韩国钢铁业的崛起使钢铁生产的国际竞争更加激烈。目前，世界各大钢铁公司都在提高产品质量和生产效率、节能环保等环节上开展全面的研究开发工作，以满足社会发展的需要及提高企业和本国钢铁材料生产的国际竞争力。在这种连续铸钢中，取消钢坯的表面处理，将连铸生产的高温钢坯直接热装实现连铸坯—热装—连轧的生产工艺，是节能、环保和提高生产效率的重要途径，也是近年来钢铁界引人瞩目的重大研究课题。

实现连铸坯—热装—连轧的生产工艺，要求连铸生产出的坯料是无内外缺陷的优质连铸坯。但是，在目前的连铸生产工艺和技术条件下，钢坯的缺陷几乎不可避免，不仅结晶器的振动会留下表面振痕、甚至裂纹等缺陷，而且连铸过程中弯月面的不稳定性极易导致连铸过程中初期凝固坯壳生长不均匀，进而增大纵裂纹生成的几率。这些问题不仅阻碍了连铸—热装—连轧技术的实现和高效（速）连铸技术的发展，而且其产品质量也难以满足现代工业对优质钢材的要求。多年来许多研究工作者和工程技术人员一直在进行各种尝试改善连铸坯的质量，如变化结晶器的振动方式等，但这些做法的效果有限。因此，生产无缺陷铸坯成为冶金工作者梦寐以求的理想。而电磁连铸技术能够极大地改善连铸坯的表面和内部质量，能够进一步提高连铸连轧的比率，大幅度降低生产成本。因此，以钢铁材料为代表的高熔点液态金属的电磁成形及凝固控制技术的研究成为各国钢铁研究的重点课题，受到世界各国钢铁生产者的高度重视。美国能源部所属 Argonne 研究所，在能源部巨资支持下，于 1984 年开始全面开展了钢的电磁连铸技术的研究。他们以开发钢的立式和水平电磁铸造为目标，进行了大量的实验研究工作。1991 年，日本通产省将液态金属成形及凝固控制的研究作为科学技术超前研究课题（1991～1993 年），取得了一些突破性的研究成果。1993 年，日本贸易振兴会组织由通产省、大学和相关企业参加的代表团，赴欧洲考察后，将此研究方向确定为 21 世纪金属成形的新方法，并于 1995 年投入数十亿日元作为国家工程计划立项（1995～2000 年）。韩国也投入了巨额资金将此课题定为国家重大研究项目（1995～2004 年）。可见，开展钢铁材料电磁连铸技术的研究，不仅对丰富和发展电磁冶金理论、磁流体力学和金属凝固理论具有一定学术价值，而且具有良好的工业应用前景，也会给冶金工业带来重大变革和取得巨大的经济效益[1～3]。

1.1.2　我国连铸技术的发展概况

我国在研究和开发连铸技术方面起步也比较早，但是，由于社会和技术等多方面的原因，以前的发展速度非常缓慢。技术落后、铸坯质量差是我国 20 世纪 70～80 年代（改革开放之前）的基本写照[4,5]。经过 20 多年的引进、消化和发展，我国的连铸技术得到了空前的发展，连铸比已经从 20 世纪 80 年代的不足 30%，发展到目前约 99%。同时，从 1996 年起，我国钢铁材料的年产量首次突破 1 亿吨，进入 21 世纪，经过十年波澜壮阔、史诗般的发展，2010 年钢产能已经突破 7 亿吨，成为名副其实的钢铁王国。由于历史原因，我国基础研究和技术开发的投入量远远低于发达国家的水平，特别是对连铸相关技术的开发和消化相对滞后，直接导致了对电磁技术在冶金中应用研究的不足。此外，企业的技术开发力度和重视程度不足，与世界发达国家和公司的差距甚大（如日本新日铁公司的研究与开发费用占总产值的 3%）[6,7]，也影响了电磁技术在冶金工业中的推广使用。为此，针对电磁技术在冶金工业中开发和应用研究存在的问题，开展电磁搅拌在冶金过程中的研究工作，不仅能够使我国生产出更多更好的优质钢材，同时也带动和促进相关领域科学技术的发展。面对 21 世纪对金属材料的新要求、新挑战，以及我国加入世贸组织后对钢铁工业所面临的新形势，研究和开发钢的电磁连铸技术，对提高我国钢铁生产的装备水平，提高钢材质量有着非常重要的意义[8～10]。

1.2 电磁冶金理论的研究

电磁流体力学(MHD)是电磁冶金理论的基础,它的发展带动了电磁连铸技术在冶金工业中的应用和发展。早在1823年Faraday就提出了测量流体在磁场中流动情况的设想。尽管当时未能达到实用目的,但却是当今磁流体动力学的基础。后来,O. Muck于1923年提出了"悬浮熔融"方法的专利。W. Braunbeck在1932年就已经认识到,旋转磁场可使流体旋转。磁流体力学系统化工作要归功于Alfven(1942年)。电磁流体力学(MHD)理论的系统发展和广泛应用,则是从20世纪60年代开始的。Langenberg发现(1961年),钢锭在交变电磁场中凝固时,钢锭内部组织可以细化。由于液态金属也是良好的导体,在磁场和电流的作用下,金属熔体内部就会产生电磁力,利用电磁力就可以对液态金属进行非接触式搅拌、传送和形状控制。同时,电磁场是一种高密度的能量形式,具有清洁、即时响应、可控以及易于自动控制等特点,受到科学研究工作者的关注。电磁搅拌技术就是把交变的电磁场应用于金属的凝固过程,使其在交变磁场的作用下,产生感应电流和电磁力,进而驱动液态金属产生理想的流动。基于此,电磁冶金理论在冶金工业中的应用受到了广泛的重视,且得到了推广应用。前苏联是最早将电磁场的加热功能和电磁约束功能应用到金属加工领域的国家,例如,Getselev等人在1969年就申请了铝的无模电磁铸造技术专利,在1978年,瑞士Alusuisse公司把这一专利技术进行了商业化开发,取得了成功。1982年,在英国Cambridge举行的国际力学理论和应用联合会议(IUTAM)上,最早发表了关于电磁流体力学在冶金工业中应用的文章[11]。这次会议对推动电磁流体力学在冶金及加工工程领域的发展起到了积极的促进作用。1985年,日本钢铁协会电磁冶金委员会成立,标志着电磁冶金已经成为一个独立的学科。1990年和1994年先后在日本召开了第六届国际钢铁研讨会和第一届材料电磁加工国际会议。在这两次会议上,材料电磁加工(EPM)这个术语被首次提出,标志着EPM技术大发展的到来。此后,又召开了几届EPM国际学术会议[12],2005年,中国金属学会电磁冶金与强磁场材料科学分会在东北大学成立,标志着我国EPM的研究和开发进入了一个新时代。从这些会议看出,材料电磁加工技术已成为材料科学制备领域内重要研究方向,它已经从开始阶段的改进和提升传统工艺和技术,发展成为开发和研制新材料、新工艺的一种重要途径。

1.3 电磁技术在连铸生产中的应用

电磁技术在轻金属领域有大量的应用。法国C. Vives[13]等人发明了铝的电磁精炼方法,即CREM(Casting Refining by Electromagnetic Method),Pechiney公司使该技术实现了商业化。这种方法是在石墨铸型的外部设置感应线圈,接50~60 Hz的工频电流,产生的交变电磁场对铝液产生搅拌作用。CREM的工业应用证明,这种工艺生产的铸锭,其晶粒尺寸是DC法生产铝铸锭(不加入任何晶粒细化剂)时的1/10,铸锭边部的偏析缺陷也基本消失,表面光滑,几乎消除了波纹等表面缺陷。

电磁铸造(EMC)是利用电磁场对金属材料的约束功能实现无模铸造技术的最好例证。这一技术在20世纪60年代初开发出来之后,先后在美国、瑞士等进行了大力推广,并形成工业化的生产能力[14,15]。这种技术的独特优点是,液态金属不与铸型(模具)接触而凝固成形,铸坯表面质量好,几乎不需去皮加工,同时金属液体受电磁搅拌及强冷却水作用,晶粒细小、成分偏析小。由于无模电磁铸造要求有很大的电磁力，这种技术主要应用到密度小、电导率大的铝、铜等金属及合金的生产中。目前，很多国家对该技术进行了深入研究并加以发展，生产和技术水平已实现了一机多锭，以及铸造过程计算机自动控制，能够进行多种软硬合金锭的铸造。

我国电磁铸造技术的研究也比较早，20 世纪 70 年代中期，东北轻合金加工厂便开始这方面的研究，并于 1982 年生产出铝合金圆锭，但因缺乏基础理论支持和系统的配套设备，工艺操作难度大，没有实现自动控制，致使这一技术实际上被搁置起来，未能在生产中发挥应有的作用。之后，东北大学开展了低频电磁铸造的研究工作，在实验室已经铸造出各种系列的铝合金，表面质量、内部组织以及力学和物理性能均有一定的改善，取得了一些有益的研究成果[16~18]。

为了能够生产出内外质量都达到优良的铸坯，人们开始试图把电磁技术运用于连续铸钢的生产实践中。表 1-1[19] 列出了铝、铜和钢的物理参数以及实现电磁铸造时的一些主要技术数据。

表 1-1　铝、铜、钢电磁铸造主要参数的比较

项　目		铝	钢	铜
$\rho/\mathrm{kg\cdot m^{-3}}$		2400	7800	9600
$\sigma/\mathrm{s\cdot m^{-1}}$		1.1×10^7	7.14×10^5	4.7×10^7
δ/mm	$F=1\,\mathrm{kHz}$	8	7.1	19.5
	$F=3\,\mathrm{kHz}$	4.6	4.1	11.4
	$F=10\,\mathrm{kHz}$	2.5	2.2	6.2
$P/\mathrm{kN\cdot m^{-2}}$	$H=50\,\mathrm{mm}$	12	38	34.5
	$H=100\,\mathrm{mm}$	24	78	69
	$H=200\,\mathrm{mm}$	48	156	138
B/T	$H=50\,\mathrm{mm}$	0.0540	0.0980	0.0920
	$H=100\,\mathrm{mm}$	0.0770	0.1390	0.1300
	$H=200\,\mathrm{mm}$	0.1090	0.1960	0.1840

注：ρ—密度；σ—电导率；δ—电流渗透深度；P—静压力（电磁压力）；B—磁感应强度；F—磁场频率；H—液态金属高度。

由表 1-1 列出的铝、铜和钢的参数可以看出，钢的密度是铝的 3 倍多，使得钢电磁铸造所需的电磁力比铝大；钢的电导率小，在相同的电源参数下所产生的感应电流小，电磁力也就小。因此，获得相同电磁力，钢所需的电磁力是铝的 2.9 倍，需要的磁场强度是铝的 1.7 倍。其次，钢的熔点比铝的熔点要高得多，熔化潜热也很大，导致钢的凝固速度缓慢，加上钢的连铸速度通常为铝的几十倍，因此实现钢的电磁铸造，就需要对铸坯采取很高的冷却强度，从而增加了钢电磁铸造的难度。基于上述原因，科学家提出了在连铸结晶器外设置交流电磁场，通过结晶器壁面和电磁的作用力来共同约束钢液，达到减少钢液和结晶器壁面之间的接触压力，增大熔化的保护渣通道，减小了结晶器上下振动时对铸坯质量的影响，这样可以使液态金属处于一种被称作"软接触"的状态。

把电磁技术成功应用到连续铸钢生产中比较典型的例子是电磁搅拌（Electro Magnetic

Stirring,EMS）和结晶器电磁制动（Electro Magnetic Brake,EMBr）。电磁搅拌技术的实质是在电磁搅拌器的线圈内通以低频电流，产生变化的磁场，变化的磁场在金属液体中感应出感生电流，感生电流与磁场的相互作用，在钢液中产生洛伦兹力，借助这种电磁力驱动连铸坯内液态金属产生流动，从而改变金属熔体凝固过程中的流动、传热和传质过程，达到改善铸坯内部质量的目的。几十年来的连铸EMS实践表明，目前使用在方坯连铸机上的结晶器电磁搅拌技术，能够有效地改善铸坯的凝固组织。因此，这项技术受到了广泛的关注，在工业生产中得到了广泛的推广。这不但促进了电磁冶金理论和技术的进一步发展，而且这项技术的应用可以在不改变现有连铸设备的前提下，明显提高连铸坯的表面质量和内部质量。

最初在连续铸钢中应用的电磁搅拌采用的是工频电源供电。由于不需要变频设备，在旧式连铸机上配套使用有一定的优势，所以日本新日铁公司，从20世纪80年代末开始一直开展此项工作的研究，并取得了一些结果。他们在传统铜结晶器外部施加了60 Hz的工频电磁场，进行了不锈钢圆坯的连铸实验。实验结果表明，施加电磁场减轻了铸坯表面振痕，同时消除了一些元素的表面偏析。但是在现代的电磁搅拌中，无论是结晶器搅拌还是二冷电磁搅拌，都采用低频电源供电，极大地提高了电磁搅拌的效率，取得了良好的冶金效果。

电磁冶金在钢铁生产中应用的另一技术是结晶器电磁制动。它是在结晶器内的钢液上施加一个与铸流方向垂直的静态磁场。钢水在水口流出时，相当于一个良导体。当钢液在磁场中切割磁力线就产生感生电流，此电流与磁场相互作用，产生一个与流动方向相反的电磁力而使流速得到制动。其结果是减少了钢水对铸坯凝固面的冲击，防止了凝固壳的再熔化，减少了漏钢的发生。通过控制钢液对液面的扰动，减少或避免了夹杂物的卷入。同时，因钢水的冲击深度减小，有利于非金属夹杂物的上浮，提高了保护渣对夹杂物的吸收能力。目前国内外的一些设备制造公司已经开发出了结晶器电磁制动装置，并在一些企业中得到了应用。

1.3.1 电磁搅拌技术

现代连铸工艺虽然采用了浸入式水口、保护渣、气体保护等措施，使得铸坯质量得到很大改善，但是，直到采用了电磁搅拌技术，才可能对铸坯组织结构进行控制。扩大铸坯的等轴晶区，减轻铸坯的中心疏松、中心偏析和中心缩孔，是连铸电磁搅拌技术在连铸生产中得到广泛应用的重要原因[20,21]。目前，电磁搅拌技术已经发展成为重要的连铸相关技术之一。搅拌方式也已由单一搅拌——结晶器搅拌（M-EMS）、二冷区搅拌（S-EMS）和凝固末端搅拌（F-EMS）发展为组合式搅拌等多种方式。搅拌装置示意图如图1-1所示。此外，根据电磁力驱动熔体运动方式的不同，又可以分为旋转型搅拌和线型搅拌等。旋转型搅拌主要用于方、圆和宽厚比接近于1的矩形坯，对于板坯及宽厚比大的矩形坯则多采用线型搅拌，或称作

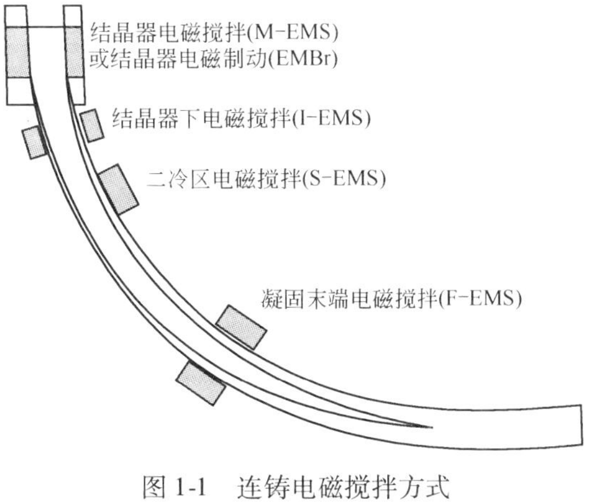

图1-1 连铸电磁搅拌方式

行波搅拌。

电磁搅拌技术是利用不同形式的磁场发生装置，当连铸坯的液态金属通过交变电磁场时，在液态金属中产生感生电流，感生电流与磁感应强度的作用产生电磁力。通过电磁力来控制连铸过程中钢水的流动、传热甚至凝固，从而提高钢的洁净度，扩大铸坯的等轴晶区，降低成分偏析，减轻或消除中心疏松和中心缩孔，实现生产优质、高等级钢材的目的。根据电磁搅拌器安装位置的不同，主要有以下三种搅拌形式：

（1）结晶器电磁搅拌（Mould Electro Magnetic Stirring, M-EMS）。这种形式的搅拌器安装在结晶器水套内部或外部（内置式或外置式结晶器电磁搅拌器），其作用效果是：提高拉坯速度，改善表面质量，清洁凝固壳表层气泡和夹杂，有利于减小过热度的影响，提高钢水洁净度，改善铸坯内部组织结构，增加等轴晶率等。

（2）二冷区电磁搅拌（Secondary Cooling Electro Magnetic Stirring, S-EMS）。这种形式的搅拌器安装在二冷区。二冷区搅拌的主要效果是：消除柱状枝晶间的搭桥，减轻或消除中心疏松和中心缩孔，扩大等轴晶区，减轻中心偏析和内弧夹杂物的集聚。目前的生产实践和研究表明，只有将二冷区搅拌与末端搅拌结合起来，才能实现最佳效果。

（3）凝固末端电磁搅拌（Final Electro Magnetic Stirring, F-EMS）。这是把搅拌器安装在钢液凝固末端的一种搅拌方式（糊状区）。此时，钢水成糊状，凝固壳较厚，一般采用低频电源。其主要效果是：降低中心偏析，减轻或消除中心疏松和中心缩孔等。目前的主要问题是如何保证电磁搅拌器准确安装到指定凝固率的位置上，同时保证稳定的连铸工艺参数并与电磁搅拌工艺参数合理匹配。

1.3.1.1　电磁搅拌理论的研究

针对电磁搅拌的机理和应用，人们从多个方面开展了电磁搅拌理论的研究工作。计算机数值模拟技术是研究电磁搅拌过程的一种重要手段。T. Okimura[22]采用数值模拟技术研究了弧形连铸机上 EMBr 控制金属流动的原理和方法。K. Kariya, Y. Kitano, M. Kuga 等[23]和 T. Takeuchi 等[24]采用稳恒磁场对高速连铸机的钢液流动控制效果进行了模拟研究，取得了大量数据。在进行电磁搅拌计算机数值模拟时，人们主要关注电磁场的分布及电磁力的分布，并研究电磁场作用下流场的情况，取得了大量的研究结果[25~27]；同时，在对电磁场进行实验室和现场测定等研究方面，对理论研究结果的精度和方法以及它们的合理性进行验证和完善方面也做了大量的工作[28~30]。黄军涛、赫冀成[31]用数值模拟方法研究了方坯连铸二冷区电磁旋转搅拌问题，获得了电磁场的分布规律；李秋玲、邓康等[32]则应用试验方法模拟了薄板坯水平连铸结晶器电磁搅拌过程；郭大勇、杨院生、童文辉等[33]通过模拟技术分析和研究了在电磁驱动熔体流动情况下枝晶变形断裂的情况；张宏丽、王恩刚、贾光霖、赫冀成等[34]则模拟和计算了电磁搅拌器的结构参数对钢液内电磁场和流场分布的影响规律；在现场试验方面，国内外学者对电磁搅拌过程也进行了大量的研究，有的已经应用于工业生产中。内蒙古科技大学研究人员[35~38]首次对电磁搅拌过程进行了磁场和流场耦合计算，研究了不同相位电流作用下，铸坯内部磁场和流场的分布，而且还对凝固末端电磁搅拌进行实验研究，得出一些重要的结论。

随着连铸技术的不断发展及计算机的普及，数值模拟成为研究连铸过程电磁搅拌的有效手段，采用数值模拟方法进行电磁搅拌器结构设计和工艺参数的确定是一种简单而有效的研究方法。

1.3.1.2 电磁搅拌的应用

从连铸电磁搅拌技术的发展历程来看，初期的电磁搅拌器主要是安装在二冷区。20 世纪 70 年代法国的东方优质钢公司进行了具有代表性的研究工作，证明了磁力线能够穿透铸坯凝固壳之后，世界各国对二冷区电磁搅拌技术的发展给予了极大的重视。而法国钢铁研究院对结晶器电磁搅拌开展了全面的研究，取得了大量成果，促使人们更多地研究和开发结晶器电磁搅拌技术。

工业应用和理论研究表明，结晶器电磁搅拌虽然具有扩大等轴晶带、减少偏析、净化钢水、去除非金属夹杂物、增大钢水和保护渣之间的接触面积、有利于将非金属夹杂物上浮转移到保护渣中等优点，但是，如果搅拌器的安装位置不够合理时，特别是当搅拌强度较大时，这些冶金效果则可能大打折扣。离心力的作用，可能在液面形成旋涡，使得型壁附近的金属液向上突起，中心的金属液面凹陷，这种情况会造成弯月面稳定性降低，阻碍润滑剂沿结晶器壁的流入，降低润滑效果。同时，如果发生中心涡流，还会将保护渣卷入金属液内部而产生夹杂缺陷[39,40]。多年的生产实践表明，弯月面波动是造成连铸坯质量缺陷的关键因素。为此，很多研究工作者开始研究和解决这一问题，其中加拿大学者 L. Beitelman 和 J. A. Mulcahy 等设计了一种 M-EMS/AC-SM 双搅拌系统。其基本想法是，在结晶器下部设置一个主搅拌线圈（M-EMS），在弯月面区域设置一个辅助线圈（AC-SM），搅拌过程中给辅助线圈通以与下部搅拌线圈方向相反的电流。由于两线圈产生的电磁搅拌力方向相反，希望用辅助线圈削弱由于主搅拌线圈在弯月面区域带来的弯月面波动，起到稳定弯月面的作用[41]。但是，法国 Rotelec 公司的实验研究发现，采用这种方法的效果不大，相反，还可能对铸坯质量产生负面影响。由此可见，电磁搅拌的作用效果受很多因素影响，深入研究电磁搅拌过程的作用机理是开发电磁搅拌器的基础。而研究瞬态电磁场、感应电流和电磁力的变化规律，掌握它们之间的相互作用和相互影响，同时考虑连铸坯冷却过程的温度场和凝固特点，是开发出高效实用电磁搅拌系统的基础。

电磁搅拌技术在我国的研究和开发始于 20 世纪 80 年代初，主要是对引进设备的消化和吸收，但研究进展比较缓慢，没有形成自己的研究体系和成套技术。进入 90 年代，钢铁企业先后从德国、意大利、加拿大等国引进了大量电磁搅拌设备，耗资数千万美元，一些电修厂和电磁铁厂对国外产品进行了修复和仿制，但由于这些企业规模小，研发能力弱，没有形成生产电磁搅拌系统的能力，在电磁搅拌新技术开发和应用方面与国外也有较大差距。1995 年以后，虽然国家对连铸电磁搅拌及电磁冶金技术进行了较大规模的投入，并一直将电磁冶金技术作为鼓励研究开发的领域。但是，理论研究与实际应用经常出现脱节情况。由于该技术牵涉到众多学科和技术（电磁理论、磁路设计、流动理论、凝固理论、连铸技术、变频技术和控制技术等），同时大多数电磁搅拌装置又是在现有连铸设备上进行配套安装，给企业开发制造电磁搅拌系统带来了不少困难。

目前，国内的电磁搅拌器制造厂家主要还是在过去仿制和修复国外产品的基础上，开发自己的产品。由于电磁搅拌器的应用领域不同，所要求的搅拌方式也不同，特别是在内置式搅拌器方面，大部分国内制造商还无法生产两相电源（相位差为 90°），所以无论是规模上还是技术上都未形成自己的优势，也没有形成大量有自主知识产权的系列产品。

电磁搅拌技术在钢铁工业中的应用已经有30多年的历史。无论企业应用电磁搅拌的效果如何,电磁搅拌在改善连铸坯质量方面的作用已经得到普遍认可。而中国成为WTO成员之后,中国钢铁工业也就成为世界各国关注的焦点。很多著名的国外企业进驻中国,推销自己的电磁搅拌技术和产品。目前,在电磁搅拌设计方面,无论是国内还是国外,都是推广应用重于基础研究和技术开发,基础研究方面的投入严重不足。因国内对引进设备的消化和吸收工作做得也不够理想,在我国的一些钢铁企业,存在着引进和国产的电磁搅拌技术及装置达不到预期效果或虽有冶金效果但不显著的现象。

电磁搅拌技术在理论方面和应用方面都是一个综合性问题,理论方面,它涉及电磁理论、金属学原理、流体力学、凝固理论等学科,使得这项技术的开发应用具有较大的困难,但其重大的经济和社会效益已被广泛认同。不少厂家认为电磁搅拌技术的应用未能达到预期的效果,虽有冶金效果但不显著,难以转化为现实的经济效益。其主要原因是:由于电磁搅拌器为非标准的机电一体化设备,需按照连铸机现有设备和工艺条件进行工业设计,必须进行对用户设备的评估→设计→制造→安装→调试的一条龙服务,才能发挥出电磁搅拌的作用,电磁搅拌器是以用户为中心的产品,电磁搅拌技术的应用也把装备制造厂家的产业链从装备制造业向服务业进行了延伸。工厂中的技术人员除了掌握连铸技术之外,还应了解电磁搅拌过程中磁场的作用规律,这样才能更好地使用电磁搅拌装备。

1.3.2　电磁制动技术

电磁制动(EMBr)这一技术及名词是由S. Kollerg在1982年英国伦敦举行的第四届国际钢铁会议上最先提出的。它是日本川崎钢铁公司(Kawasaki Steel Corporation)和瑞典ASEA公司联合开发的,并在川崎钢铁公司Okayama钢铁厂的5号板坯连铸机上进行了试验,接着又将这项技术应用于川崎公司的其他连铸机上,收到了良好的冶金效果。近年来,电磁制动技术(Electromagnetic Brake,EMBr)在连铸中的应用得到了飞速的发展。在薄板坯连铸中,从浸入式水口喷出的钢液流速很大,这样就使得结晶器内的钢液产生剧烈的湍流,产生卷渣现象,而且使得射流流股对结晶器壁冲击剧烈,有使窄面凝固壳重熔的危险。另外,流股的穿透深度也很大,使一些夹杂物来不及上浮就卷进正在凝固的凝壳中,这些对板坯的表面质量及内部质量均有很大的影响。在结晶器上加静态磁场可以控制结晶器内的钢液分布,使钢液流速合理,以达到良好的冶金效果。随着连铸机向重型化和大型化发展,结晶器内流动控制变得更加重要,电磁制动技术在未来必将得到越来越多的应用。

国外冶金工作者就磁场对结晶器中钢水流动行为的影响进行了很多的研究。Hackl等人通过往连铸钢液中加入一个难熔的圆形物体,采用已用水模校准的仪表来测定圆形物体上的压力来反映电磁制动后结晶器弯月面流体流动的速度;采用将无磁不锈钢片插入结晶器弯月面来比较电磁制动后弯月面液面波动的情况。Tho和Takeuchi认为,结晶器中钢液的流动决定了最终产品的质量。Tkaat认为,交变的磁场用来搅拌钢液,静态的磁场用来控制钢液的流动。Mosrihaa等报道了电磁制动的影响,结晶器中钢水从弯月面的渗透深度从1500 mm减小到900 mm;同时,夹杂物也减少了50%左右。另据报道,采用电磁制动后结晶器液面波动可控制在±2 mm。近年来,国内也开展了有关薄板坯结晶器电磁制动技术的基础研究工作。李宝宽[42]等采用模型实验结合数值模拟的方法分析了薄板坯连铸结晶器内的电磁制动过程。吕伟[43,44]等以500 mm×70 mm薄板连铸机结晶器为研究对象,依据电磁流体力学理论，建立二维数学模型，使用交错网格及数值分析方法，分析了薄板坯结晶器在恒定磁场作用下的钢水流动特性。吕伟等以锡作为模拟合金，测定了有无电磁制动条件下结晶器内液流的二维速度分布，实验结果表明，电磁制动对于减少液面波动、改善薄板坯连铸结晶器内的流场有明显效果。

参考文献

[1] Sundberg Y. Metallurgical applications of magneto-hydrodynamics [A]. Proceedings of a symposium of the IUTAM [C], 1984:217-225.

[2] Yamamoto H, et al. Proceedings of the 6th International Iron and Steel Congress[C], Nagaya, Japan, 1990, 3: 478-486.

[3] Kunstreich S, Nove M C, Yves D. In-mold double stirring system in continuous casting: effect of two counter rotating magnetic fields [A]. Proceedings of ISEPM [C], 1997:355-365.

[4] 论文集编写组. 21世纪前叶冶金装备发展及对策讨论会论文集[C],北京:冶金工业出版社,1998.

[5] 金俊泽,李廷举. 材料电磁加工新进展[A],2000国外材料科学与工程发展动向研讨会论文集[C],大连:(中国材料研究学会),2000:79-83.

[6] 张寿荣. 关于21世纪我国钢铁工业的若干思考[J],炼钢,2002,18(2):5-10.

[7] 殷瑞钰. 中国钢铁业发展与评估[J], 金属学报,2002,38(6):561-567.

[8] 韩至成. 电磁冶金[A]. 反应工程学和有色金属冶金学术会议论文集[C],北京:中国金属学会,1993:76-91.

[9] 李宝宽,赫冀成. 电磁力在钢精炼和连铸中的应用——电磁流体力学的冶金应用研究十年回顾和展望[J]. 材料与冶金学报, 2003,2(4):246-252.

[10] 干勇,仇圣桃. 先进钢铁生产流程进展及先进钢铁材料生产制造技术[J]. 中国有色金属学报,2004,14(z1):25-29.

[11] Getselev Z N. Method of continuous and semi-continuous casting of metals and plant for same[P]. US. Pat. 3467166, 1969.

[12] Beitelman L, Mulcahy J A. Continuous casting of steel billets with an in-mold dual-coil electromagnetic stirring system of magnetic field. improvement of surface quality of steel by electromagnetic mold. ISEPM, Paris, ISIJ, 1997:335-341.

[13] Vives C. Electromagnetic refining of aluminum alloys by the CREM process [J]. Metall. Trans. B., 1989, 20B(5): 623-629.

[14] Getselev Z N. Casting in an electromagnetic field [J], J. Metals, 1971,23(10): 38-41.

[15] Getselev Z N. Production of continuously cast shapes using electromagnetic forming [J]. British Foundryman. 1973, 66(2): 56-57.

[16] 李建超,麻永林,王宝峰,等. 低频电磁铸造铝合金结晶器材料对磁场的影响[J]. 特种铸造及有色合金,2005,25 (3):133-135.

[17] 秦克,崔建忠. 磁调质A356合金的组织研究[J]. 轻合金加工技术,2005,33(11):17-19.

[18] 李建超,崔建忠,王宝峰,等. 低频电磁铸造6063铝合金的数值模拟和试验研究[J]. 特种铸造及有色合金,2006,26(2):87-89.

[19] 韩至成. 电磁冶金学[M],北京:冶金工业出版社,2001:168.

[20] 麻永林,王宝峰,李保卫,等. 扇形段电磁搅拌对U71Mn重轨钢质量的影响[J]. 钢铁,2006,41(2):23-25.

[21] 赫冀成. 电磁场对改善钢材质量的作用[J]. 钢铁,2005,40(1):24-30.

[22] Okimura T, et al. Flow control of molten steel by EMBr ruler in the curved mold continuous caster at Kure Works [A]. International Symposium on Electro-magnetic Processing of Materials [C], Paris, ISIJ, 1997: 37.

[23] Kariya K, Kitano Y, Kuga M, et al. Development of flow control mold for high speed casting using static magnetic fields [A]. The 7th Steel Making Conference Proceedings [C], Chicago: The Iron and Steel Society, 1994: 53.

[24] Takeuchi T, Zeze M, Tamaka H, et al. Novel continuous casting process for clad steel slabs with level DC magnetic field [J]. Ironmaking and steelmaking, 1997, 24(3): 257-263.

[25] 舍克里,著. 彭一川,等译. 冶金中的流体流动现象[M]. 北京:冶金工业出版社,1985.

[26] 韩至成,编译. 电磁流体力学在冶金工业中的应用[J]. 国外钢铁,1987,(6):24-39.

[27] 贾光霖,庞维成,编著. 电磁冶金原理与工艺[M]. 沈阳:东北大学出版社,2003.

[28] 麻永林,宿国栋,黄海娥,等. 板坯行波电磁搅拌器磁场分布规律的实验研究[J]. 包头钢铁学院学报, 2005,24(3):224-226.

[29] 张森林,冯军,陈伟庆,等. 小方坯连铸 F-EMS 的试验研究[J]. 钢铁,2004,39(增刊):134-137.

[30] 周德光 ,傅杰,王平,等. 工艺参数对连铸轴承钢坯碳偏析的影响[J]. 钢铁,1999,34(6):22-26.

[31] 黄军涛,赫冀成. 方坯连铸二冷区电磁旋转搅拌数值模拟[J]. 钢铁研究学报,2001,13(5):19-23.

[32] 李秋玲,邓康,李伟轩,等. 薄板坯水平连铸结晶器电磁搅拌的模拟实验研究[J]. 上海金属,2005,27(6):35-39.

[33] 郭大勇,杨院生,童文辉,等. 电磁驱动熔体流动与枝晶变形断裂模拟[J]. 金属学报,2003,39(9):914-919.

[34] 张宏丽,王恩刚,贾光霖,等. 搅拌器的结构参数对钢液内电磁场和流场分布的影响[J]. 钢铁研究学报,2002,14(4):10-15.

[35] 李建超,崔建忠,王宝峰,麻永林. 大方坯连铸跨结晶器电磁搅拌的数值模拟[J]. 东北大学学报,2006,27(5):497-500.

[36] 李建超,崔建忠,王宝峰,麻永林. 小方坯结晶器电磁搅拌的数值模拟,炼钢,2007,23 (1):35-39.

[37] 李建超,王宝峰,董方,等. 电磁场相位对小方坯结晶器电磁搅拌效果的影响[J]. 连铸,2007,(1):43-46.

[38] 李建超,崔建忠,王宝峰,麻永林. 大方坯连铸二冷区电磁搅拌的数值模拟和实验分析[J]. 金属热处理,2007,32(8):69-71.

[39] 马国军,茅洪祥,陈崇峰. 连铸结晶器电磁搅拌对夹杂物的影响[J]. 云南冶金,2000,29(2):50-53.

[40] 刘金刚,刘浏,王新华. 中间包夹杂物的去除与控制新技术[J]. 炼钢,2006,22(2):30-33.

[41] Beitelman L. Flow control in the meniscus of continuous casting mold with an auxiliary A. C. magnetic field [J]. ISEPM, 1994, 235-241.

[42] 李宝宽,赫冀成,贾光霖,等. 薄板坯连铸结晶器内钢液流场电磁制动的模拟研究[J]. 金属学报,1997,33(11):1207-1214.

[43] 吕伟,程云阶,贾光霖. 薄板坯连铸结晶器电磁制动的数值模拟[J]. 沈阳航空工业学院学报,1998,15(4):15-21.

[44] 吕伟,张大千,刘成贾,等. 薄板坯连铸结晶器电磁制动的热模拟实验[J]. 沈阳航空工业学院学报,2002,19(3):9-11.

2 连铸电磁冶金理论

电磁理论是物理学中发展最完善的理论体系之一。电磁场在多层介质中的传递规律及其与熔融金属的交互作用一直是电磁冶金理论要探寻的核心问题。随着计算机功能的日益强大和数值模拟技术的迅猛发展，利用数值模拟技术定量分析电磁冶金过程成为可能。由于连铸电磁搅拌和电磁制动是电磁场及流场的多场耦合，工艺过程比普通连铸复杂得多，数值模拟技术成为理解电磁冶金过程中电磁场及流场现象的一个最重要工具。

理论工作者在磁矢势法等处理方法的基础上，发展出有限元数值计算电磁场的完备方法，能够求解包括导电熔体、铁区及开放空间区域在内的复杂模型，为计算洛伦兹（Lorentz）力作用下熔体内部产生的强迫对流提供了有力的工具。本章主要介绍冶金过程中磁场求解理论、流场分析模型及在磁场作用下钢液流动模型的建立。

2.1 电磁场控制方程的表述

引入磁矢势 $\boldsymbol{A}$ 描述磁场在空间中的分布情况，则 Maxwell 方程转化为磁矢势微分方程的边值问题。随着计算机运算能力的迅速提高，电磁场有限元计算中的磁矢势法自由度多、占用系统资源的问题得到了有效解决，在具有复杂边界条件和分布源电流的情况下，采用基于节点的连续磁矢势法可以得到精确度很高的解，且计算速度快、收敛性好。

2.1.1 电磁场的基本模型

电磁搅拌过程中由感应线圈中交变电流产生的电磁场为近场源的感应场，满足准稳条件，在忽略位移电流的条件下 Maxwell 方程组有如下形式[1,2]：

$$\nabla \times \boldsymbol{E} = -\frac{\partial \boldsymbol{B}}{\partial t} \tag{2-1}$$

$$\nabla \times \boldsymbol{H} = \boldsymbol{J} \tag{2-2}$$

$$\nabla \cdot \boldsymbol{B} = 0 \tag{2-3}$$

且总满足关系：

$$\boldsymbol{H} = \pi \boldsymbol{B} \tag{2-4}$$

$$\boldsymbol{J} = \sigma \boldsymbol{E} \tag{2-5}$$

求解过程需要考虑绝缘介质和在感生电动势作用下产生感生电流的涡流区。由于存在待定边界值和不同区域解的匹配问题，给出合理的、便于完成离散化过程的边界条件是完成计算过程的重要保证。

2.1.2 单连通域涡流区求解模型建立

图 2-1 表示一个涡流问题的典型求解区域 Ω，其中 Ω_1 为包含导电介质的涡流区，但不

含电流源在感生电动势作用下可产生感应电流 $\boldsymbol{J}_e$，包括钢液、结晶器铜管、铸坯的坯壳等区域；Ω_2 为非涡流区，可包含感应线圈、水及空气介质。由 Ω_1 与 Ω_2 共同组成了问题空间 Ω，采用矢势 $\boldsymbol{A}$ 和标势 $\boldsymbol{\varphi}$ 来描述空间中的电磁场，则有如下关系[1]：

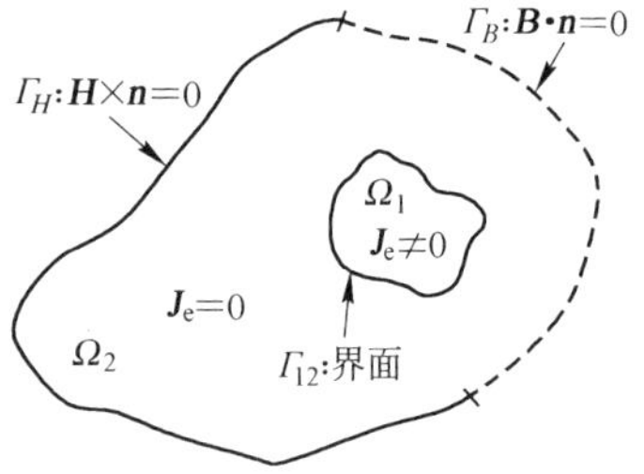

图 2-1　典型涡流问题中的区域划分

$$\boldsymbol{B} = \nabla\times\boldsymbol{A} \tag{2-6}$$

$$\boldsymbol{E} = -\frac{\partial\boldsymbol{A}}{\partial t} - \nabla\boldsymbol{\varphi} \tag{2-7}$$

于是在区域 Ω_1 中有[3,4]：

$$\nabla\times\pi\nabla\times\boldsymbol{A} - \nabla\pi\nabla\cdot\boldsymbol{A} + \sigma\frac{\partial\boldsymbol{A}}{\partial t} + \sigma\nabla\boldsymbol{\varphi} = 0 \tag{2-8}$$

$$\nabla\cdot\left(-\sigma\frac{\partial\boldsymbol{A}}{\partial t} - \sigma\nabla\boldsymbol{\varphi}\right) = 0 \tag{2-9}$$

在区域 Ω_2 中有：

$$\nabla\times\pi\nabla\times\boldsymbol{A} - \nabla\pi\nabla\cdot\boldsymbol{A} = \boldsymbol{J}_s \tag{2-10}$$

其中，$\pi = 1/\mu$ 为磁阻率，μ 为磁导率；$\boldsymbol{J}_s$ 为感应线圈中的已知电流源。若引入磁标势 $\boldsymbol{\varphi}_m$，则在区域 Ω_2 中式 2-10 可改写为如下形式：

$$\nabla\cdot\mu\nabla\boldsymbol{\varphi}_m = 0 \tag{2-11}$$

Ω_1 与 Ω_2 边界 Γ_{12} 上有如下关系[5,6]：

$$\boldsymbol{n}_1\cdot\nabla\times\boldsymbol{A} - \boldsymbol{n}_2\cdot\mu_2\nabla\boldsymbol{\varphi}_m = 0 \tag{2-12}$$

$$\pi_1\nabla\times\boldsymbol{A}\times\boldsymbol{n}_1 - \nabla\boldsymbol{\varphi}_m\times\boldsymbol{n}_2 = 0 \tag{2-13}$$

$$\boldsymbol{n}\cdot\boldsymbol{A} = 0 \tag{2-14}$$

$$\boldsymbol{n}\cdot\left(-\sigma\frac{\partial\boldsymbol{A}}{\partial t} - \sigma\nabla\boldsymbol{\varphi}\right) = 0 \tag{2-15}$$

其中，$\boldsymbol{n}$ 为 Γ_{12}的法线方向，$\boldsymbol{n}_1$ 指向 Ω_1，$\boldsymbol{n}_2$ 指向 Ω_2 且 π_1、μ_2 分别为区域 Ω_1 与 Ω_2 的磁阻率与磁导率。

在 Γ_B 上有：

$$\boldsymbol{n}\cdot\mu\nabla\boldsymbol{\varphi}_m = 0 \tag{2-16}$$

在 Γ_H 上有：

$$\boldsymbol{\varphi}_m = 0 \tag{2-17}$$

其中，式 2-16 给出了磁力线平行边界条件，开放空间中的远场则由式 2-17 中的磁力线垂直边界条件给出，方程组与边界条件满足 Coulomb 规范。

2.1.3　多连通域涡流区求解模型建立

当问题空间中的涡流区为多连通域时，需要进一步改写方程组，以给出一致的边界条件[6~8]。多连通域情况下问题空间的划分由图 2-2 给出，其中涡流区域 Ω_1 为多连通域，图中划分了非涡流区域 Ω_3 与 Ω_1 连接形成了一个单连通域。在 Ω_3 中采用磁矢势而在 Ω_2 中采用磁标势，则在 Ω_1 中方程组形式仍为：

$$\nabla\times\pi\nabla\times\boldsymbol{A} - \nabla\pi\nabla\cdot\boldsymbol{A} + \sigma\frac{\partial\boldsymbol{A}}{\partial t} + \sigma\nabla\boldsymbol{\varphi} = 0 \tag{2-18}$$

$$\nabla\cdot\left(-\sigma\frac{\partial\boldsymbol{A}}{\partial t} - \sigma\nabla\boldsymbol{\varphi}\right) = 0 \tag{2-19}$$

Ω_2 也依然采取相同形式：

$$\nabla \cdot \mu \nabla \boldsymbol{\varphi}_{\mathrm{m}} = 0 \tag{2-20}$$

区域 Ω_3 满足方程：

$$\nabla \times \pi \nabla \times \boldsymbol{A} - \nabla \pi \nabla \cdot \boldsymbol{A} = 0 \tag{2-21}$$

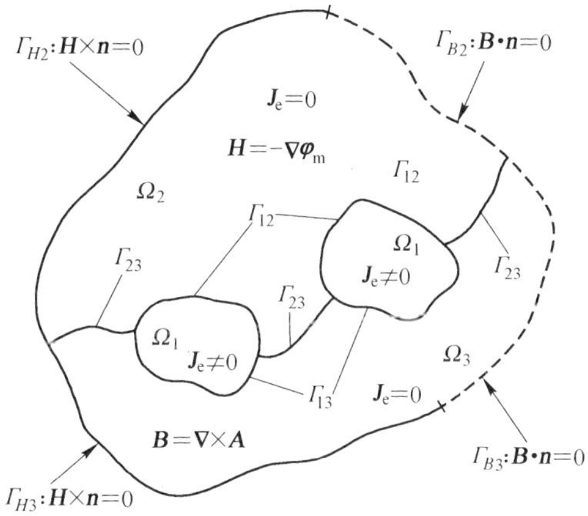

图 2-2 多连通涡流区的划分方法

此时边界条件改写为如下形式，在 Γ_{B3} 上有：

$$\boldsymbol{n} \times \boldsymbol{A} = 0 \tag{2-22}$$

$$\pi \nabla \cdot \boldsymbol{A} = 0 \tag{2-23}$$

在 Γ_{H3} 上：

$$\pi \nabla \times \boldsymbol{A} \times \boldsymbol{n} = 0 \tag{2-24}$$

$$\boldsymbol{n} \cdot \boldsymbol{A} = 0 \tag{2-25}$$

在 Γ_{B2} 上：

$$\boldsymbol{n} \cdot \mu \nabla \boldsymbol{\varphi}_{\mathrm{m}} = 0 \tag{2-26}$$

在 Γ_{H2} 上：

$$\boldsymbol{\varphi}_{\mathrm{m}} = 0 \tag{2-27}$$

在 Γ_{13} 上：

$$\boldsymbol{A}_1 = \boldsymbol{A}_3 \tag{2-28}$$

$$\pi_1 \nabla \times \boldsymbol{A}_1 \times \boldsymbol{n}_1 + \pi_3 \nabla \times \boldsymbol{A}_3 \times \boldsymbol{n}_3 = 0 \tag{2-29}$$

$$\pi_1 \nabla \cdot \boldsymbol{A}_1 - \pi_3 \nabla \cdot \boldsymbol{A}_3 = 0 \tag{2-30}$$

在 Γ_{12} 和 Γ_{13} 上有：

$$\boldsymbol{n} \cdot \left(-\sigma \frac{\partial \boldsymbol{A}}{\partial t} - \sigma \nabla \boldsymbol{\varphi} \right) = 0 \tag{2-31}$$

在 Γ_{12} 和 Γ_{23} 上：

$$\boldsymbol{n}_{13} \cdot \nabla \times \boldsymbol{A} - \boldsymbol{n}_2 \cdot \mu \nabla \boldsymbol{\varphi}_{\mathrm{m}} = 0 \tag{2-32}$$

$$\pi \nabla \times \boldsymbol{A} \times \boldsymbol{n}_{13} - \nabla \boldsymbol{\varphi}_{\mathrm{m}} \times \boldsymbol{n}_2 = 0 \tag{2-33}$$

$$\boldsymbol{n} \cdot \boldsymbol{A} = 0 \tag{2-34}$$

通过式 2-18 ~ 式 2-34 给出的微分方程组及其边界条件，给出了包括绝缘介质、涡流区和源电流区域在内的、具有任意几何边界特征问题一致性的描述，在有限元计算过程中通过求解节点上磁矢势各分量的值，确定电磁场在空间中的分布情况。

2.2 流场分析模型的建立

2.2.1 流场基本方程

连续性方程[9~20]：

$$\frac{\partial(\rho u_j)}{\partial x_j} \tag{2-35}$$

动量方程[9~20]：

$$\rho\frac{\partial(u_i u_j)}{\partial x_j} = -\frac{\partial p}{\partial x_i} + \frac{\partial}{\partial x_j}\left(\mu_{\text{eff}}\frac{\partial u_i}{\partial x_j}\right) + \frac{\partial}{\partial x_j}\left(\mu_{\text{eff}}\frac{\partial u_j}{\partial x_i}\right) + \rho g_i \tag{2-36}$$

湍流模型方程[9~20]：

k 方程：

$$\rho\frac{\partial(u_i k)}{\partial x_i} = \frac{\partial}{\partial x_i}\left[\left(\mu + \frac{\mu_t}{\sigma_k}\right)\frac{\partial k}{\partial x_i}\right] + G - \rho\varepsilon \tag{2-37}$$

ε 方程：

$$\rho\frac{\partial(u_i \varepsilon)}{\partial x_i} = \frac{\partial}{\partial x_i}\left[\left(\mu + \frac{\mu_t}{\sigma_\varepsilon}\right)\frac{\partial \varepsilon}{\partial x_i}\right] + C_1\frac{\varepsilon}{k}G - C_2\rho\frac{\varepsilon^2}{k} \tag{2-38}$$

其中：

$$G = \mu_t\frac{\partial u_i}{\partial x_j}\left(\frac{\partial u_i}{\partial x_j} + \frac{\partial u_j}{\partial x_i}\right) \tag{2-39}$$

$$\mu_{\text{eff}} = \mu + \mu_t = \mu + \rho C_\mu\frac{k^2}{\varepsilon} \tag{2-40}$$

式中 u_i, u_j——湍流流动的时均速度，m/s；

ρ——流体（钢液）的密度，kg/m^3；

k——湍流脉动动能，m^2/s^2；

ε——湍流脉动动能耗散率，m^2/s^3；

p——压力，N/m^2；

μ_{eff}——有效黏性系数，$kg \cdot s/m^2$；

μ_t——湍流黏性系数，$kg \cdot s/m^2$；

g_i——i 方向上的体积力，m/s^2；

μ——流体（钢液）的动力黏度，kg/(m · s)。

方程中出现的常数按 Launder 和 Spalding 所推荐的值取：$C_1 = 1.44$，$C_2 = 1.92$，$C_\mu = 0.09$，$\sigma_k = 1.0$，$\sigma_\varepsilon = 1.3$。

2.2.2 湍流模型

Boussinesq 在 1877 年针对二维边界层问题提出了雷诺应力，他将雷诺应力与时均速度梯度联系起来，用类似牛顿定律的形式表示出来，即局部湍流应力与时均速度梯度成正比：

$$\tau_t = -\rho\overline{u'v'} = \mu_t\frac{\partial\bar{u}}{\partial y} \tag{2-41}$$

$$\tau_{t,ij} = -\rho\overline{u'_i v'_j} = \mu_t\left(\frac{\partial\bar{u}_i}{\partial x_j} + \frac{\partial\bar{u}_j}{\partial x_i}\right) \tag{2-42}$$

式中 τ_t——雷诺应力；

$\bar{u}$——主流方向时均速度；

μ_t——湍流黏度系数；

y——与主流方向垂直的空间坐标。

湍流模型就是把 μ_t 与湍流时均参数联系起来的关系式，而确定湍流黏度系数 μ_t 便是模型的关键。根据决定 μ_t 所需要求解的微分方程数目，可以把湍流黏度系数模型分为：零方程模型、单方程模型及双方程模型等[21~25]。

2.2.2.1 零方程模型

零方程模型是用代数关系式把湍流黏度系数与时均值联系起来的模型，普朗特（Prandtl）在1925年研究湍流边界层问题时提出的混合长度理论就属于零方程模型，表示为：

$$\mu_t = \rho l_m^2 \left| \frac{\partial \bar{u}}{\partial y} \right| \tag{2-43}$$

式中 $\bar{u}$——主流方向时均速度；

y——与主流方向垂直的空间坐标；

l_m——混合长度。

零方程模型对于比较简单的流动，如二维边界层流动，平直通道内流动比较适用，但对于连铸结晶器内的钢液流动，就没有一个合理的混合长度公式。

2.2.2.2 单方程模型

在零方程模型的基础上，柯尔莫格洛夫和普朗特提出了单方程模型，即：

$$\mu_t = C'_\mu \rho k^{1/2} l \tag{2-44}$$

式中 C'_μ——经验常数；

l——湍流长度尺度；

k——湍动能平均值，表达式为：

$$k = \frac{1}{2}(\overline{u'^2} + \overline{\nu'2} + \overline{w'2}) = \frac{1}{2}\overline{u'^2_i} \tag{2-45}$$

从 Navier-Stokes 方程

$$\frac{\partial(\rho u_i)}{\partial t} + \frac{\partial(\rho u_i u_j)}{\partial x_i} = -\frac{\partial p}{\partial x_i} + \frac{\partial}{\partial x_j}\left[\mu\left(\frac{\partial u_i}{\partial x_j} + \frac{\partial u_j}{\partial x_i}\right)\right] + F_i \tag{2-46}$$

出发经推导和模化建立 k 的微分方程，求解该方程得到 k，给出 l 的代数表达式，然后由 k 和 l 求出 μ_t。

单方程模型考虑了对流和扩散作用对 k 分布的影响，以 k 和 l 表示的湍流黏度系数消除了零方程模型的弱点，但在结晶器内复杂的钢液流动中给出 l 的表达式相当困难。

2.2.2.3 双方程模型

双方程模型实际上是把影响湍流黏度系数的两个特征量 k 和 l 分别建立起输运微分方程，即 k 方程和不以 l 直接为变量的 $z(z = k^m l^n)$ 方程，而对于 m 和 n 的不同选择，产生了不同的双方程模型，如 k-$f(z = k^{1/2} l^{-1})$，k-$\varepsilon(z = k^{3/2} l^{-1})$，$k$-$\omega(z = kl^{-2})$，$k$-$kl$，$k$-$l$ 等，目前应用较

多的是由琼斯和劳德提出的 k-ε 双方程模型，对结晶器内钢液流动的描述，目前一般都采用此双方程模型。k-ε 模型的控制方程如式 2-37 ~ 式 2-40 所示。

2.3 金属熔体与电磁场之间的交互作用

2.3.1 磁流体力学近似

在液态金属内部，若 U_0 和 L_0 为系统的特征速度与几何尺度，则系统宏观过程的特征时间为：

$$T_0 = \frac{L_0}{U_0} \tag{2-47}$$

磁流体力学理论建立在连续介质力学的基础上，即宏观量的特征变化时间 T_0 远远大于粒子的平均自由运动时间 t_i，有：

$$\frac{t_i}{T_0} \ll 1 \tag{2-48}$$

若 Ω_e 为电子的回旋频率，对于液态金属有：

$$\Omega_e t_i \ll 1 \tag{2-49}$$

即电子的自由回旋效应可忽略不计，电流方程简化为欧姆定律，熔体内部电磁场满足低频近似，位移电流可忽略不计；且由于熔体内部没有自由电荷存在，不存在对流电流，仅需考虑传导电流的影响。对于熔体内部的电磁场而言，电场的能量远小于磁场的能量，满足弱电场近似。

熔体金属内部辐射自由程很短，可以认为辐射场与熔体之间达到局部平衡，可仅考虑热传导和对流对能量传递过程的贡献。

2.3.2 磁流体力学基本方程

电磁场与导电流体相互作用过程中，一方面电磁场的物理效应使流体的受力状态和能量关系发生变化，从而影响流体的平衡和运动；另一方面，导电流体在磁场中运动产生感生电动势，从而改变电磁场的位形。金属熔体与电磁场之间的相互作用过程，在磁流体力学近似条件下，由以下方程组描述[26~36]：

连续性方程：

$$\frac{\partial \rho}{\partial t} + \nabla \cdot (\rho \boldsymbol{u}) = 0 \tag{2-50}$$

动量方程：

$$\frac{\partial \boldsymbol{u}}{\partial t} + \boldsymbol{u} \cdot \nabla \boldsymbol{u} = -\frac{1}{\rho} \nabla p + \boldsymbol{g} + \frac{1}{\rho} \boldsymbol{f} + \nu \nabla^2 \boldsymbol{u} \tag{2-51}$$

能量方程：

$$\frac{\partial e}{\partial t} + \boldsymbol{u} \cdot \nabla e = \frac{1}{\rho} \nabla \cdot (k \nabla T) + q + \Phi \tag{2-52}$$

感应方程：

$$\frac{\partial \boldsymbol{B}}{\partial t} = \nabla \times (\boldsymbol{u} \times \boldsymbol{B}) + \nu_m \nabla^2 \boldsymbol{B} \tag{2-53}$$

式 2-51 中，$\boldsymbol{f}$ 为电磁体积力，即洛伦兹力。式 2-52 中，q 为热源项，可表征熔体凝固过程中因相变而放出的热量；Φ 为耗散函数，是流体内部黏性耗散的能量。式 2-53 中，ν_m 为磁扩散系数：

$$\nu_m = \frac{1}{\sigma\mu} \tag{2-54}$$

式 2-53 表明，磁感应强度随时间的变化率是由磁通密度对流项 $\nabla \times (\boldsymbol{u} \times \boldsymbol{B})$ 和磁通密度扩散项 $\nu_m \nabla^2 \boldsymbol{B}$ 组成。引入磁雷诺数 Re_m 度量磁场对流作用与扩散作用的相对重要性：

$$Re_m = \frac{U_0 L_0}{\nu_m} \tag{2-55}$$

对于凝固过程中的金属熔体，满足[26~29,33]：

$$Re_m \ll 1 \tag{2-56}$$

感应方程中的对流项可以忽略不计，式 2-53 简化为：

$$\frac{\partial \boldsymbol{B}}{\partial t} = \nu_m \nabla^2 \boldsymbol{B} \tag{2-57}$$

因此，可以认为电磁场产生的洛伦兹力对流动场产生影响，但对电磁场的位形几乎没有影响，在计算过程中通过先求解 Maxwell 方程组得到磁感应强度在熔体内部的分布情况，从而确定熔体所受到的洛伦兹力，然后再求解包含洛伦兹力在内的动量方程，确定电磁场存在条件下熔体的流体动力学行为。

作用在体积元 Ω 上的电磁力为：

$$\boldsymbol{f} = \nabla \cdot \boldsymbol{T}_{em} - \frac{\partial \boldsymbol{G}}{\partial t} \tag{2-58}$$

在准稳条件下，电磁动量 $\boldsymbol{G}$ 可忽略不计，且不考虑极化现象，熔体内部无自由电荷，这时 Maxwell 应力张量为如下形式：

$$\boldsymbol{T}_{em} = \boldsymbol{BH} - \frac{1}{2}(\boldsymbol{B} \cdot \boldsymbol{H})I \tag{2-59}$$

洛伦兹力仅由金属熔体内部电流密度 $\boldsymbol{J}$ 与磁感应强度 $\boldsymbol{B}$ 交互作用产生：

$$\boldsymbol{f} = \boldsymbol{J} \times \boldsymbol{B} \tag{2-60}$$

式 2-60 为洛伦兹力的普遍形式，其中电流密度 $\boldsymbol{J}$ 可以是交变磁场产生的感生电流，也可以是外加的传导电流。特别地，在熔体的凝固过程中，液固界面处存在由于温度梯度引起的温差热电效应[37,38]：

$$\frac{\boldsymbol{J}_{TE}}{\sigma} = -S\nabla T \tag{2-61}$$

式中，S 为温差电动势，由于温差电动势产生的局部电流密度与外加磁场交互作用，也使熔体受到洛伦兹力的作用。但这种力对于电磁搅拌和电磁制动来说，可以忽略不计。

参 考 文 献

[1] 毕德显. 电磁场理论[M]. 北京：电子工业出版社，1985：300-312.

[2] 郭硕鸿. 电动力学[M]. 北京：高等教育出版社，1997：135-139.

[3] Morisue T. Magnetic vector potential and electric scalar potential in three-dimensional eddy current problem [J]. IEEE Transactions on Magnetics, 1982, MAG-18(3): 531-535.

[4] Leonard P J, Rodger D. Finite element scheme for transient 3D eddy currents[J]. IEEE Transactions on Magnetics, 1988, 24(1): 90-93.

[5] Rodger D, Eastham J F. A formulation for low frequency eddy current solutions[J]. IEEE Transactions on Magnetics, 1983, MAG-19(11): 2443-2446.

[6] Oszkάr B, Preis K. On the use of the magnetic vector potential in the finite element analysis of three-dimensional eddy currents[J]. IEEE Transactions on Magnetics, 1989, 25(7): 3145-3159.

[7] Biro O. Use of a two-component vector potential for 3-D eddy current calculations[J], IEEE Transactions on Magnetics, 1988, 24(1): 102-105.

[8] Stratton J A. Electromagnetic theory[M], New York: McGraw-Hill, Inc, 1941, 273-279.

[9] Versteeg H K, Malalasekera W. An Introduction to Computational Fluid Dynamics: The Finite Volume Method[M]. New York: Wiley, 1995.

[10] 王福军. 计算流体动力学分析——CFD软件原理与应用[M]. 北京:清华大学出版社,2004.

[11] Thomas B G, Mika L J, Najjar F M. Simulation of fluid flow inside a continuous slab-casting machine [J]. Metall. Trans. B., 1990, 21B: 387-400.

[12] Thomas B G, Yuan Quan, Sivaraj sivaramakrishnan, et al. Comparison of four methods to evaluate fluid velocities in a continuous slab-casting mold[J]. ISIJ International, 2001, 41(10): 1262-1271.

[13] Brian G Thomas, Zhang Lifeng. Mathematical modeling of fluid flow in continuous casting[J]. ISIJ International, 2001, 41(10): 1181-1191.

[14] Huang X, Thomas B G, Najjar F M. Modeling superheats removal during continuous casting of steel slabs [J]. Metall. Trans. B., 1992, 23B(6): 339-356.

[15] Brian G. Modeling of the continuous casting of steel-past, present and future[J]. Electric Furnace Conf. Proc., 2001, 59: 3-30.

[16] Yuan Q, Shi T, Vanka S P, et al. Simulation of turbulent flow and particle transport in the continuous casting of steel[J]. Mineral & Metals Soc., 2001: 491-500.

[17] HoYeong-Ho, Chen Chi-Hung, Huang Weng-Sing. Analysis of molten steel flow in slab continuous caster mold[J]. ISIJ International, 1994, 34(3): 255-264.

[18] Takatani Kouji, Tanizawa Yoshinori, Mizukami Hideo, et al. Mathematical model for transient fluid flow in a continuous casting mold[J]. ISIJ International, 2001, 41(10): 1252-1261.

[19] Hua Bai, Brian G Thomas. Turbulent flow of liquid steel and argon bubbles in slide-gate tundish nozzles [J]. Metal. & Material Trans. B., 2001, 32B(2): 269-284.

[20] Huang X, Thomas B G. Modeling of steel grade transition in continuous slab casting processes[J]. Metall. Trans. B., 1993, 24B(2): 379-393.

[21] 李志国. 板坯连铸结晶器内流场与温度场的计算机仿真[D]. 重庆: 重庆大学, 2002.

[22] 张佩. 重钢板坯连铸结晶器浸入式水口研究及应用[D]. 重庆: 重庆大学, 2002.

[23] 赵静, 杨君, 邢长虎, 等. 连铸结晶器内流场研究进展[J]. 材料研究, 2003, 6: 7-11.

[24] 李志国, 伍成波, 王逢春. 连铸结晶器中钢液行为数值模拟研究进展[J]. 铸造技术,2002, 23(4): 197-200.

[25] 陶文铨. 数值传热学(第2版)[M]. 西安: 西安交通大学出版社, 2001.

[26] 胡文瑞. 宇宙磁流体力学[M]. 北京: 科学出版社, 1987: 1-17.

[27] Hjellming L N, Tolley P A, Walker J S. Melt motion in a czochralski crystal puller with a non-uniform axisymmetric magnetic field: isothermal motion[J]. Journal of Fluid Mechanics, 1993, 249: 1-34.

[28] Coriell S R, Murray B T, Chernov A A, Mcfadden G B. Effects of shear flow and anisotropic kinetics on the morphological stability of a binary alloy[J]. Metallurgical and Materials Transactions, 1996, 27A:

687-694.

[29] Levdansky V V, Kim H Y, Kim H C, Smolik J, Moravec P. Effect of electromagnetic field on transfer processes in heterogeneous systems[J]. International Journal of Heat and Mass Transfer, 2001, 44: 1065-1071.

[30] Alboussiere T, Neurand A C, Garandet J P, Moreau R. Segregation during horizontal bridgman growth under an axial magnetic field[J]. Journal of Crystal Growth, 1997, 181: 133-144.

[31] Bessaih R, Kadja M, Marty P. Effect of wall electrical conductivity and magnetic field orientation on liquid metal flow in a geometry similar to the horizontal bridgman configuration for crystal growth[J]. International Journal of Heat and Mass Transfer, 1999, 42: 4345-4362.

[32] Walker J S. Bridgman crystal growth with a strong, low-frequency, rotating magnetic field[J]. Journal of Crystal Growth, 1998, 192: 318-327.

[33] Cho Y W, Chung S H, Shim J D, Dementev S, Ivanov S. Fluid flow and heat transfer in molten metal stirred by a circular inductor[J]. International Journal of Heat and Mass Transfer, 1999, 42: 1317-1326.

[34] Volz M P, Mazuruk K. Thermoconvective instability in a rotating magnetic field[J]. International Journal of Heat and Mass Transfer, 1999, 42: 1037-1045.

[35] Branover H, Mestel A J, Moore D J, Shercliff J A. Magnetohydrodynamic flows and turbulence: a report on the Third Beer-Sheva Seminar[J]. Journal of Fluid Mechanics, 1981, 112: 487-497.

[36] Wright J, Yon S, Pozrikidis C. Numerical studies of two-dimensional faraday oscillations of inviscid fluids [J]. Journal of Fluid Mechanics, 2000, 402: 1-32.

[37] Shercliff J A. Thermoelectric magnetohydrodynamics[J], Journal of Fluid Mechanics, 1979, 91(2): 231-251.

[38] Lehmann P, Moreau R, Camel D, Bolcato R. Modification of interdendritic convection in directional solidification by a uniform magnetic field[J]. Acta Materialia, 1998, 46(11): 4067-4079.

3 方(圆)坯电磁搅拌数值模拟及实践

连铸电磁搅拌技术是利用不同形式的装置,通过电磁力来控制连铸过程中钢水的流动、传热,进而改善金属的凝固组织,以提高钢的洁净度,扩大等轴晶区,减少成分偏析,减轻或消除中心疏松和中心缩孔,从而满足生产优质、高等级钢材的要求。20 世纪 90 年代以来,方(圆)坯电磁搅拌得到了广泛的应用。从电磁搅拌安装位置来分,电磁搅拌可分为结晶器电磁搅拌(M-EMS),二冷区电磁搅拌(S-EMS)和凝固末端电磁搅拌(F-EMS)三种形式,在实际应用过程中,根据对连铸坯质量要求,可以采用上面三种搅拌器组合对铸坯进行搅拌。

3.1 结晶器电磁搅拌

3.1.1 结晶器电磁搅拌的作用

结晶器电磁搅拌功能已经被充分证明,主要包括:

(1) 冲洗铸坯凝固前沿,防止夹杂物卷入成为皮下夹杂;

(2) 降低钢液过热度,增加铸坯中心等轴晶区;

(3) 降低铸坯中心偏析;

(4) 减轻气孔尤其是铸坯皮下气孔;

(5) 促进铸坯坯壳厚度均匀生长,有利于减少铸坯角部裂纹;

(6) 加速钢液内部夹杂物上浮,提高铸坯洁净度。

3.1.1.1 减轻铸坯表面和皮下气孔

铸坯由于脱氧不良常常会在铸坯皮下或铸坯表面形成气泡和针孔,在后面轧制过程中会造成一些非常有害的轧制缺陷。结晶器电磁搅拌加快了钢液流动速度,使一部分气体可以从钢液中排除,从而减轻铸坯表面和皮下气孔。

3.1.1.2 改善铸坯和轧材表面质量

铸坯表面缺陷主要指夹渣和裂纹。如果表面缺陷严重,在热加工之前必须进行精整,否则就会影响金属收得率和成本。另外,生产表面无缺陷铸坯是热送热装的前提条件。铸坯坯壳是在结晶器内形成的,因此结晶器内液面的稳定性及初生坯壳厚度的均匀性都会影响到铸坯表面质量,合理的结晶器电磁搅拌有利于增加液面的稳定性和初生坯壳的均匀性,从而达到改善铸坯表面质量的目的。

结晶器电磁搅拌改善铸坯、轧材表面质量的效果见图 3-1[1] 和图 3-2[2]。

由图 3-1 和图 3-2 可见,合理的结晶器电磁搅拌可以显著减少铸坯表面质量缺陷,从铸坯表面至 15 mm 深处裂纹指数均稳定在较低水平;通过结晶器电磁搅拌改善铸坯表面质量后,精整工作量减少,金属收得率提高,并且轧材质量也得到提高,棒材的表面无缺陷率由

23%提高到96%。日本神户钢铁公司采用结晶器电磁搅拌后,铸坯清理率由原来的20%~25%下降到2%~3%,金属收得率从以前的94%提高到97%,清理损耗减少了3%。

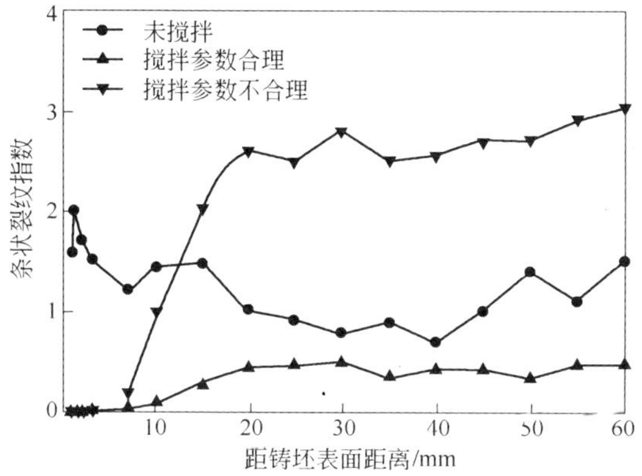

图3-1 M-EMS对铸坯皮下裂纹的影响

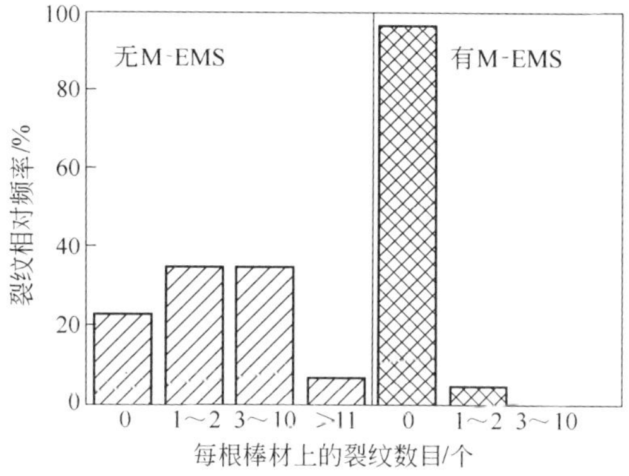

图3-2 M-EMS对轧材表面裂纹的影响

3.1.1.3 提高铸坯洁净度

A 降低钢中夹杂物含量

结晶器内凝固坯壳形成初期,由于凝固速度快,一部分夹杂物来不及上浮被坯壳捕捉而形成缺陷。应用结晶器电磁搅拌,可以加快钢液流动速度;同时钢液的旋转在液面上产生了一个旋涡,使夹杂物向结晶器中心聚集,集中在下凹的半月形液面的底部,减少了夹杂物向铸坯表面的扩散,从而提高了铸坯的洁净度。

图3-3为日本神户钢铁公司厂板坯连铸机(230 mm×1230 mm)采用和未采用结晶器电磁搅拌时,在铸坯边部约1/4宽处沿厚度方向上夹杂物分布的对比情况[3]。

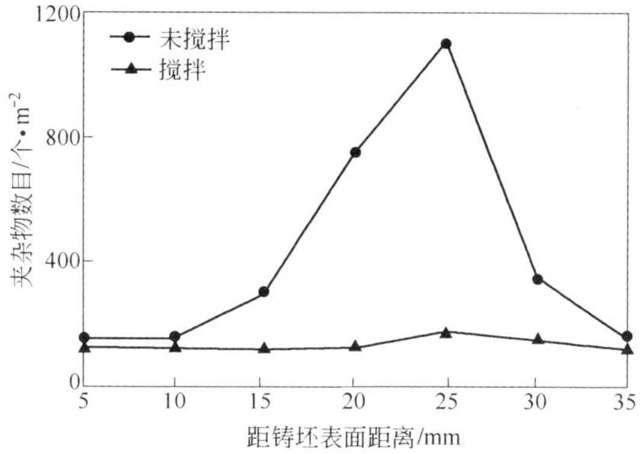

图3-3 M-EMS对夹杂物含量的影响

从图3-3可见,在没有搅拌的情况下,在距铸坯表面25 mm处,夹杂物数量出现峰值(即夹杂物凝聚带);采用电磁搅拌后夹杂物数量显著减少,而且夹杂物凝聚带也消失了。美国蒂姆肯公司超声波检测结果表明,使用结晶器电磁搅拌后,铸坯表面的线性夹杂物减少35%[4];USS/KOBE公司采用M-EMS的铸坯轧制成的棒材中夹杂物数量也只有未采用结晶器电磁搅拌的三分之一[5]。

B 降低钢中T[O]含量

由于结晶器电磁搅拌促进了结晶器内钢水的运动,使钢中夹杂物在离心力的作用下一部分向弯月面富集,同时也使钢水和保护渣的接触面积增大,上浮夹杂物转移到保护渣中,因此采用结晶器电磁搅拌可降低铸坯中全氧及夹杂物含量。

采用和不采用结晶器电磁搅拌工艺浇铸的攀钢PD3重轨钢连铸坯的T[O]含量对比见图3-4。由图3-4可见,采用结晶器电磁搅拌,PD3钢铸坯T[O]含量由平均0.00151%下降到0.00126%。表3-1为某炼钢厂ϕ450mm圆坯铸机采用和未采用结晶器电磁搅拌对圆坯中全氧及夹杂物含量的影响。从表中可知,采用结晶器电磁搅拌后,铸坯中全氧含量和夹杂物含量都明显降低了。图3-5为结晶器电磁搅拌对铸坯内部夹杂物尺寸分布的影响。由图可知,使用结晶器电磁搅拌可促使钢中夹杂物的聚集、上浮、排除,从而有效降低铸坯内部夹杂物的含量。

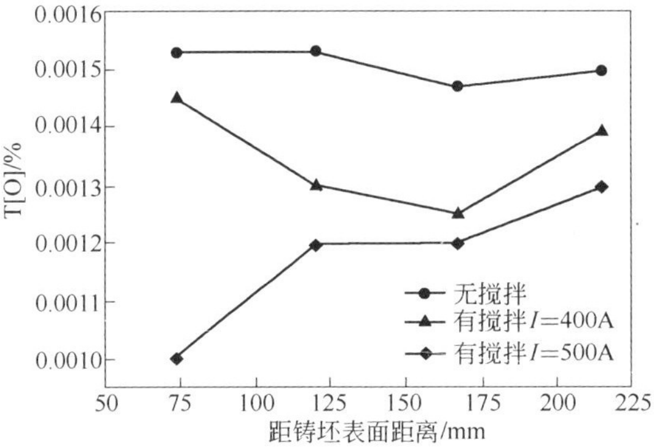

图3-4 铸坯中T[O]含量沿圆坯半径方向上的分布

表3-1 M-EMS对圆坯中全氧及夹杂物含量的影响

搅拌工艺	T[O]/%		电解夹杂物总量/%		Al_2O_3分量/%	
	波动范围	平均值	波动范围	平均值	波动范围	平均值
无M-EMS	0.00175~0.00342	0.00257	0.00181~0.00384	0.00283	49.5~55.2	51.2
有M-EMS,I=300A	0.00129~0.00291	0.00212	0.00156~0.00338	0.00247	45.3~50.6	48.3

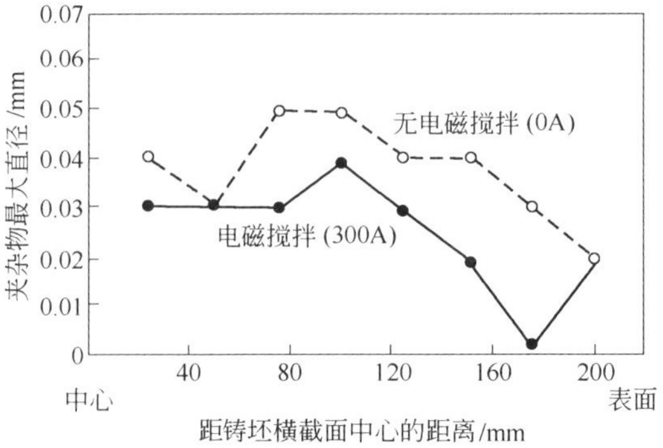

图3-5 M-EMS(300A)对圆坯内最大直径夹杂物分布的影响

3.1.1.4 改善铸坯中心凝固组织

电磁搅拌会提高铸坯凝固组织中的等轴晶率。这是因为搅拌使钢液产生循环流动,改善了从铸坯中心至表层的传热,加速了钢液过热的耗散,降低了坯壳前沿的钢水温度梯度,延缓了坯壳的生长速度。计算表明,合理的结晶器电磁搅拌应用能降低结晶器中钢水温度10~15℃。

3.1.1.5 允许钢液有较大的过热度

结晶器电磁搅拌通过引起坯壳内钢水流动而降低结晶器中钢液过热度,并使温度变得均匀。同时又由于搅拌使一部分晶粒熔化,凝固前沿钢液过热度进一步减小。中间包钢液过热度与铸坯等轴晶率的关系见图3-6。图中表明,在过热度相同的条件下,有结晶器电磁搅拌的铸坯等轴晶率明显高于无电磁搅拌的铸坯。因此,采用结晶器电磁搅拌工艺可适当放宽连铸工艺要求、允许钢液有较高的过热度。这一点对连续浇铸某些品牌的合金钢如含钛、硼的钢种是十分必要的。图3-7为电磁搅拌电流和中间包钢水过热度对铸坯中心等轴晶率的影响[6]。

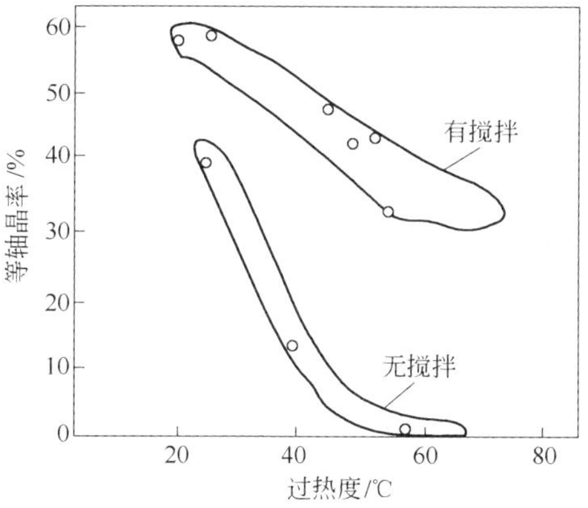

图3-6 钢液过热度与铸坯等轴晶率的关系

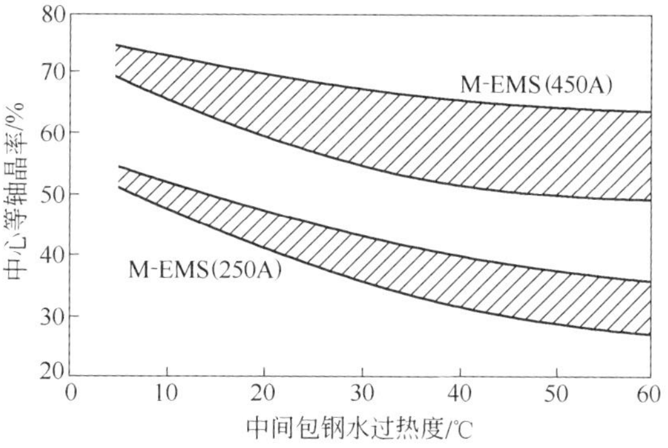

图3-7 M-EMS搅拌电流和中间包钢水过热度对铸坯中心等轴晶率的影响

表3-2反映了采用和未采用结晶器电磁搅拌以及采用不同的搅拌电流对中心等轴晶率的影响。从表中数据可知,在相同的工艺条件下,不采用结晶器电磁搅拌时,铸坯基本由粗大发达的柱状晶组成,铸坯中心等轴晶率较小;采用结晶器电磁搅拌后,铸坯中心等轴晶率明显提高,且随搅拌电流增加而增加,最高达到72.2%。从表中也可看出,采用搅拌的炉次过热度也可相应调高。

表3-2 M-EMS电流对450mm圆坯中心等轴晶率的影响

搅拌电流/A	中间包钢水过热度/℃		中心等轴晶率/%	
	波动范围	平均值	波动范围	平均值
0	20~53	38	2.0~12.3	7.6
250	18~49	37	31.2~45.6	36.8
300	8~61	37	44.4~66.3	53.0
450	20~61	40	48.3~72.2	58.1

3.1.1.6 改善中心偏析

结晶器电磁搅拌改善铸坯中心偏析原因体现在以下几个方面:

(1) 因电磁力作用,流动加速,钢水过热度降低,柱状晶端部的温度梯度减小,等轴晶开始缓慢生长,扩大等轴晶的比例,使中心偏析降低。

(2) 电磁力驱动的流动将生长的细小树枝晶冲断,形成"碎晶",并黏附在柱状晶的凝固前沿,依附在界面上,阻止柱状晶的生长。

(3) 电磁搅拌对两相区的冲刷和清洗,造成凝固界面的凸凹不平,易于捕获液相中的自由晶体,依附在凝固界面,以等轴晶方式长大。

表 3-3 为结晶器电磁搅拌对圆坯中心碳、硫元素偏析的影响。从表中数据可知,电磁搅拌可明显降低铸坯中心的碳和硫的偏析指数。

表 3-3 M-EMS 对圆坯中心碳、硫元素偏析指数的影响

搅拌电流 /A	偏析指数	
	碳	硫
0	1.10	1.15
250	1.07	1.12
300	1.08	1.10
450	1.03	1.09

3.1.1.7 白亮带

电磁搅拌自投入工业应用以来,白亮带问题就引起了使用者的特别关注。白亮带的成因和由此带来的负偏析效应成为争论的焦点,这种争论甚至妨碍了钢铁企业使用电磁搅拌技术的决心。

连铸过程实质上是一个传热与凝固的过程。由于结晶器与二冷区的传热具有很强的方向性,即热量的传递主要发生在与铸坯表面垂直方向上,使得铸坯内部的钢水凝固具有很强的方向性。在没有电磁搅拌的情况下,钢水的流动程度达不到均匀内部温度的效果,特别是在离开结晶器进入二冷区后,钢液只是在铸坯内部的温差作用下进行微弱的流动,造成在垂直于铸坯表面的方向上形成很大的温度梯度,导致钢水的结晶过程具有明显的方向性,定向的凝固会引起结晶的方向性和成分的偏析,这是凝固规律所决定的。

对于结晶器电磁搅拌,如果搅拌器设计的位置合理靠上,就看不到电磁搅拌的痕迹。这是因为,凝固初期结晶器内的钢水与结晶器铜板表面接触,剧烈的传热和结晶器壁面对晶粒形成的诱导作用,造成初期坯壳是一层薄薄的由细小晶粒组成的激冷层,抑制了负偏析和白亮带的形成。所以对结晶器电磁搅拌来说,无论什么钢种,一般观察不到白亮带。浇铸中低碳钢时,在二冷区或凝固末端,如果搅拌强度足够大,从铸坯低倍组织上能观察到清晰的白亮带。这主要是因为,在二冷区由于强烈的定向传热,晶粒沿着垂直于铸坯表面的方向上迅速生长,这就是凝固学里所说的柱状晶或树枝晶的形成。在搅拌区域,一方面,如果强度足够大,钢水内部的热量得到充分的均匀,垂直于铸坯表面的温度梯度大大减小,定向凝固的条件不再强烈,柱状晶进一步生长的趋势得到有效遏制;另一方面,结晶前沿的柱状晶受到剧烈的流动冲刷,钢水仍存在的过热度会融化结晶前沿的部分枝晶,等轴晶形成所需要的能量起伏和结构起伏得到充分满足,这时就会发生柱状晶向等轴晶的组织转变。在转变区域,由于热力学条件——温度梯度的变化,会带来结晶成分的变化,即偏析;而动力学条件的变化,即钢水流动的剧烈冲刷,使晶粒结晶取向发生了显著的变化,从柱状晶向等轴晶转变,在显微组织上就会显示出晶向的变化,两种晶向的巨大差别,会造成对光的反差,就是我们看到的白亮带。

对中高碳钢来说,白亮带会带来负偏析,这是凝固条件变化带来的必然结果。事实上,在生产实践当中,电磁搅拌造成低碳钢(碳含量小于0.1%)的白亮带特别明显,这类钢的典型代表是G20和不锈钢中的AISI430;但是由于碳含量很低,在白亮带区域,负偏析并不明显。要减轻白亮带所伴生的负偏析,需要改善搅拌区的凝固条件,即减小二冷区的冷却强度,适当控制搅拌强度,搅拌速度达到0.4~0.6m/s即可。这样对中碳钢和低合金钢的生产是有利的。对于高碳钢(碳含量大于0.5%),其凝固特性与低碳钢迥然不同,存在很宽的两相区,即俗称的"糊状区",而且越接近凝固末端,两相区中固相比例越来越大,等轴晶形成的结构起伏条件不断得到改善。如果适当地加以搅拌会进一步在热力学和动力学条件上促进等轴晶的形成。在观察低倍组织时,就很难看到白亮带,碳含量越高、断面越大的铸坯越是如此,这是被生产实践反复证明了的。除钢种的凝固特性外,结晶的热力学条件也是这种现象的外因。末端搅拌位置通常离开了二冷区,冷却强度大大降低,而且坯壳变厚,热阻增大,温度梯度减小,柱状晶生长条件变弱,等轴晶出现的条件改善,其搅拌区域结晶取向变化不显著,在显微组织上看不到明显的白亮带也就正常了。但是,如果化验搅拌区域两侧的碳含量,还会发现由于搅拌带来的动力学条件变化会导致碳及其他元素含量的变化,也就是偏析。

由于电磁搅拌带来的凝固热力学和动力学条件的变化,对于中高碳钢,在搅拌区域会出现成分偏析,对于中低碳钢会显示出白亮带,这是正常的,不会引起钢材性能的恶化。正确地使用电磁搅拌并辅助以适当的连铸工艺,会抑制白亮带所带来的负偏析程度,其改善组织和减小偏析、稳定钢材性能的巨大作用是公认的。

3.1.2 电磁搅拌的结构形式

电磁搅拌的结构形式可分为以下类型:

(1)以电磁搅拌对结晶器的位置可分为长铁芯的电磁搅拌器、短铁芯内置式电磁搅拌器、铁芯可移动的电磁搅拌器和跨足辊的电磁搅拌器。

图3-8为长铁芯的电磁搅拌器示意图。这种电磁搅拌器的铁芯尺寸比较长,搅拌区域比较大,但在结晶器电磁搅拌过程中,由于铁芯离钢液液面太近,容易引起液面附近的钢液剧烈搅拌,引起卷渣。图3-9为短铁芯内置式电磁搅拌器示意图。这种电磁搅拌器由于铁芯尺寸比较短,搅拌区域比较小,电磁搅拌的作用受到限制,但对钢液液面的搅拌影响可以降低到最小。图3-10为短铁芯可以移动的电磁搅拌器。这种电磁搅拌器具有灵活性,可以从上到下进行移动。图3-11为短铁芯跨足辊的电磁搅拌器。这种电磁搅拌器的铁芯位于结晶器的下部,搅拌器搅拌区域包括了位于部分结晶器和足辊区域的钢液,搅拌区域高度方向上有部分结晶器,部分有足辊,足辊为非导磁的不锈钢辊,降低了由于结晶器铜板对磁场向钢液内部穿透的影响。这种电磁搅拌器一般为外置式,搅拌器内径尺寸比较大,搅拌电流也大。这种电磁搅拌器一般用于大方坯结晶器电磁搅拌,这是因为大方坯结晶器的尺寸比较短,而且由于位置的限制,常采用跨足辊结晶器电磁搅拌。

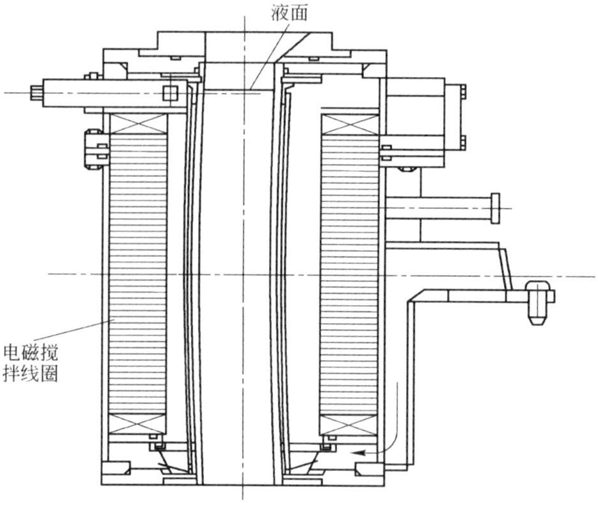

图 3-8　长铁芯的结晶器电磁搅拌器

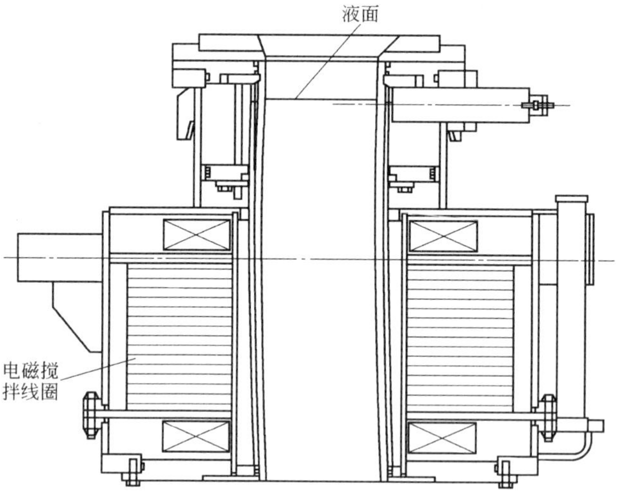

图 3-9　短铁芯内置式电磁搅拌器

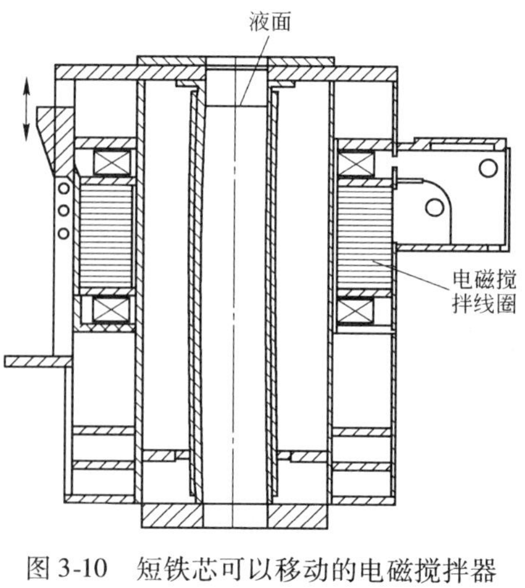

图 3-10　短铁芯可以移动的电磁搅拌器

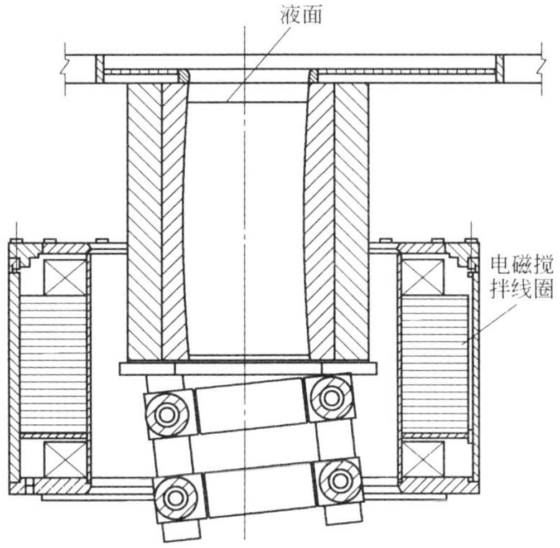

图 3-11 短铁芯跨足辊的电磁搅拌器

(2) 按线圈与结晶器壳体位置可以把电磁搅拌器分为内置式电磁搅拌器和外置式电磁搅拌器。内置式电磁搅拌器线圈里面为结晶器水套,再向里面是铜管,然后是钢液。这种电磁搅拌的特点是:磁极离钢液比较近,搅拌效率比较高。外置式电磁搅拌的特点是搅拌器做成一个圆桶形式,然后套在结晶器振动装置的外面,这种电磁搅拌器共用性比较强,缺点是搅拌电流大,线圈寿命短。

(3) 电磁搅拌器主要由绕组线圈与铁芯构成。按绕组与铁芯的结构形式不同,结晶器电磁搅拌器主要有 E 字铁芯扁线绕组和环形铁芯扁线绕组两种形式,具体结构如图 3-12 和图 3-13 所示。

图 3-12 E 字铁芯扁线绕组结晶器电磁搅拌器

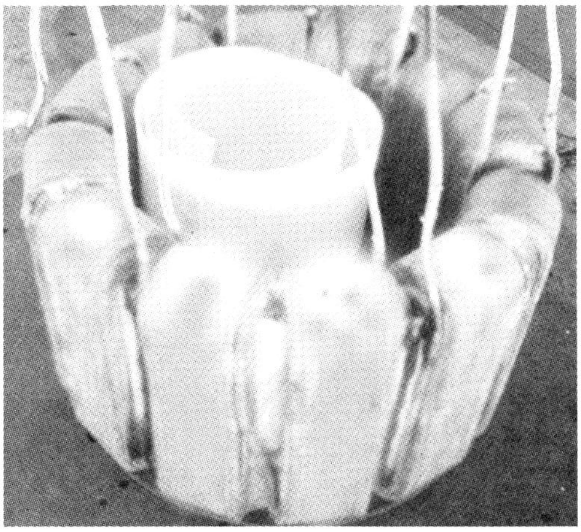

图 3-13 环形铁芯扁线绕组结晶器电磁搅拌器

(4) 从通入电流的相位来分,结晶器电磁搅拌可以分为两相四极结晶器电磁搅拌器和三相六极结晶器电磁搅拌器,如图 3-14 和图 3-15 所示。

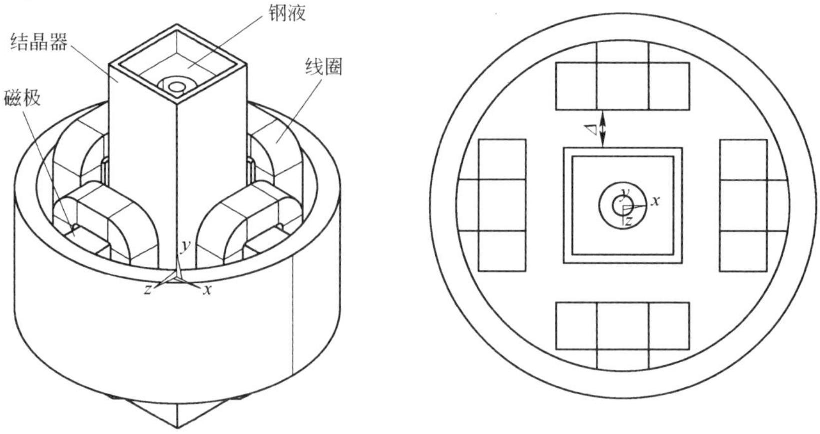

图 3-14 两相四极结晶器电磁搅拌器

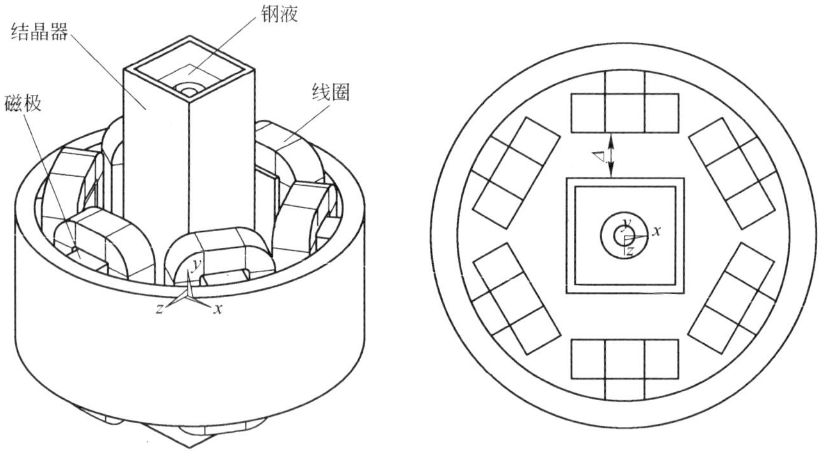

图 3-15 三相六极结晶器电磁搅拌器

(5) 按照绕组中线圈的冷却方式,结晶器电磁搅拌器结构可分为线圈绕组内水冷和线圈绕组外水冷两种形式。外冷式的电磁线圈是实芯铜线外绕绝缘膜烧结而成,直接浸泡在水中进行冷却;内冷式是电磁线圈采用外包绝缘材料的空心铜管绕成,冷却水在铜管内流动达到冷却目的。外冷式与内冷式电磁搅拌器对冷却水的要求见表 3-4。

表 3-4 内冷式与外冷式电磁搅拌器对冷却水的要求

特 性	线圈外水直冷	空心铜管内冷
pH 值	6.5 ~ 8.5	6.5 ~ 8.5
SS/mg · L^{-1}	<20	<10
电导率/μS · cm^{-1}	<200	<50
铁磁物含量/mg · L^{-1}	<0.20	<0.10
固体颗粒直径/μm	<20	<10
冷却水量	大	小

3.1.3 结晶器电磁搅拌存在的问题

结晶器电磁搅拌在使用过程中最主要的问题是搅拌器对弯月面附近钢液的搅拌速度比较

大,在弯月面附近容易引起卷渣,对连铸坯质量产生负面影响。另外,提高钢液的流速就会加快耐火材料的侵蚀速度,应用实践表明,采用电磁搅拌后对浸入式水口的侵蚀增加,导致连浇炉数在一定程度上降低。图3-16为结晶器电磁搅拌流和对比流水口断口留样示意图[7]。有电磁搅拌水口最厚23mm,最薄12mm,没有搅拌的对比流水口最厚30mm,最薄15mm。

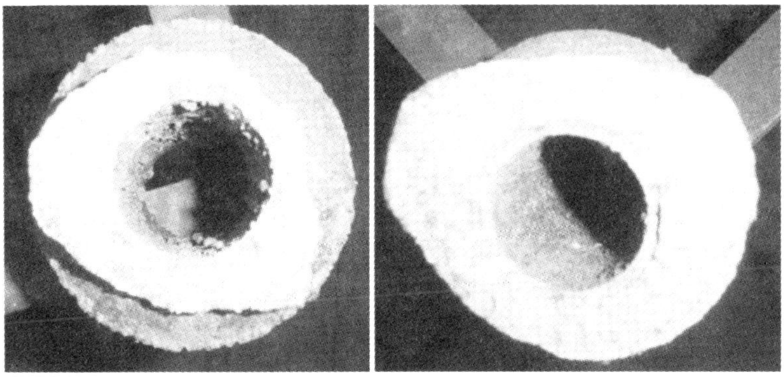

a *b*

图3-16 搅拌流和对比流水口断口留样示意图

a—有电磁搅拌;*b*—无电磁搅拌

为降低结晶器电磁搅拌对弯月面附近钢液的影响,Danieli Rotelec公司[8]开发出一种小型搅拌器线圈,用在普通结晶器搅拌装置的顶部。增加的线圈产生的电磁力使钢液反方向运动,对靠近浸入式水口渣线处钢液的旋转搅动起制动作用。该系统如图3-17所示,一套搅拌线圈安装在结晶器下部,另一套安装在靠近液面区。下部搅拌线圈作为常规结晶器电磁搅拌,执行主要搅拌任务;而靠近液面区线圈产生的磁场所影响的钢水量有限,相对于主线圈而言,液面区线圈起辅助作用,被称作交流搅拌调节器(AC-SM)。结晶器电磁搅拌和AC-SM采用不同的电源馈电,可以分别控制电流强度、频率和旋转方向,产生不同的磁场。如果两个磁场旋转方向一致,根据浇铸要求,液面区搅拌强度可以通过增加AC-SM输入电流来增强,也可以通过减小甚至切断AC-SM电流来减弱。将AC-SM磁场旋转方向设置成与结晶器电磁搅拌磁场方向相反,可使搅拌强度进一步减弱,在这种情况下,由AC-SM产生的逆向运动会影响结晶器电磁搅拌的搅拌运动。这样,两个方向相反的搅拌运动在液面可能达到平衡,将搅拌强度降至零。由于液面区的搅拌方向相反,结晶器内其余部分的搅拌强度会有一定程度减弱。

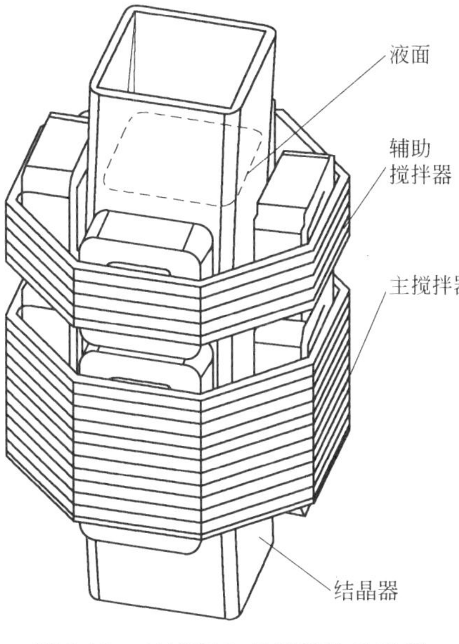

图3-17 双线圈电磁搅拌的示意图

采用这种双线圈装置,用伍德合金对它进行了广泛的试验,其结果见图3-18。试验证明,在额定电流下使用普通电磁搅拌的同时,通过调节上面辅助搅拌器的电流,能使弯月面处浸入式水口周围的钢液停止甚至反向流动。但这种装置本身也有缺点,主要是由于结晶器内部空间有限,上部线圈安装空间需要重点考虑。

为了减小结晶器电磁搅拌对液面的影响,防止保护渣卷入,并且不影响原结晶器的结构,有人认为搅拌器上盖采用磁铁材料,可以避免液面卷渣情况,并采用数值分析方法对常规搅拌器和顶部加铁磁体搅拌器磁场进行分析,磁力线分布示意图如图 3-19 所示[9]。从图中可以看出,弯月面波动的主要原因是电磁搅拌过程中边缘效应引起的。边缘效应由两个原因产生,一是搅拌器铁芯有限长度在其端部的漏磁,这是结晶器电磁搅拌的一个重要特征;二是结晶器铜管的高电导率,屏蔽了搅拌器激发的部分磁场。但是由于磁场的连续性,一部分漏磁经铁芯端部回到铁芯而闭合;一部分经结晶器顶部而闭合;另外一部分经过弯月面附近钢水而闭合。解决这种边缘效应的方法是设置一块覆盖搅拌器上端部的铁磁钢板,吸引部分漏磁,使弯月面上面的边缘效应减弱,即漏磁场集中减弱。

a *b*

图 3-18 钢液液面速度形貌

a—主搅拌器执行,辅助搅拌器关闭;*b*—主搅拌器执行,辅助搅拌器执行

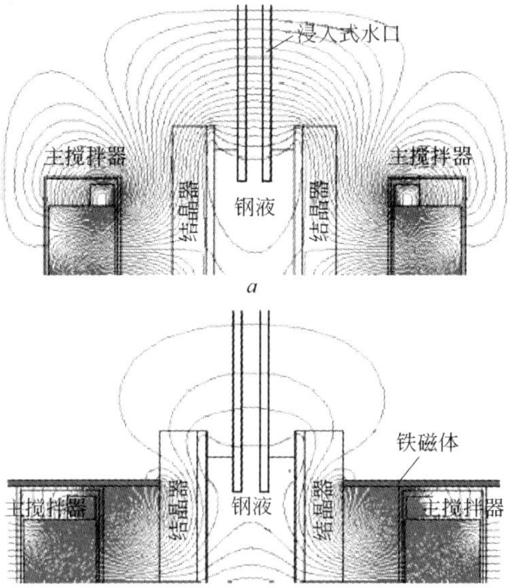

b

图 3-19 电磁搅拌器的磁场分布

a—常规的搅拌器;*b*—搅拌器上盖为铁磁体的搅拌器

3.2 方(圆)坯电磁搅拌工作原理

方圆坯电磁搅拌采用交流感应旋转电磁场对钢液进行搅拌,交流感应旋转电磁场搅拌是指利用双相或三相线圈绕组,通以交流电流所产生的感应旋转电磁场进行的搅拌。这种电磁搅拌有两个特点:一是采用交流电流感应磁场,二是磁场为旋转磁场。

在进行电磁搅拌时,首先应该产生一个稳定的旋转磁场。下面以带有铁芯的三相绕组线圈和三相交流电为例,分析旋转磁场产生的原理。

3.2.1 旋转磁场的产生

假设圆桶形的铁芯上开有六个槽孔,槽孔中分布有间隔互为120°的三相对称绕组线圈 U_1U_2、V_1V_2、W_1W_2,如图3-20所示。假设将这三相绕组线圈按星形接法连接,并将三相绕组线圈的三个接头分别与三相正弦电流电源相接,绕组线圈中通入三相对称电流如式3-1~式3-3所示:

$$I_U = I_m\sin(\omega t) \tag{3-1}$$

$$I_V = I_m\sin(\omega t - 2\pi/3) \tag{3-2}$$

$$I_W = I_m\sin(\omega t + 2\pi/3) \tag{3-3}$$

式中 I_U, I_V, I_W——分别为 U_1U_2、V_1V_2、W_1W_2 相绕组线圈中的瞬时电流;

I_m——交流电源电流的幅值;

ω——交流电的角频率;

t——时间。

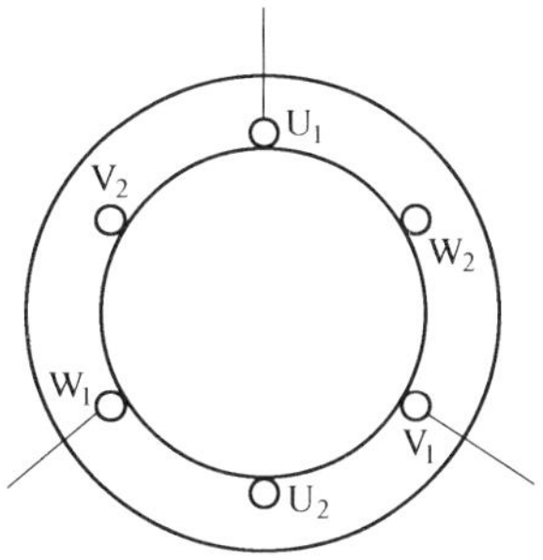

图3-20 三相对称绕组的空间分布

三相绕组线圈的接法和绕组中交流电的波形如图3-21所示。取绕组线圈始端到末端的方向为电流的参考方向,即在电流的正半周期时,电流的实际方向与参考方向一致;在电流的负半周期时,电流的实际方向与参考方向相反。

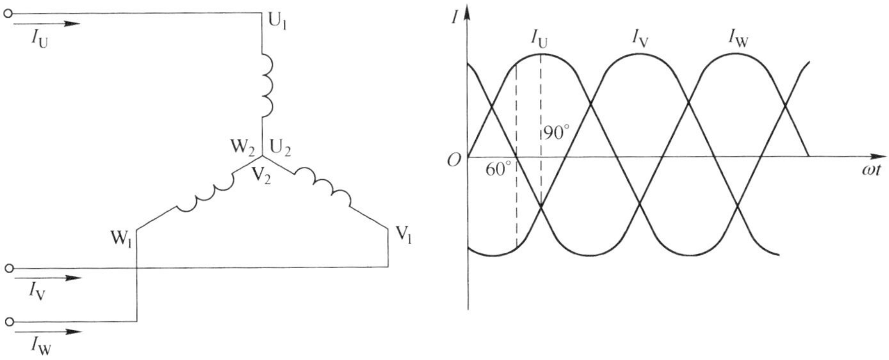

图3-21 三相绕组线圈接法和三相交流电波形图

a—三相绕组线圈接法;*b*—三相交流电波形

在 $\omega t = 0$ 的瞬间,绕组线圈中的电流方向如图3-22*a*所示,这时 $I_U = 0$;I_V 为负,其电流方向与参考电流方向相反,即电流从 V_2 到 V_1;I_W 为正,其电流方向与参考电流方向相同,即电流从 W_1 到 W_2。将每相电流所产生的磁场叠加,便得出三相电流的合成磁场,如图3-22*a*中的虚线所示,合成磁场的轴线的方向自 U_1 指向 U_2。

在 $\omega t = \pi/3$ 的瞬间,绕组线圈中的电流方向如图 3-22*b* 所示,这时 I_U 为正,其电流方向与参考方向相同,即电流从 U_1 到 U_2;I_V 为负,其电流方向与参考电流方向相反,即电流从 V_2 到 V_1;I_W 为零。将每相电流所产生的磁场叠加,便得出三相电流的合成磁场,如图 3-22*b* 中的虚线所示,合成磁场的轴线的方向自 W_2 指向 W_1。

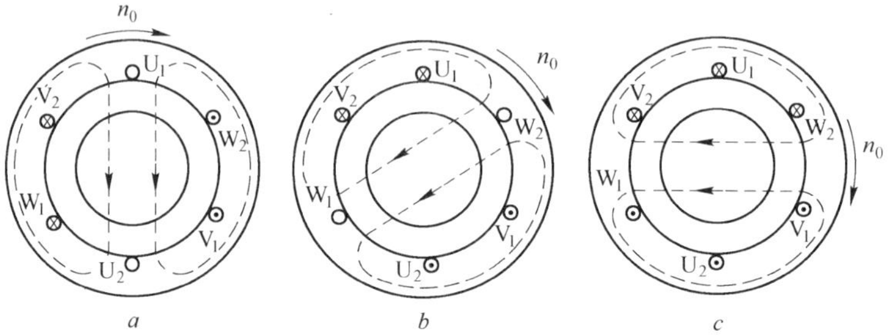

图 3-22 三相电流产生的旋转磁场

a—$\omega t = 0$;*b*—$\omega t = \pi/3$;*c*—$\omega t = \pi/2$

在 $\omega t = \pi/2$ 的瞬间,绕组线圈中的电流方向如图 3-22*c* 所示,这时 I_U 为正,其电流方向与参考方向相同,即电流从 U_1 到 U_2;I_V 为负,其电流方向与参考电流方向相反,即电流从 V_2 到 V_1;I_W 为负,其电流方向与参考电流方向相反,即电流从 W_2 到 W_1。将每相电流所产生的磁场叠加,便得出三相电流的合成磁场,如图 3-22*c* 中的虚线所示,合成磁场的轴线方向自右指向左。

从上面的分析可以看出,三相交流电的角频率转过了 90°,三相电流的合成磁场也转过了 90°,可以想象,如果三相交流电的角频率转过 360°,三相电流的合成磁场也转过 360°,如果三相交流电的角频率按 2π 弧度的周期变化下去,这样就在圆桶形的铁芯和绕组线圈内部空腔中形成了一个旋转磁场,如同一对磁极在空腔中按一定的规律旋转一样。

3.2.2 旋转磁场的方向

旋转磁场有一定的方向,这个方向与交流电通入绕组线圈的相序有关。当 $\omega t = \pi/2$ 时,U_1 相电流正好等于峰值 I_m,这时旋转磁场的轴线方向恰好与 U_1 相绕组线圈的轴线一致。在图 3-22*b* 中的三相交流电中,电流出现峰值的顺序为 U_1、V_1 和 W_1,因此,该旋转磁场的旋转方向与这个顺序一致。如果将图 3-23 中的绕组线圈端子的任意两个导线对调位置,但不改变三相电源端子的相序,这就改变了通入绕组线圈的三相交流电的相序,如将 V_1 相与 W_1 相对调,旋转磁场将按反向旋转,如图 3-23 所示。

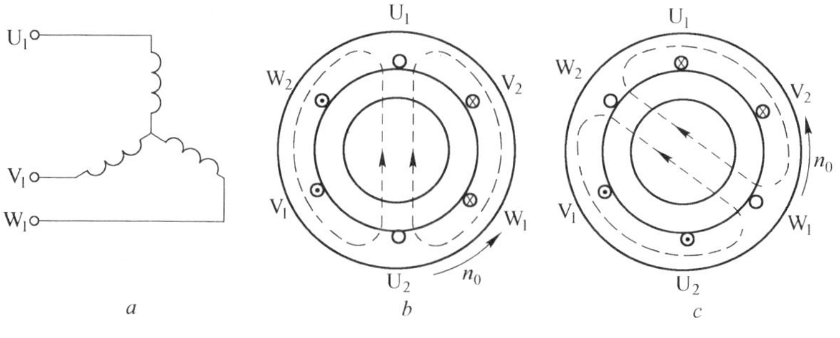

图 3-23 旋转磁场的反转

a—三相绕组线圈接法;*b*—$wt = 0$;*c*—$wt = \pi/3$

3.3 电磁搅拌器结构设计及结构参数对搅拌效率的影响

3.3.1 结构对搅拌效率的影响

搅拌强度可以由钢液的搅拌速度来描述，钢液的搅拌速度是由电磁力矩来决定的，电磁力矩的计算公式如下[8]：

$$T = 0.25\pi\sigma\omega B^2 R^4 L \tag{3-4}$$

式中 T——施加到钢液上的电磁力矩；

σ——熔液的电导率；

ω——电磁场的角频率，$\omega = 2\pi f$（f 是电流频率）；

B——熔液内的磁感应强度；

R——液态金属熔池半径；

L——铁芯的高度。

所以从公式可以看出，电磁力矩是由电磁参数（B^2f）以及搅拌器的尺寸参数（R^4L）决定的。这些参数决定了搅拌器电源的输入功率，对搅拌器效率的评价应该综合考虑这些因素，而不能仅仅考虑其中一个方面。

熔液内部的磁感应强度是由线圈安匝数和相对磁极之间的距离决定的，如式 3-5 所示：

$$B = K\mu_0 \frac{NI}{D} \tag{3-5}$$

式中 B——搅拌器内部的磁感应强度；

K——比例系数；

μ_0——空间磁导率；

N——线圈匝数；

I——电流值；

D——电磁搅拌器的内径（相对磁极之间的距离）。

从式 3-5 可以看出，其实铸坯内部的磁感应强度和线圈的安匝数 NI 有关，安匝数越大，磁感应强度越大，磁极之间的距离 D 越大，铸坯内部的磁感应强度越小。

上面公式各个参数之间关系是由一个无限长的电磁线圈导出的，因此没有考虑到在搅拌器端部漏磁效应。当 $L \geqslant D$ 时，这些漏磁可以忽略不计。然而对于一个结晶器电磁搅拌器来说，一般情况下 $L/D < 1.5$，因此铁芯高度对磁感应强度大小和轴向分布都有影响。

图 3-24 为铁芯高度和搅拌速度、磁感应强度以及电流频率之间的关系[8]。在给定输入功率以及搅拌器内径相同情况下，熔液内部的磁感应强度随着铁芯高度增加而增加。这是因为铁芯高度增加，降低了铁芯的端部漏磁效应。

3.3.2 电流频率对搅拌效率的影响

从式 3-4 中可以看出，电磁力矩和电流频率成线性关系，但在结晶器电磁搅拌过程中，由于高电导率铜管的存在，交变磁场在铜管内衰减得非常快，这种线性关系变成了非线性关系。图 3-25 为电磁力矩中组成部分 B^2f 与电流频率的关系[8]。在较低的电磁频率范围内，电磁力矩随着频率的增加而增加，当频率增加到一定程度时，电磁力矩随频率的增加而减小。

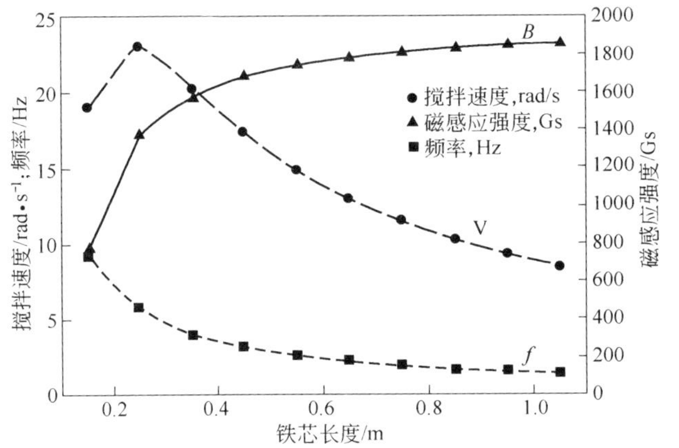

图 3-24 铁芯高度和搅拌速度、磁感应强度以及电流频率之间的关系

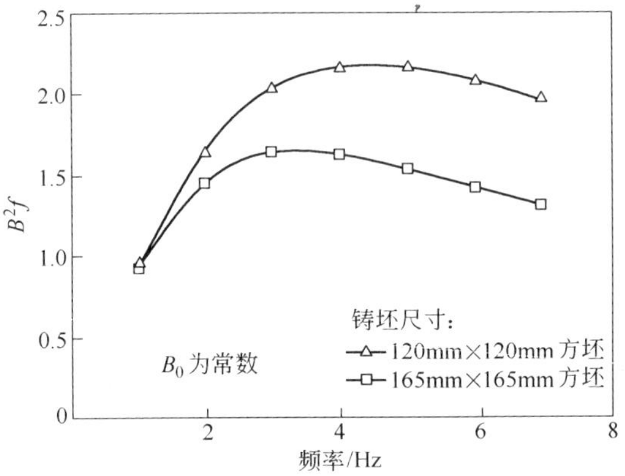

图 3-25 电流频率对搅拌效果的影响

因此,对于一个断面铸坯电磁搅拌时,存在一个最佳频率值。当铸坯尺寸为 120 mm × 120 mm 时,其最佳的频率为 4 ~ 5 Hz;当铸坯尺寸为 165 mm × 165 mm 时,其最佳的频率为 3 Hz。其原因是对于不同尺寸的铸坯,其所用的结晶器铜管壁厚是不同的,一般来说,铸坯尺寸越小,结晶器铜管壁厚越小。结晶器电磁搅拌的最佳频率的确定可以通过数值计算来确定。

3.3.3 结晶器电导率对搅拌效率的影响

图 3-26 为电导率对电磁力矩的影响[8]。在同样的频率下,随着电导率的增加,电磁力矩减小。这是因为铜结晶器电导率越高,磁场在穿透铜结晶器的时候,结晶器内部产生的涡流越大,也就是磁场在穿透结晶器时损耗越大,穿透结晶器进入到钢液内部的磁场越少,电磁力矩越小。

3.3.4 电磁搅拌效率高低的判断

在结晶器电磁搅拌过程中,怎么来判断一个电磁搅拌器效率的高低呢?针对这个问题,国内外许多专家也开展了大量的研究。有些人认为在电磁搅拌使用前,没有负载的作用下,对电磁搅拌器中心空磁感应强度进行测量,用空磁感应强度的大小作为判断电磁搅拌效率以及确定各种工艺参数的一个重要指标。研究认为,能够使钢液转动起来的空磁感应强度应该大于 450 Gs[10],所以有些生产厂家把结晶器内部空磁感应强度最小值应大于450 Gs 作

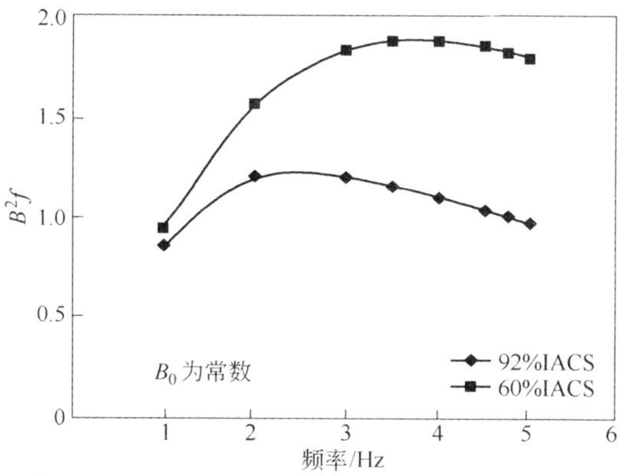

图 3-26 结晶器电导率对电磁力矩的影响

为制定工艺参数的一个重要数值,但这没考虑到磁场频率对电磁搅拌效果的影响。也有的研究认为,电磁搅拌器效率的大小应以电磁力大小来进行衡量,但在电磁搅拌过程中,钢液内部的电磁力分布是不均匀的。影响搅拌效果的因素很多,其中最重要的有三个因素,即相位形式、电流强度以及电流频率。在不同的频率下,搅拌器内的磁感应强度相同,但其电磁力一定是不同的。在不同相位电流的作用下,同样的磁感应强度,其内部的电磁力也是不同的,所以用磁感应强度来衡量电磁搅拌器效果的好坏,在一定条件下可以使用,准确判断电磁搅拌的效果应以钢液搅拌速度的大小作为标准。

3.4 小方坯结晶器电磁搅拌的数值模拟

对于方(圆)坯结晶器电磁搅拌,从电流相位角来区分,现在常用的两种形式电磁搅拌器分别为两相四极电磁搅拌器和三相六极电磁搅拌器。两相四极电磁搅拌器所输入的电流为两相,相位差为 90°。三相六极电磁搅拌器所输入的电流为三相,每相之间的相位差为 120°。针对这两种电磁搅拌系统效率高低问题,现在是许多工厂技术人员讨论的重点。本节针对尺寸为 150 mm × 150 mm 小方坯结晶器电磁搅拌的具体形式,通过数值计算方法对两相四极和三相六极两种电磁搅拌形式进行数值计算,并且对其效率进行评估。

3.4.1 电磁搅拌的计算方法

在进行连铸方(圆)坯电磁搅拌过程分析时,将对钢液流动行为进行磁流体耦合分析,根据第 2 章的数学模型,可以确定相应的求解步骤,如图 3-27 所示。在计算分析中,处理耦合问题可采用序贯法和直接法。序贯耦合法适用于单向耦合情况,先后进行不同物理场之间的耦合,通过把前一个场分析的结果作为后一个场分析载荷输入数据来实现,使用范围是后一个场的结果对前一场结果影响可以忽略。而直接耦合法适用于双向耦合,采用包含所有所需自由度(可能跨几个场)的耦合场单元只进行一次分析,通过单元矩阵或载荷向量把耦合构造到控制方程中,因此不需要进行序贯分析。在序贯耦合场分析中,需要保留各个原始数据库和中间结果文件。虽然耦合场计算既可用直接法又可用间接法来建立模型,但间接耦合法比直接耦合法更具有效性和独立性。

电磁搅拌过程中磁场和钢液流动之间的相互制约关系表现在钢液在磁场中运动可以感应电动势,从而改变电磁场的位形,而电磁力使钢液的受力情况和能量关系发生变化,从而影响钢液的平衡和运动。当流体运动与电磁场的变化耦合时,该过程具有很高的非线性特性,钢液中的电流分布与流体的运动过程有关,使电磁场方程变为非线性;并且电磁力和能量在流体力学方程组中也引进了非线性项,这种相互影响是结晶器内电磁搅拌过程的力学特征。但本节研究的对象是低频正弦磁场,钢液内部的磁场变化主要由线圈中电流变化引出的,可以忽略钢液运动对外加磁场的影响,即电磁场只是单向影响流动行为。对于电磁场与流场的耦合计算,结合图3-27所示的计算步骤,先计算电磁场,然后将电磁场计算结果作为载荷加载到流动单元中,分析铸坯内部钢液流动行为。

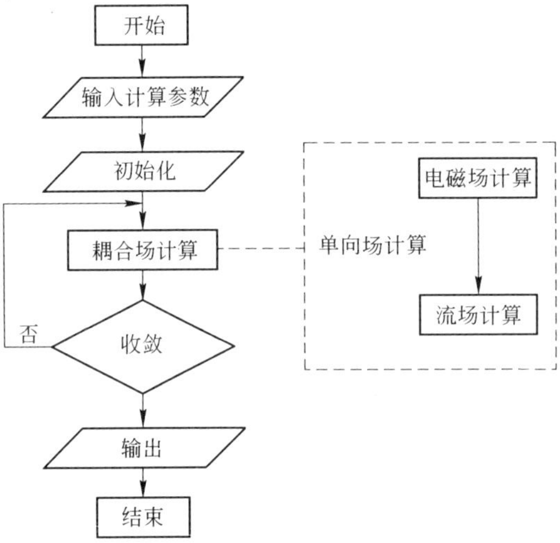

图3-27 模拟计算框图

3.4.2 模型的建立

电磁搅拌器模型见图3-14和图3-15。为了显示电磁搅拌器内部结构情况,周围空气及内部冷却水模型没有画出。从图中可以看出,对于小方坯来说,如果采用两相四极电磁搅拌器,四个线圈断面正好和结晶器四个面平行,磁极离铸坯表面比较接近($\Delta=58$ mm,包括结晶器水缝宽度等);如果采用三相六极电磁搅拌器,考虑到六个线圈在搅拌器内部布置及结晶器水缝宽度要求,磁极和离铸坯表面之间最小距离为103 mm才合适,即$\Delta=103$ mm。具体数值计算参数见表3-5,表3-6为电磁搅拌磁场数值模拟材料物理参数,图3-28为计算所用铁芯的*B-H*曲线。

表3-5 数值计算参数

线圈匝数	80	线圈电流/A	130
结晶器厚度/mm	12	频率/Hz	2~8
铸坯断面尺寸/mm	150×150	拉速/m·min^{-1}	2.4

表3-6 电磁搅拌磁场数值模拟的物理参数

材 料	相对磁导率	电导率/S·m^{-1}
钢 液	1.0	7.14×10^{5}
结晶器(铜板)	1.0	4.7×10^{7}
空气(水)	1.0	0
线 圈	1.0	0

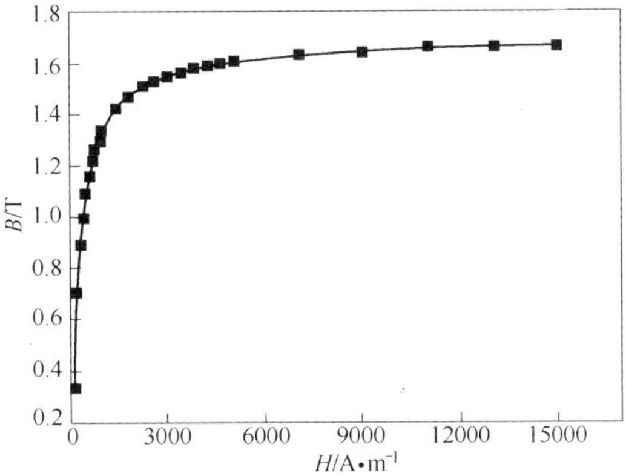

图 3-28　计算所用铁芯的 B-H 曲线

3.4.2.1　基本假设

在进行磁场和流场计算时,做以下假设和简化[11~13]:

(1) 不考虑钢液流速对磁场的影响;

(2) 不考虑坯壳对磁场及流场的影响;

(3) 不考虑结晶器锥度。

3.4.2.2　边界条件的处理

A　磁场分析计算初始条件

对于两相结晶器电磁搅拌,两相电流的相位差为 90°,相对的两个线圈断面上加同相位的电流密度,电流密度的值见式 3-6 和式 3-7。

$$J_1 = J_0 \sin(\omega t) \tag{3-6}$$

$$J_2 = J_0 \sin(\omega t + \pi/2) \tag{3-7}$$

式中　ω——角速度,$\omega = 2\pi f$;

t——时间;

f——电流频率;

J_0——线圈电流密度的幅值,由电流值、线圈匝数及线圈的横断面面积决定。

对于三相结晶器电磁搅拌,三相电流的相位差为 120°,相对的两个线圈断面上加同相位的电流密度,电流密度的值见式 3-8 ~ 式 3-10:

$$J_1 = J_0 \sin(\omega t) \tag{3-8}$$

$$J_2 = J_0 \sin(\omega t + 2\pi/3) \tag{3-9}$$

$$J_3 = J_0 \sin(\omega t + 4\pi/3) \tag{3-10}$$

B　磁场分析边界条件处理

$t = 0$ 时,计算区域的磁感应强度为 0;在计算过程中,$t - \Delta t$ 时刻的磁感应强度为 t 时刻的初始值。包围电磁搅拌器外面空气的外表面节点的磁力线和外表面平行。

C　流场计算边界条件处理

结晶器壁面:采用无滑移的速度边界条件,壁面处速度为 0 。

液面:速度场计算时,弯月面处理为平液面,法向速度为0。

入口:入口速度由连铸工艺参数根据质量守恒得到。

出口:所有变量的法向导数为0。

3.4.2.3 结果分析

图3-29为下面分析中的点、线及面上各个参数的示意图。在分析过程中,一般分析位于电磁搅拌中心位置的钢液横断面上(即 $y=0$)磁感应强度、电磁力以及搅拌速度的分布。另外,分析这个面上中心点 D,边部中心点 B 及角部点 C 三个点的磁感应强度随时间的分布,分析搅拌速度沿中心面上路径 AB 上分布规律。

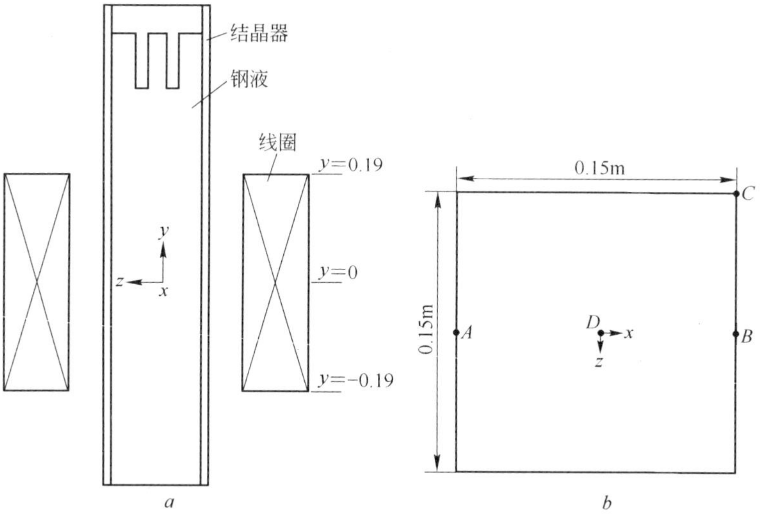

图3-29 结晶器电磁搅拌分析示意图

a—纵向截面图($x=0$);b—搅拌器中心钢液横断面($y=0$)

3.4.3 两相四极电磁搅拌的结果分析

图3-30为两相四极结晶器电磁搅拌在电流为130 A、频率为3 Hz时,一个周期内不同时刻磁感应强度的矢量图。在不同的时刻,磁感应强度的方向按照顺时针方向进行旋转,其周期和电流的周期一样。另外,磁感应强度在中心断面上的分布不均匀,在角部磁感应强度比较大,在中心相对于角部比较小,这主要是磁场的端部效应引起的。

图3-31为两相四极结晶器电磁搅拌不同点磁感应强度随时间的变化。在模拟过程中计算了两个周期的时间,时间步长为一个周期的八分之一,在一个周期(1/3 s)内,铸坯中间断面上磁感应强度旋转周期和电流的周期一样,磁感应强度在铸坯中间断面上的分布不均匀,中心比较小,角部比较大。在计算的两个周期时间内,中心点的磁感应强度从0 T很快达到0.0508 T,并保持基本稳定,其一个周期均值为0.0506T。角部的磁感应强度变化范围在0.02~0.095 T之间,其均值为0.0648 T。边部中心磁感应强度在0.032~0.072 T之间变化,其均值为0.0547 T。

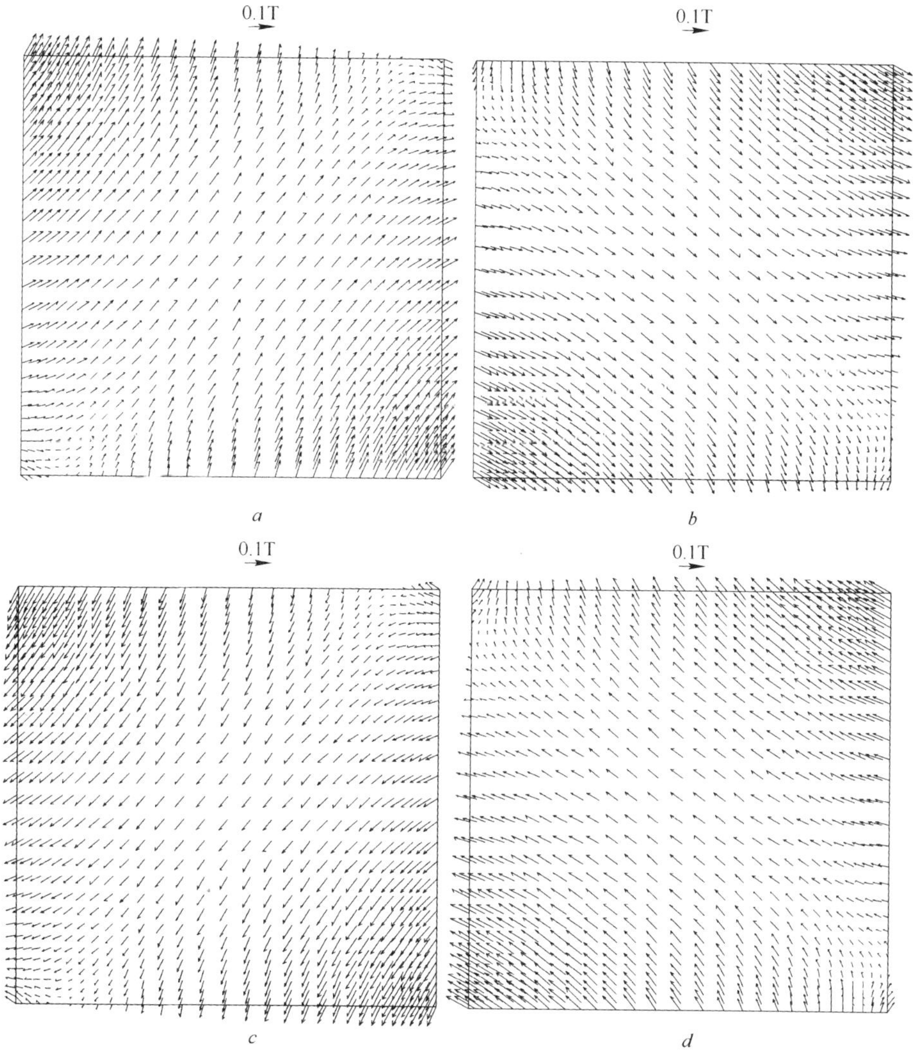

图 3-30 两相四极结晶器电磁搅拌铸坯中间断面不同时刻磁感应强度的分布

a—1/4 周期；*b*—2/4 周期；*c*—3/4 周期；*d*—4/4 周期

图 3-32 为电流 130 A、频率 3 Hz 时，不同时刻中间断面上电磁力分布的矢量图。从图中可以看出，在 1/4 周期时，小方坯相对两边的电磁力方向相反，对钢液中心而言，形成了力偶，并且力的大小从边部到中心逐渐变小；2/4 周期时，另一相对边电磁力的方向相反，对钢液中心而言，形成了另一对力偶，不同时刻形成力偶的方向都是同一个方向，即顺时针方向。钢液在同一个方向力偶的作用下，实现了钢液的搅拌。在时间为 1/4 周期和 3/4 周期时，力的大小比较一致，在时间为 2/4 周期和 4/4 周期时，力的大小和方向也是一致的，所以对这种电磁搅拌来说，电磁力的变化频率为电流频率的 2 倍。从整个断面上也可以看出，电磁力的分布不均匀，角部的电磁力比较大，从边部到中心，电磁力逐渐变小。

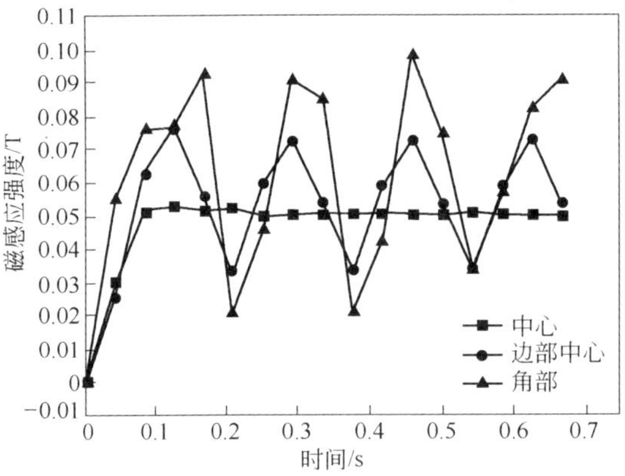

图 3-31 不同点的磁感应强度随时间的变化

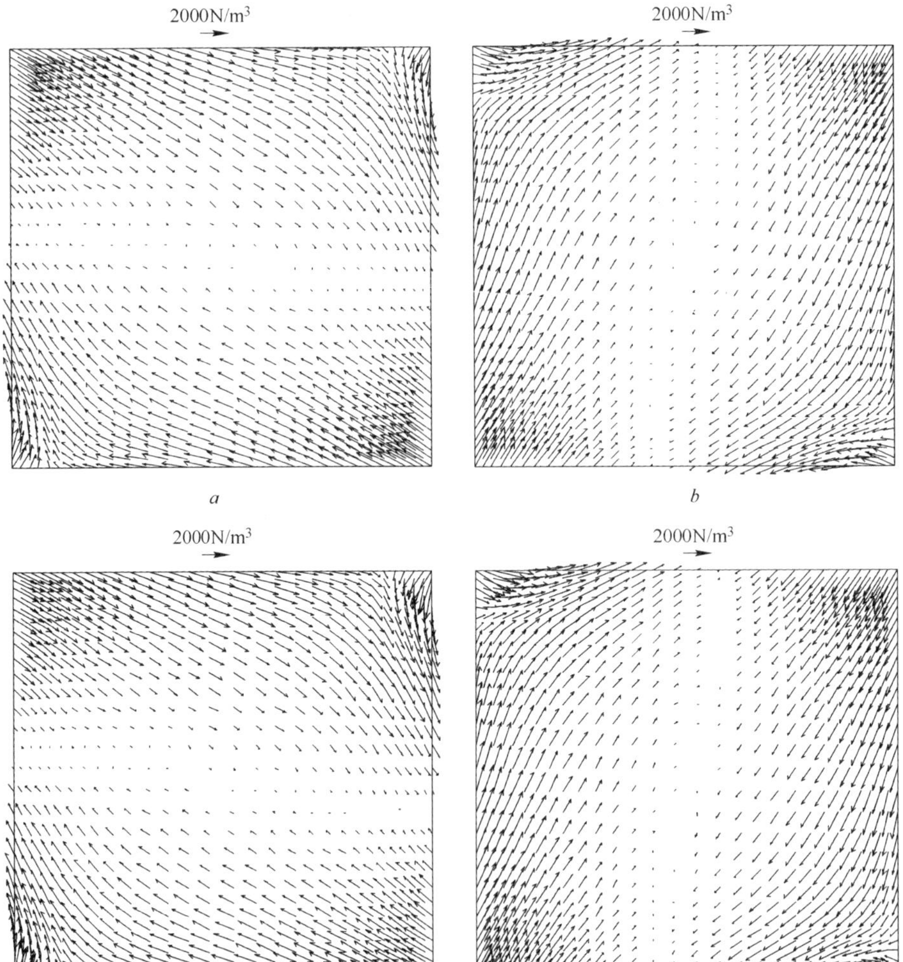

图 3-32 两相四极结晶器电磁搅拌铸坯中间断面不同时刻电磁力的分布

a—1/4 周期;*b*—2/4 周期;*c*—3/4 周期;*d*—4/4 周期

3.4.4　三相六极电磁搅拌的结果分析

图 3-33 为一个计算周期内不同时刻，铸坯中间断面上磁感应强度的分布。从图中可以看出，一个周期内不同时刻磁感应强度的分布和两相四极的分布形式一样，但在各个时刻，铸坯断面上磁感应强度分布比两相四极更均匀。

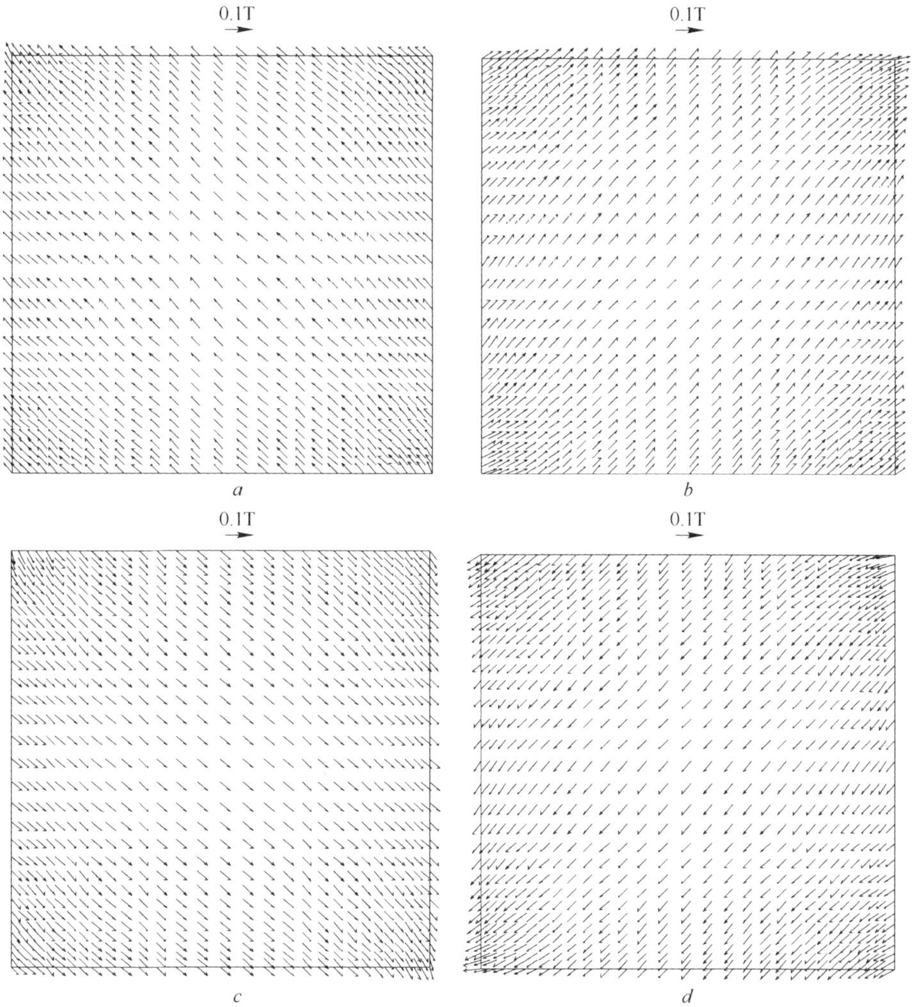

图 3-33　不同时刻中间断面内磁感应强度的分布

a—1/4 周期；*b*—2/4 周期；*c*—3/4 周期；*d*—4/4 周期

图 3-34 为不同时刻三个关键分析点磁感应强度随时间的变化规律。在计算的两个周期内，中心点的磁感应强度从 0 T 很快达到 0. 0478 T，并保持基本稳定，一个周期内均值为 0. 0472 T。角部的磁感应强度变化范围在 0. 042 ~ 0. 053 T 之间，一个周期内的均值为 0. 0470 T，边部中心的磁感应强度在 0. 0373 ~ 0. 0768 T 之间变化，其均值为 0. 057 T。所以，三相六极电磁搅拌时，整个铸坯中间断面上磁感应强度分布比较均匀。

图 3-35 为不同时刻，铸坯中间断面上电磁力的分布。铸坯中间断面电磁力分布不均匀，角部的电磁力比较大，从边部到中心，电磁力逐渐变小，分布形式和两相四极电磁搅拌相似，但电磁力分布不均匀程度要比两相四极电磁搅拌大。

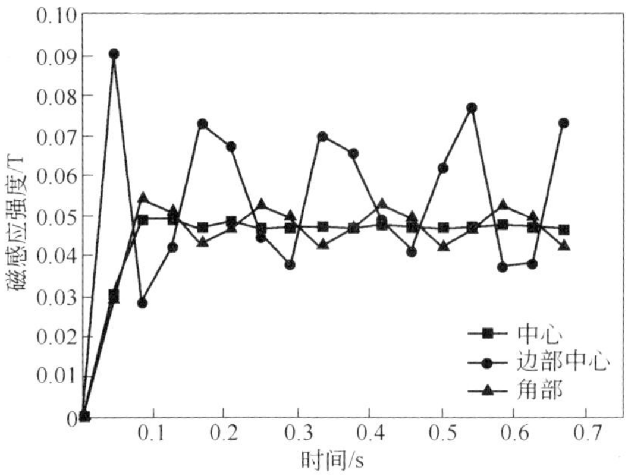

图 3-34　不同时刻中间断面不同位置磁感应强度的分布

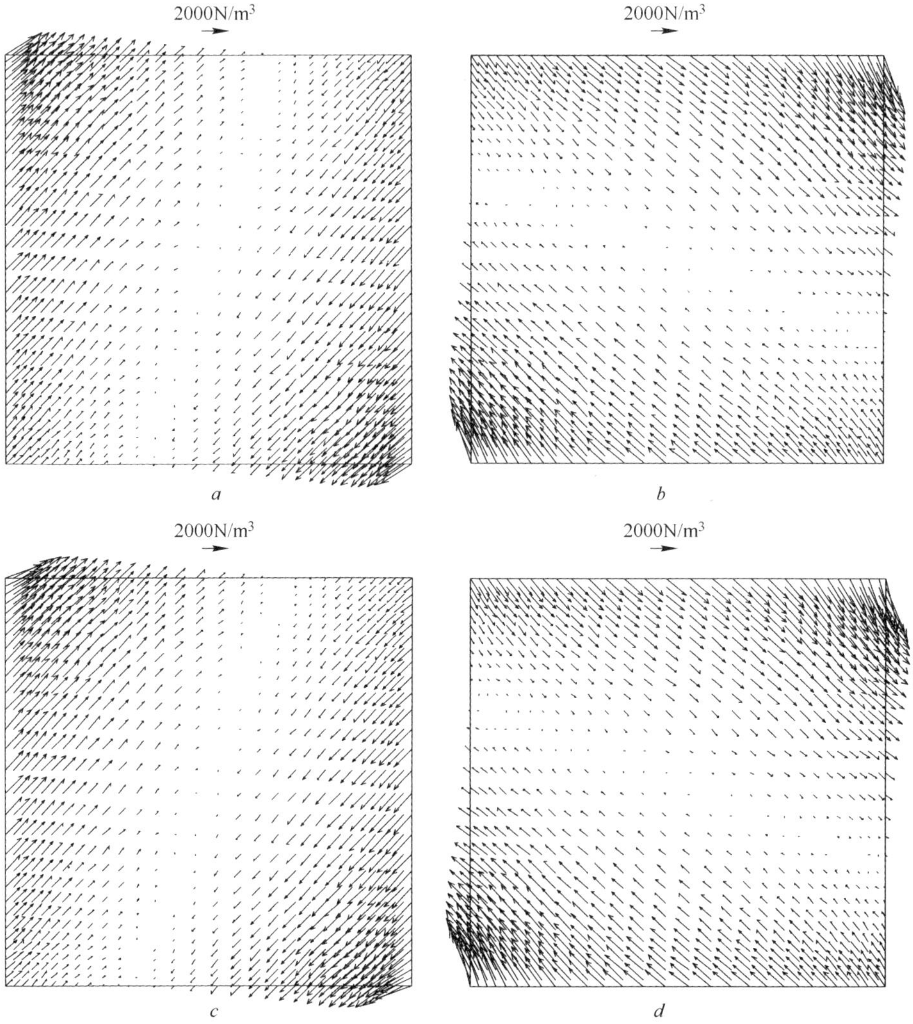

图 3-35　不同时刻铸坯中间断面电磁力的分布

a—1/4 周期；*b*—2/4 周期；*c*—3/4 周期；*d*—4/4 周期

3.4.5 两种形式电磁搅拌器搅拌速度对比

图 3-36 为两种电磁搅拌形式在电流为 130 A、频率为 3 Hz 时铸坯中间断面上流动速度的分布。从图中可以看出，两种形式的电磁搅拌对铸坯中间断面上钢液的搅拌速度基本上相同，但两相四极电磁搅拌断面角部上存在搅拌不充分的情况，即存在着搅拌死区，三相六极电磁搅拌在铸坯断面四个角部搅拌比较充分。

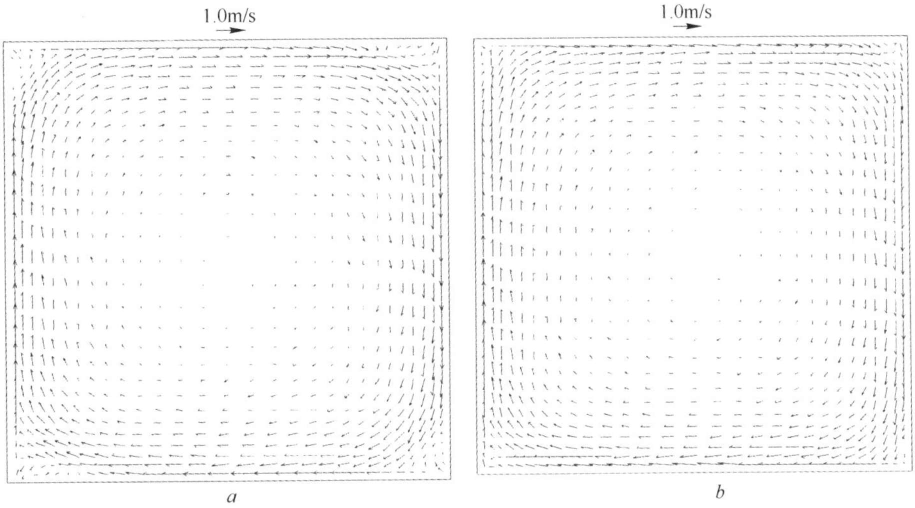

图 3-36 不同搅拌形式对流动的影响

a—两相四极电磁搅拌；*b*—三相六极电磁搅拌

图 3-37 为搅拌速度沿铸坯中间断面上的分布。搅拌速度最大的位置在离边部不远处，两相四极最大的搅拌速度为 0.93 m/s，三相六极最大的搅拌速度为 0.78 m/s，随着路径向铸坯中心移动，两种形式的搅拌速度基本相同。但三相六极电磁搅拌器形式由于有六个线圈，在同样的电流和频率下，其电源功率要比两相四极电磁搅拌大，但搅拌速度的效果差不多，所以对于 150 mm × 150 mm 小方坯结晶器电磁搅拌来说，采用两相四极这种形式的电磁搅拌节能效果显著。另外，由于两相四级电磁搅拌器内腔空间比较大（四个线圈），这样在相同空间下，这种电磁搅拌线圈可以缠绕匝数多，电流值能够降低，大大提高电磁搅拌器线圈的使用寿命。而三相六极电磁搅拌器对钢液搅拌比两相四极搅拌器均匀，而且钢液断面四个角部不存在搅拌死区情况。所以，综合上面的各种因素，两相四极电磁搅拌器比较适合于小断面的铸坯（如 150 mm × 150 mm 小方坯），安装方便，而且节能。

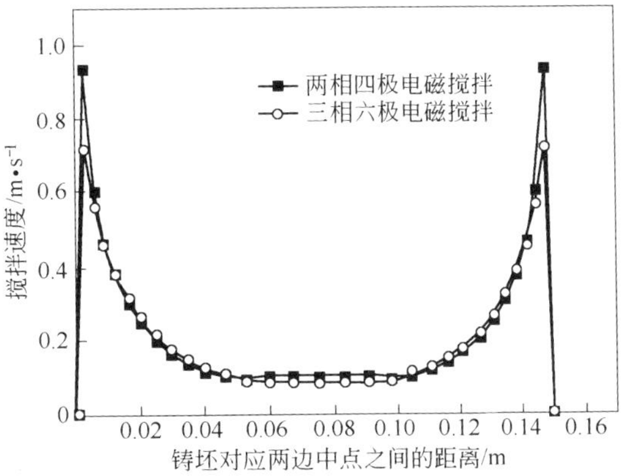

图 3-37 不同搅拌方式搅拌速度沿路径上的分布

3.4.6 电流频率对搅拌效果的影响

在结晶器电磁搅拌过程中,电流和频率是两个重要的参数。电流对搅拌效果影响比较简单,随着电流的增加,钢液内部磁感应强度和电磁力均增加,钢液搅拌速度也增加。但频率对搅拌效果有什么影响,一直是广大研究者讨论的话题。本节以两相四极电磁搅拌器为例,通过数值计算方法,讨论频率对搅拌效果的影响规律。

3.4.6.1 频率对内部磁感应强度的影响

图 3-38 为电流为 130 A、频率为 8 Hz 时,两相四极电磁搅拌作用下铸坯中间断面上磁感应强度分布。磁感应强度分布特点表现出角部比较大,中心比较小,两个点磁感应强度差值较大。图 3-39 为 150 mm × 150 mm 小方坯 130 A、8 Hz 时,不同点磁感应强度和时间关系图。和前面 3 Hz 时比较,中心点的磁感应强度为 0.023 T,降低了很多。角部磁感应强度变化范围在 0.0305 ~ 0.0817 T 之间,周期内均值为 0.058 T。边部中心位置磁感应强度变化范围在 0.015 ~ 0.037 T 之间,均值为 0.027 T。三个位置的磁感应强度和 3 Hz 时相比都显著降低。图 3-40 为两相四极电磁搅拌器在电流为 130 A,频率不同时中心点磁感应强度和频率关系。随着频率升高,中心点磁感应强度降低。这是因为在结晶器电磁搅拌过程中,线圈产生的磁场要穿透结晶器后才进入钢液内部。由于铜的导电性比较好,交变磁场在穿透结晶器时,结晶器内要产生感应电流,感应电流产生的磁场方向正好和源磁场方向相反,阻止源磁场向内穿透,所以磁场在穿透导电性好的结晶器时,源磁场衰退很快;频率越高,结晶器内产生的感应电流越大,这样源磁场向钢液内部衰退得越快。

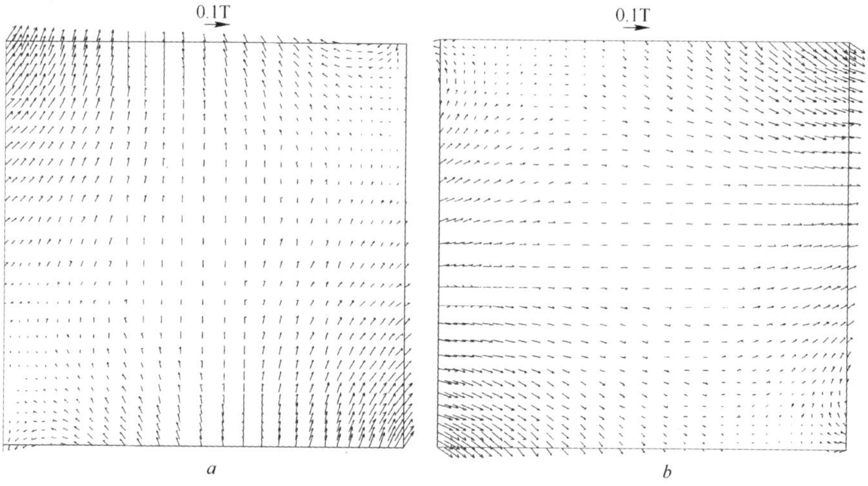

图 3-38 130 A、8 Hz 时,不同时刻钢液内部磁感应强度的分布

a—1/4 周期;*b*—2/4 周期

3.4.6.2 频率对电磁搅拌力的影响

图 3-41 为 130 A、8 Hz 两相四极时铸坯内部不同时刻电磁力的分布。与频率为 3 Hz 时同时刻电磁力分布相比,可以看出电磁力在整个断面上分布非常不均匀,电磁力主要集中在角部,并且电磁力沿钢液边部分布也不均匀。这虽然不影响两条相对边电磁力形成力偶,但会降低搅拌效率,从铸坯边部到铸坯的中心,电磁力衰退非常快。

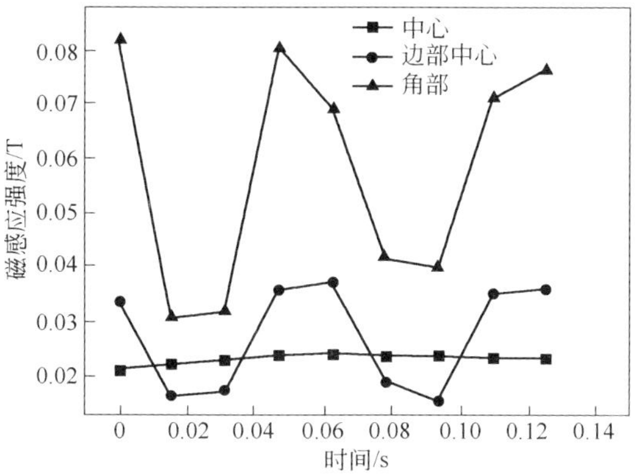

图 3-39 130 A、8 Hz 时钢液内部不同点磁感应强度的分布

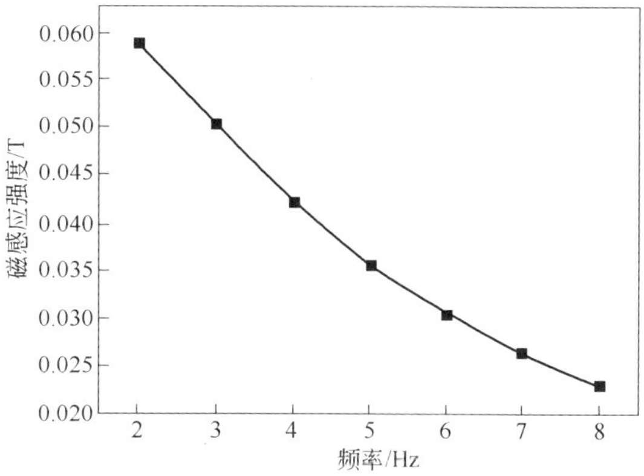

图 3-40 频率对钢液中心磁感应强度的影响

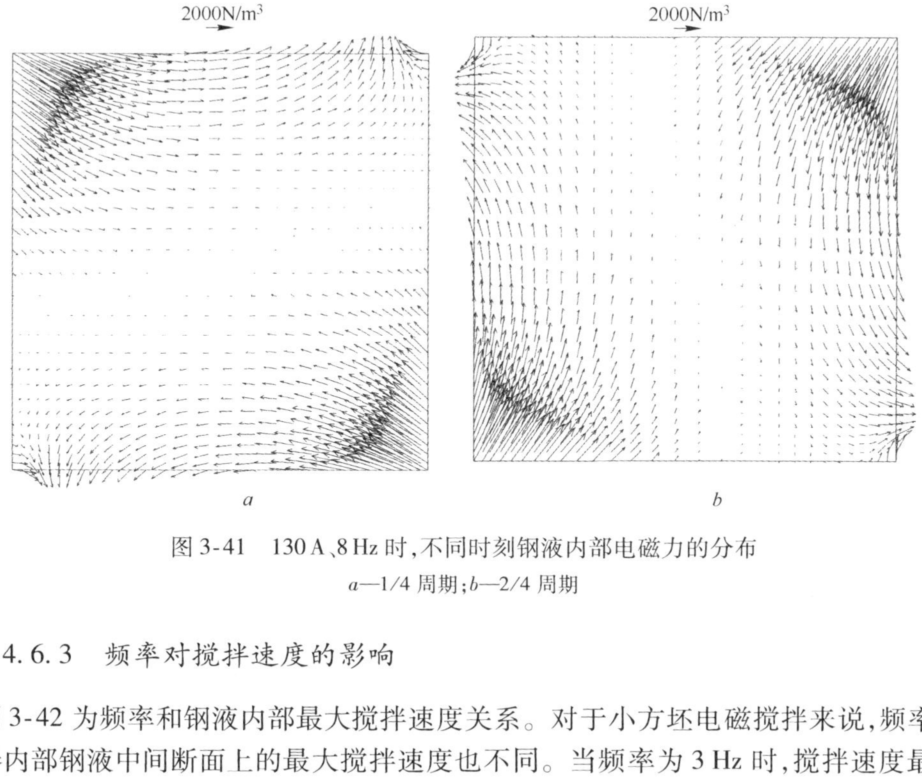

图 3-41 130 A、8 Hz 时,不同时刻钢液内部电磁力的分布

a—1/4 周期;*b*—2/4 周期

3.4.6.3 频率对搅拌速度的影响

图 3-42 为频率和钢液内部最大搅拌速度关系。对于小方坯电磁搅拌来说,频率不同,结晶器内部钢液中间断面上的最大搅拌速度也不同。当频率为 3 Hz 时,搅拌速度最大,为 0.92 m/s;随着频率的升高或降低,最大搅拌速度逐渐降低。这是因为结晶器是铜制成的,对交变磁场有屏蔽作用,其集肤层厚度 δ 可由下式表示:

$$\delta = \sqrt{\frac{1}{\sigma\mu\pi f}} \tag{3-11}$$

式中 σ,μ——分别为结晶器的电导率和相对磁导率;

f——电磁场频率。

在电磁搅拌装置中,钢水、结晶器铜板及不导磁不锈钢板,其磁导率接近于真空磁导率,因此渗透深度只与金属的电导率和电流频率有关。随着电流频率的提高,集肤层厚度减小,

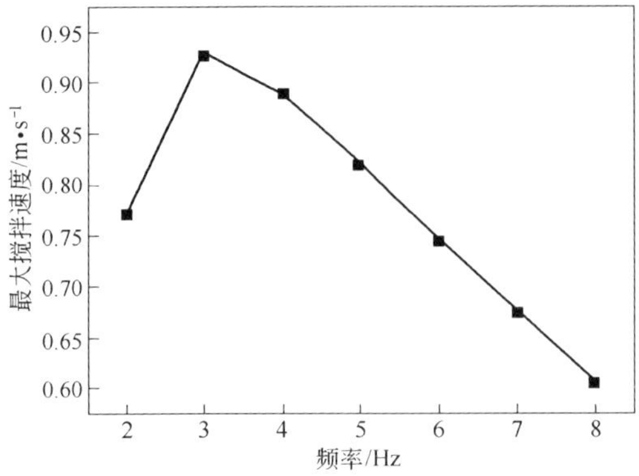

图 3-42 频率对中间断面上最大搅拌速度的影响

对磁场的屏蔽作用增强,结晶器内的磁感应强度降低。因此,简单选择结晶器搅拌频率的方法是,铜管壁越厚,搅拌频率应越低,集肤层厚度增加,对磁场屏蔽作用减弱,钢液内磁感应强度加强,有利于改善内部质量。如铜管厚 11 ~14 mm,通常选择 3 ~5 Hz 为宜,薄铜管选高频率,厚铜管选低频率;厚度超过 14 mm 以上的铜管应选 3 Hz 以下的频率。

图 3-43 为两相四极结晶器电磁搅拌器在不同频率下搅拌速度的分布。当频率为 8 Hz,铸坯中间断面上的搅拌速度都低于频率为 3 Hz 时的钢液搅拌速度,而且钢液断面的四个角部搅拌死区面积扩大,对整个断面上钢液搅拌不均匀。

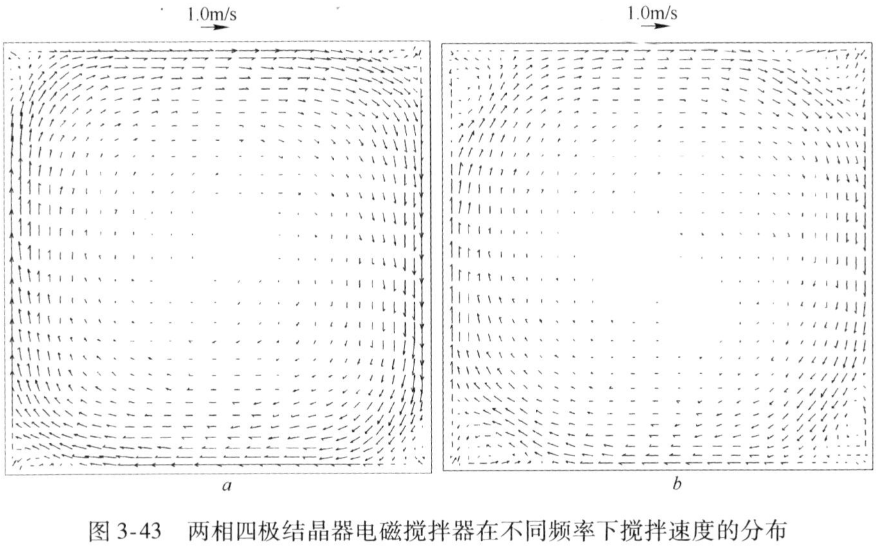

图 3-43 两相四极结晶器电磁搅拌器在不同频率下搅拌速度的分布

a—3 Hz;*b*—8 Hz

3.4.7 结晶器电磁搅拌器的工业实践

图 3-44 为实测的两相四极结晶器电磁搅拌 150 mm ×150 mm 小方坯中心点磁感应强度。从图中可以看出,随着电流的增大,搅拌器中心的磁感应强度升高。并且内部磁感应强度没有出现饱和现象,这说明了搅拌器内部磁极和磁轭的结构设计比较合理。当电流为 130 A 时,测量的磁感应强度为 0. 048 T,而计算的磁感应强度为 0. 0505 T,由于高斯计检验的磁场带有平均值性质,理论计算偏高是正常的。实测数据和计算值比较接近,也验证了数值计算正确性。

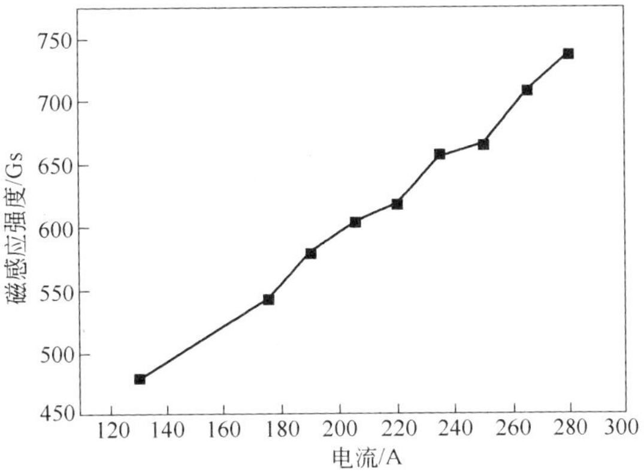

图 3-44 150 mm × 150 mm 小方坯两相四极电磁搅拌磁场强度测量数据

图 3-45 为 45 号钢 150 mm × 150 mm 小方坯的低倍照片图。采用两相四极结晶器电磁搅拌器，搅拌电流为 130 A，频率为 3 Hz。实践证明，在 130 A、3 Hz 的运行参数下，两相电磁搅拌取得了很好的效果，其吨钢电耗只有 0.6 kW · h，体现了设计的科学性和经济性。

图 3-45 45 号钢 150 mm × 150 mm 小方坯低倍照片(130 A、3 Hz)

电磁力驱动钢液的速度及其分布是评价电磁搅拌效果的一个重要方面，电磁搅拌越强，坯壳厚度的增长就越慢。但钢液内部速度的测量比较困难，一般用同样条件下坯壳生长的厚度来判断钢液搅拌速度的强弱。文献[14]中测得相同条件下搅拌小方坯时，两相电磁搅拌的铸坯坯壳厚度要小于三相电磁搅拌的坯壳厚度，这也间接地证明了在同样的条件下两相电磁搅拌的搅拌效率要比三相的要高，计算结果和实验结果基本相符。

3.5 大方坯结晶器电磁搅拌的数值模拟

大方坯结晶器电磁搅拌原理和小方坯一样，但大方坯的铸坯尺寸比较大，结晶器电磁搅拌器内部空间相应也比较大，所以搅拌器内部安装磁极、磁轭及线圈的空间充足。对于大方坯结晶器电磁搅拌,采用两相和三相电磁搅拌器对搅拌效果会产生什么影响,在这个方面的研究工作不是很多。作者采用数值计算方法对大方坯结晶器电磁搅拌过程进行分析,评价两种形式搅拌器的效率。

3.5.1 大方坯结晶器电磁搅拌模型的建立

图 3-46 为两种不同相位的大方坯电磁搅拌器的模型。在建立模型过程中,忽略结晶器水套对计算结果的影响。从图中可以看出,由于内部的空间比较大,大方坯结晶器电磁搅拌相对磁极之间的距离大于相邻两个磁极之间的距离。计算参数根据工厂中的实际参数确定,具体见表 3-7。

表 3-7 数值计算参数

线圈匝数	88
结晶器厚度/mm	30
铸坯断面尺寸/mm	280 ×380
线圈电流/A	500
频率/Hz	2
拉速/m · min^{-1}	0.65

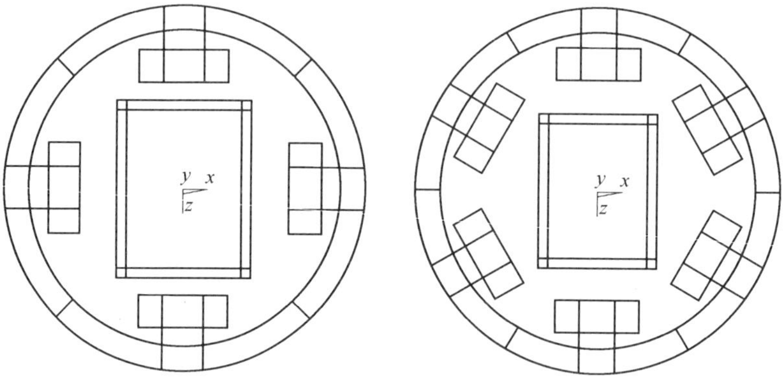

图 3-46 不同形式电磁搅拌器俯视图

a—两相四极;*b*—三相六极

3.5.2 大方坯结晶器电磁搅拌的数值计算结果分析

3.5.2.1 铸坯内部磁感应强度比较

图 3-47 为两相四极结晶器电磁搅拌过程中,不同时刻铸坯中心横断面上的磁感应强度分布。由于铸坯的尺寸比较大,能够穿透铸坯内部的磁感应强度比较小,相邻磁极之间短路磁场的比较多,而且铸坯断面上磁场分布非常不均匀,各个方向的磁场都存在,铸坯四个角部的磁感应强度大,中心磁感应强度小。

图 3-48 为三相六极结晶器电磁搅拌过程中,不同时刻铸坯中心横断面上的磁感应强度分布。每个时刻铸坯内部的磁感应强度基本上是一个方向。对于不同的时刻,钢液内部的磁感应强度方向是顺时针变化,磁感应强度变化周期和电流周期一致。由于铸坯尺寸比较大,相邻两个磁极产生的磁场一小部分发生了短路,不过短路情况要比四级两相电磁搅拌器好很多,铸坯内部磁场分布比较均匀。

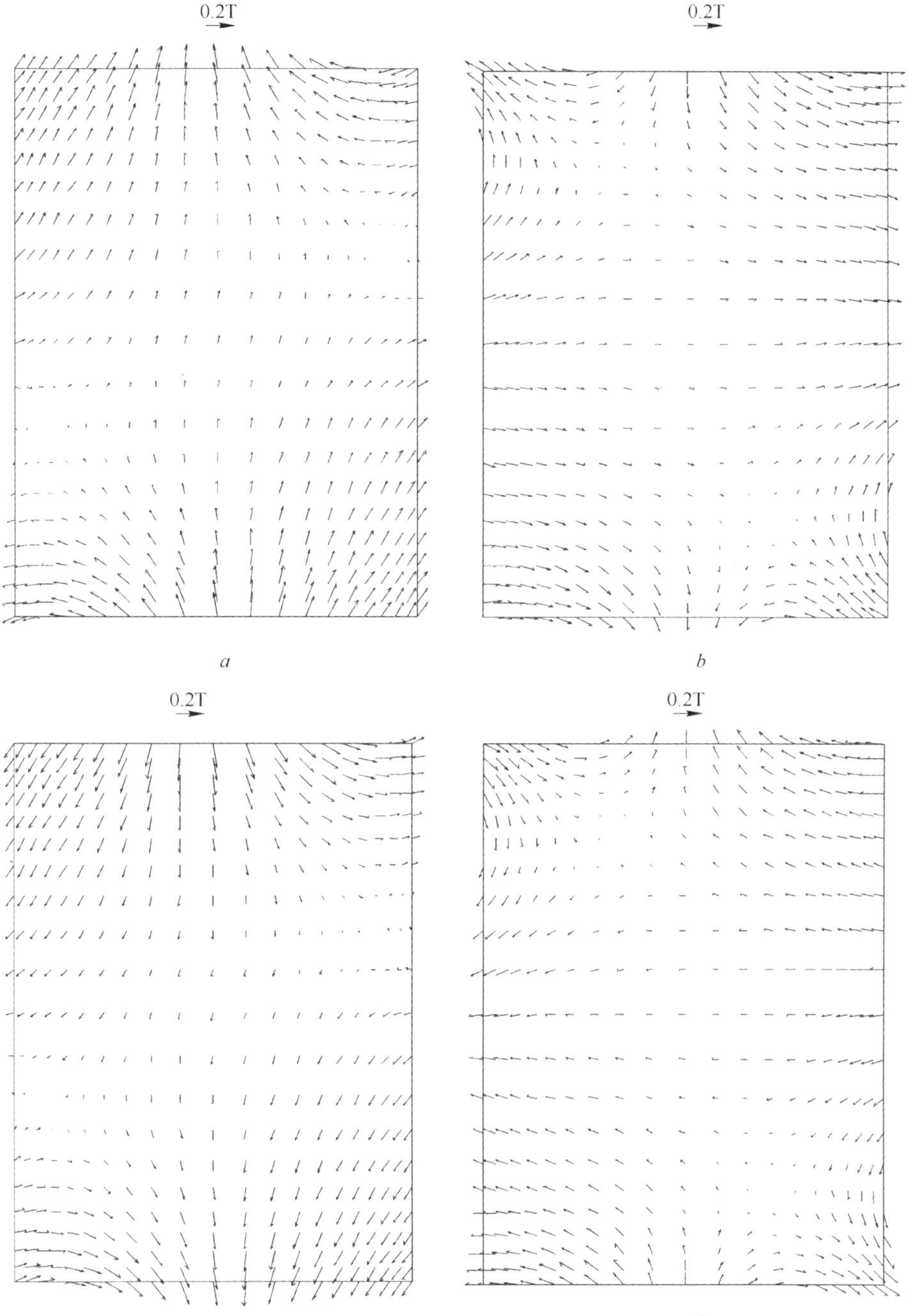

图 3-47 大方坯两相四极结晶器电磁搅拌不同时刻磁感应强度的分布

a—1/4 周期；*b*—2/4 周期；*c*—3/4 周期；*d*—4/4 周期

图 3-49 ~ 图 3-51 为铸坯内部不同位置的磁感应强度的分布。在两相四极电磁搅拌作用下，铸坯中心磁感应强度均值为 0.049T，铸坯窄边边部中心磁感应强度均值为 0.078T，角部磁感应强度均值为 0.12T，磁场分布不均匀，这和相邻磁极之间磁场短路有

关。而三相六极电磁搅拌作用下,铸坯中心磁感应强度均值为0.058T,铸坯窄边边部中心磁感应强度均值为0.06T,角部磁感应强度均值为0.075T,整个断面上磁场分布比较均匀。

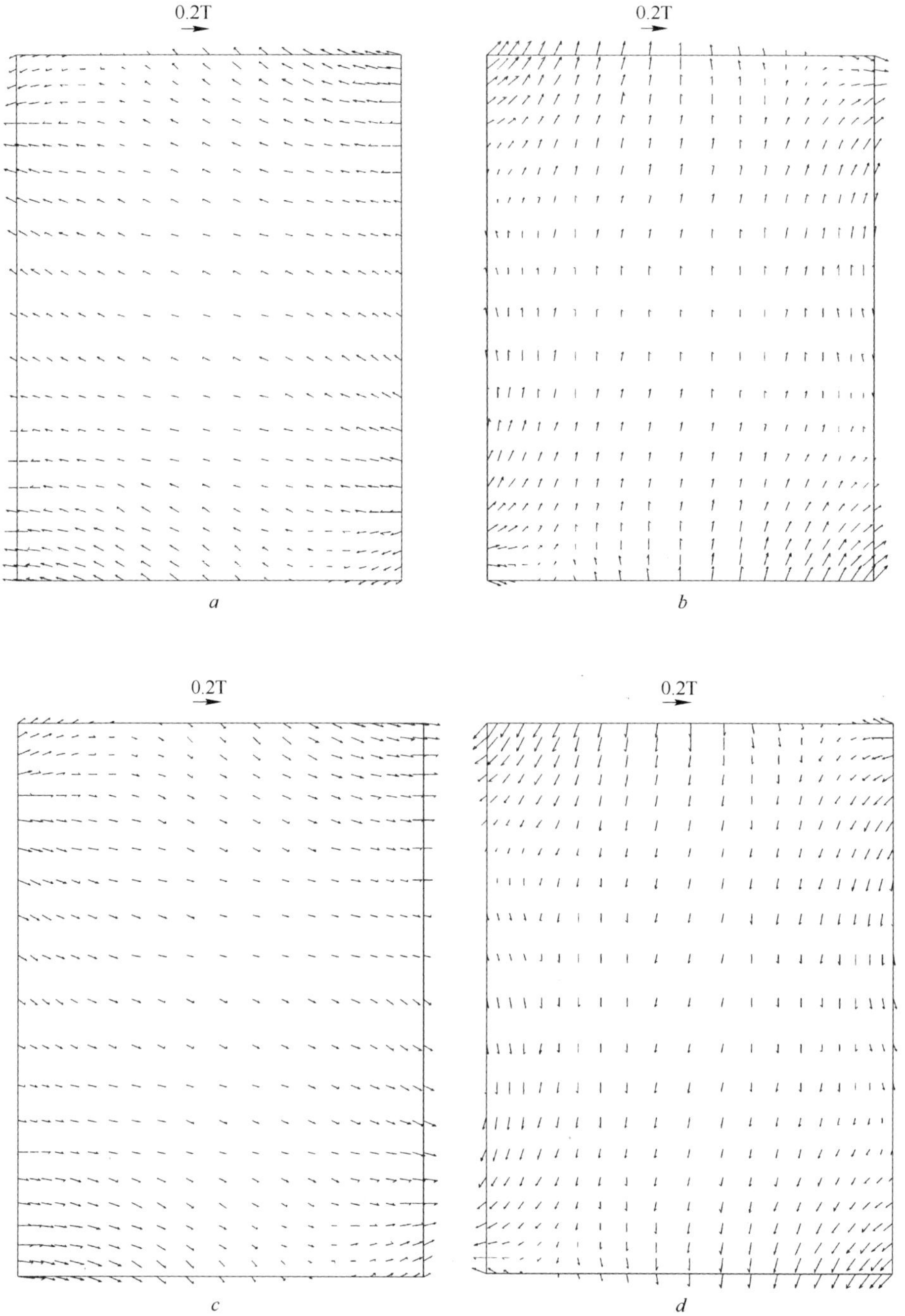

图 3-48 三相六极电磁搅拌时不同时刻磁感应强度的分布

a—1/4 周期;*b*—2/4 周期;*c*—3/4 周期;*d*—4/4 周期

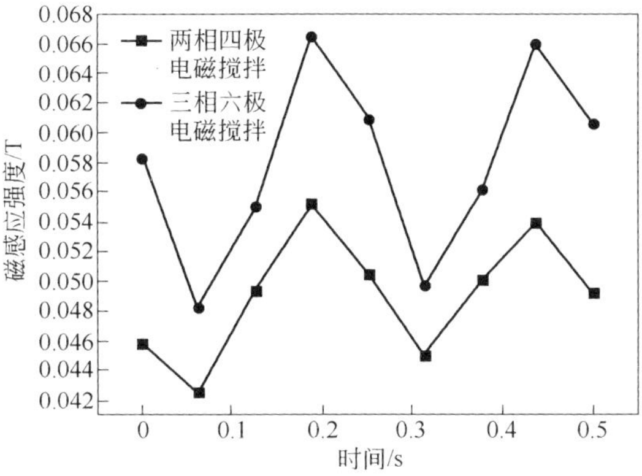

图 3-49 铸坯中心磁感应强度随时间的分布

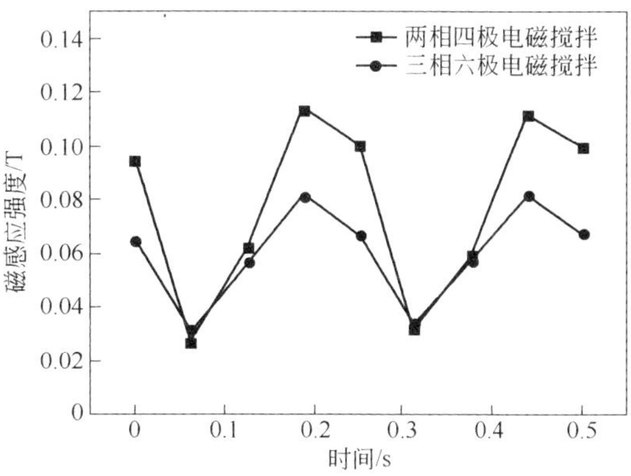

图 3-50 铸坯窄边中心磁感应强度随时间的分布

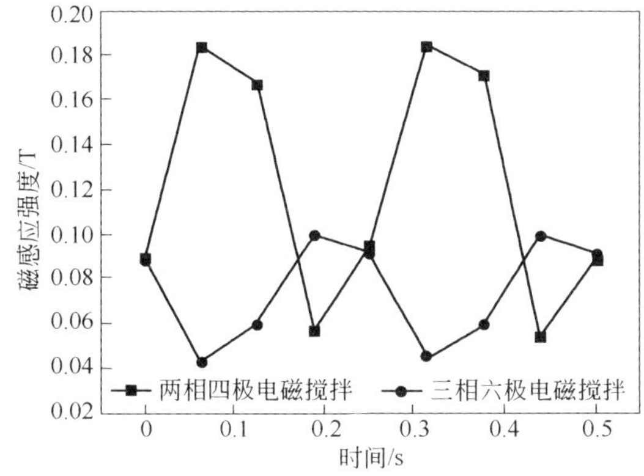

图 3-51 铸坯角部磁感应强度随时间的分布

3.5.2.2 钢液内部电磁力比较

图 3-52 为两相四极结晶器电磁搅拌作用下铸坯中心断面钢液内部电磁力分布。在不同的时刻,铸坯角部的电磁力明显大于中心,电磁力分布非常不均匀。由于搅拌器各个磁极之间存在磁场严重短路情况,不同时刻电磁力在铸坯内部断面上形成的力偶不太明显,这将影响搅拌钢液的流动形态及搅拌效果。

图 3-53 为三相六极结晶器电磁搅拌作用下铸坯中心断面钢液内部电磁力分布。钢液内部电磁力分布虽然也存在着不均匀情况,但明显要比两相四极电磁搅拌的好,每个时刻在钢液对边形成力偶的两力方向相反,钢液内部产生力偶形态和两相四极电磁搅拌器的相比要好,这有助于钢液的旋转搅拌。

3.5.2.3 铸坯内部搅拌速度比较

图 3-54 为大方坯两相四极电磁搅拌作用下铸坯中心断面钢液搅拌速度分布。钢液中心一部分是旋转搅拌,但大部分钢液的流动形态不是我们想象中的旋转搅拌,这样的钢液搅拌形态对改善连铸内部的质量效果不会太好。

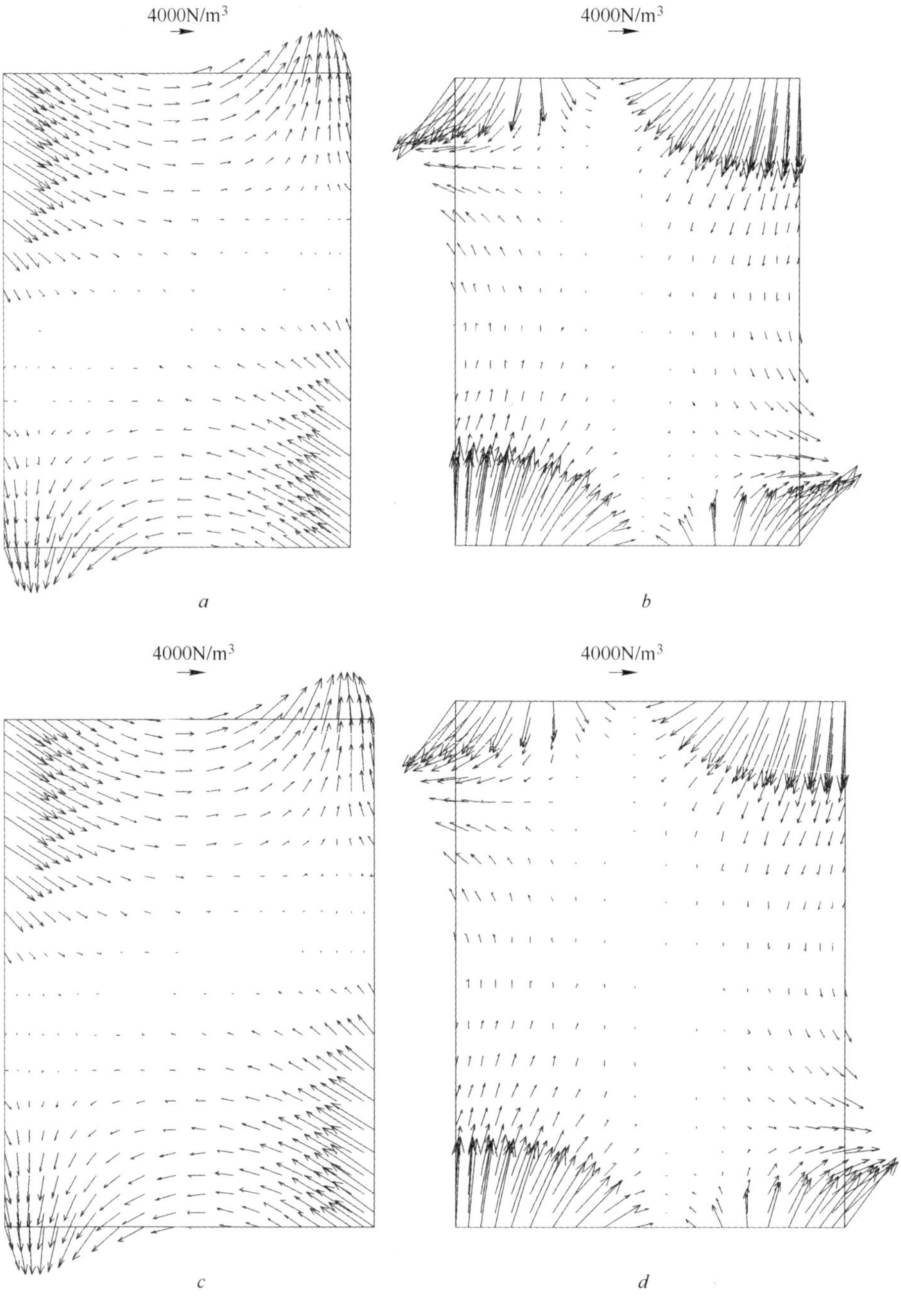

图 3-52 大方坯两相四极电磁搅拌作用下钢液内部电磁力的分布
a—1/4 周期;*b*—2/4 周期;*c*—3/4 周期;*d*—4/4 周期

图 3-55 为大方坯三相六极电磁搅拌作用下铸坯中心断面钢液搅拌速度分布。在同样的工艺条件下,搅拌速度要比两相四极电磁搅拌作用下大很多,而且搅拌形式为典型的旋转搅拌,所以对尺寸比较大的铸坯来说,采用三相六极结晶器电磁搅拌要比两相四极结晶器电磁搅拌的效果好。

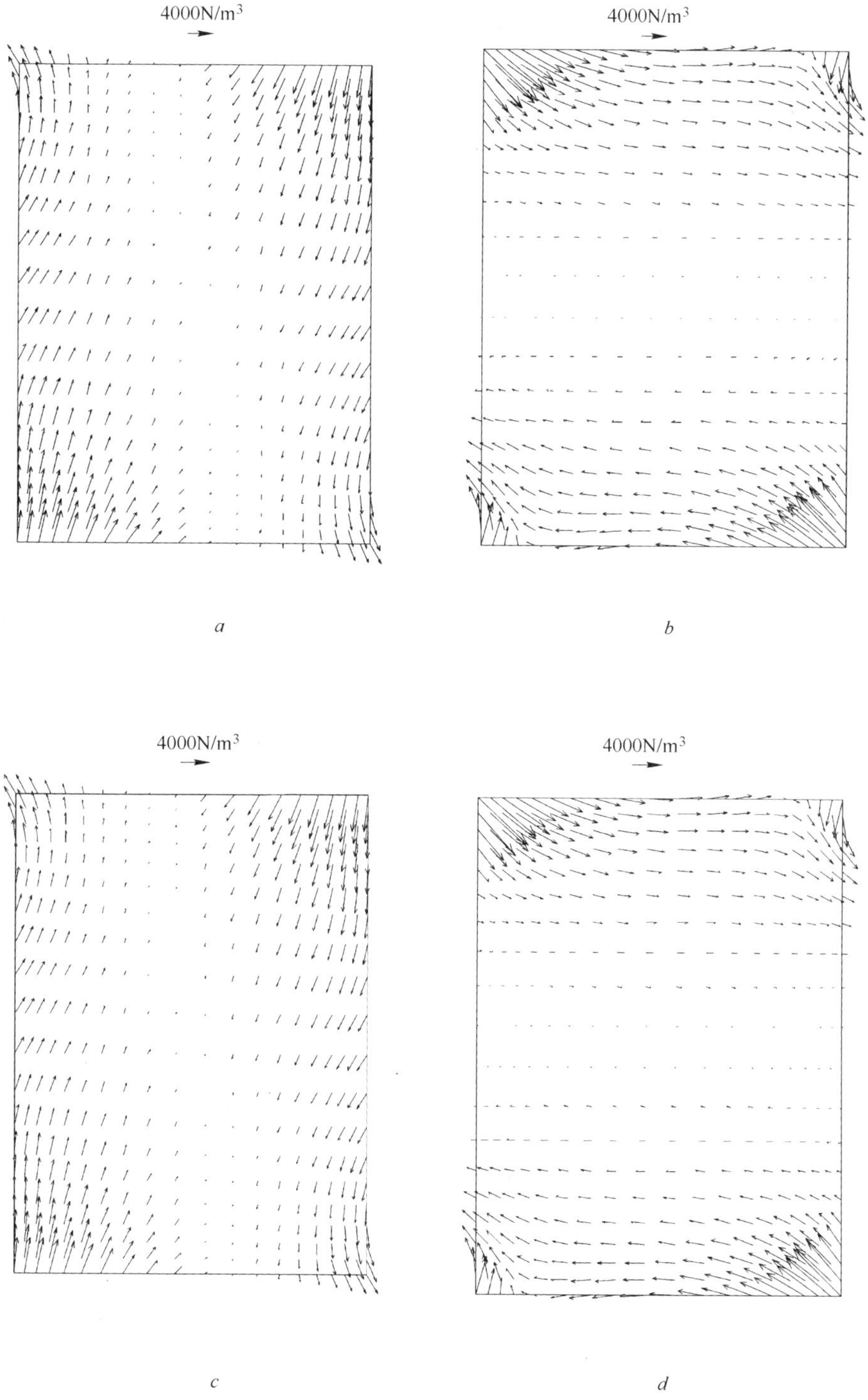

图 3-53 大方坯三相六极电磁搅拌作用下钢液内部电磁力的分布

a—1/4 周期；*b*—2/4 周期；*c*—3/4 周期；*d*—4/4 周期

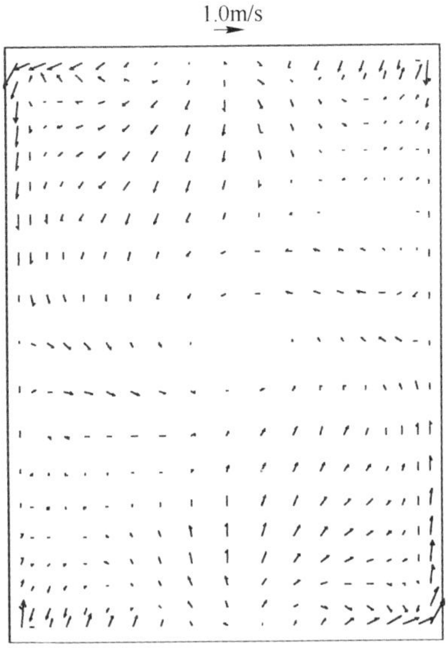

图 3-54 大方坯两相四极电磁搅拌作用下中心断面钢液搅拌速度的分布

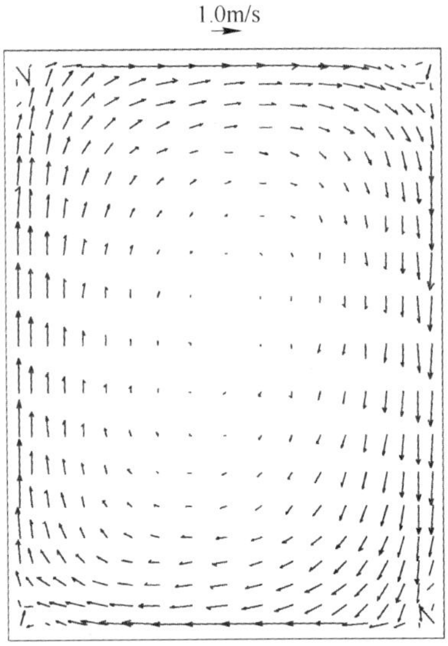

图 3-55 大方坯三相六极电磁搅拌作用下中心断面钢液搅拌速度的分布

3.6 圆坯结晶器电磁搅拌的数值模拟

3.6.1 圆坯结晶器电磁搅拌数学模型的建立

圆坯结晶器电磁搅拌方式和前面介绍的方坯结晶器电磁搅拌一样，对于小尺寸圆坯（直径小于200mm），如果采用内置式结晶器电磁搅拌，可以考虑采用两相四极结晶器电磁搅拌形式，其他采用三相六极结晶器电磁搅拌。按照电磁搅拌的使用效率，无论采用何种形式结晶器电磁搅拌，每个规格尺寸的铸坯，都应有相应配套的结晶器电磁搅拌设备，这样能够保证搅拌效果。但在钢铁企业，为了节约一次性设备投资，一般要求大小坯型共用一台以最大断面制造的旋转型搅拌器。虽然原理上可行，但是使用效率大打折扣。长远来看，运行成本还会增加。本部分内容以采用共用结晶器电磁搅拌为例，对直径为350mm和180mm圆坯共用结晶器电磁搅拌器进行数值计算，并对两种不同尺寸规格圆坯的搅拌效率进行评估。

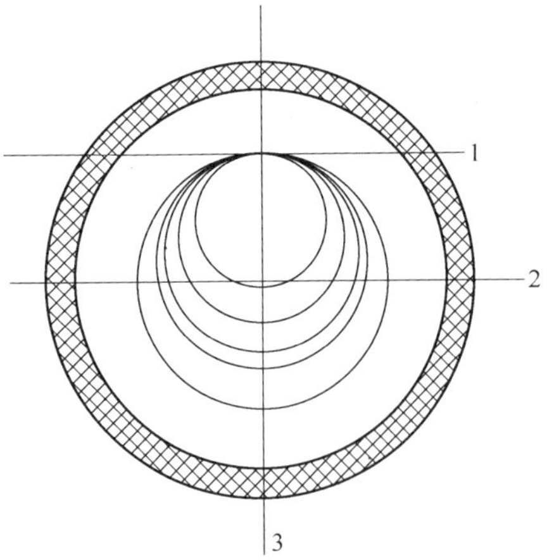

图 3-56 结晶器位置示意图
1—外弧基准线；2—线圈中心线；3—铸流中心线

图 3-56 为某钢厂五个规格的圆坯共用一套电磁搅拌器的示意图。最大规格直径为350mm，最小规格直径为180mm。在设计这种共用结晶器电磁搅拌时，一般采用外置式电磁搅拌形式，并且以最大规格坯料尺寸为标准进行设计。连铸机外弧基准线由直径350mm铸坯来确定，即直径为350mm的铸坯结晶器中心和搅拌器的中心在同一个位置，而直径小于350mm的铸坯

中心和搅拌器中心存在一定的距离，铸坯尺寸越小，这种距离越大。

3.6.2 圆坯结晶器电磁搅拌的数值模拟结果讨论

图 3-57 为不同规格铸坯内部位于搅拌器中心点的磁感应强度分布。由于 ϕ350 mm 圆坯中心位于搅拌器中心，而 ϕ180 mm 圆坯的中心和搅拌器中心有一段距离，所以 ϕ180 mm 圆坯中心磁感应强度要比 ϕ350 mm 圆坯中心的大，ϕ180 mm 小圆坯中心磁感应强度为 0.0531T，ϕ350 mm 圆坯中心磁感应强度为 0.0494T。

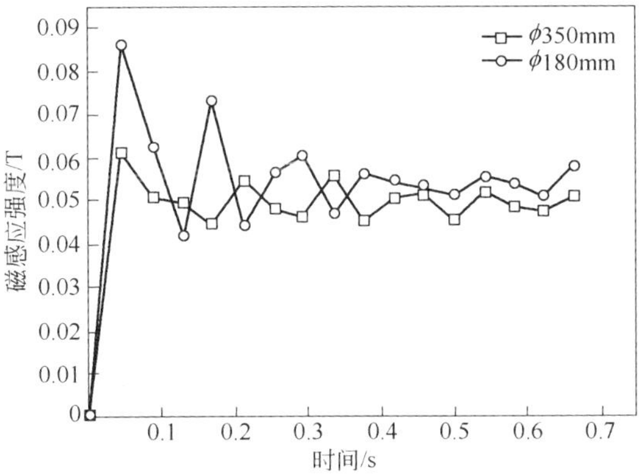

图 3-57 结晶器中心点磁感应强度随时间的分布

图 3-58 为共用电磁搅拌器作用下两种规格铸坯中心断面上钢液搅拌速度分布。从图中可以看出，ϕ350 mm 圆坯内部的搅拌速度要比 ϕ180 mm 圆坯内部的搅拌速度大得多。另外，由于小圆坯连铸过程中拉速高，所以通过搅拌器时间短，即搅拌时间比较短，所以对于共用

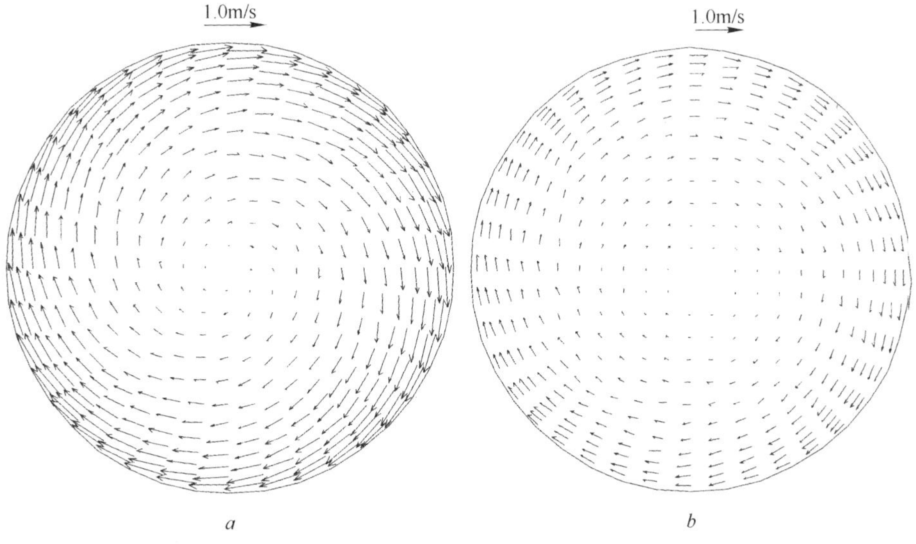

图 3-58 不同规格圆坯中心断面上搅拌速度的分布

a—ϕ350 mm 圆坯；*b*—ϕ180 mm 圆坯

结晶器电磁搅拌来说，大规格圆坯搅拌效果比较好，规格比较小的圆坯搅拌效果不太明显。对于较小尺寸断面圆坯，采用和大规格圆坯相同的搅拌工艺参数，搅拌力会小得多，因此，搅拌器必须设计成较大的功率，显然这样会浪费一定能量。另外，对于共用结晶器电磁搅拌器设计，合理搅拌的最大断面和最小断面是有规定的，搅拌器的几何尺寸按最大断面考虑，而搅拌强度按最小断面考虑，且小断面与大断面尺寸比以不小于0.5为宜。

3.6.3 圆坯结晶器电磁搅拌的工业实践

某钢厂共用结晶器电磁搅拌生产五个规格尺寸圆坯，ϕ270 mm 断面是圆坯铸机生产的中间规格尺寸产品，其他四个断面分别为：大断面 ϕ350 mm、ϕ300 mm；小断面 ϕ230 mm、ϕ180 mm。考虑到 ϕ270 mm 断面是圆坯铸机生产五个断面中间的一个，具有代表性，调试它的结晶器电磁搅拌参数，既可作为大断面铸坯搅拌参数调试的参考，也可作为小断面参数调试的依据，因此，结晶器电磁搅拌首次调试试验从 ϕ270 mm 断面开始进行。ϕ270 mm 连铸坯拉速为1.3 m/min，钢液通过搅拌器的时间为30 s，搅拌方式为正转10 s，停顿3 s，反转10 s。

采用结晶器电磁搅拌后，铸坯等轴晶区域的平均直径为121.25 mm，等轴晶率平均为20.17%；未采用结晶器电磁搅拌的铸坯等轴晶区域的平均直径为102.67 mm，等轴晶率平均为14.46%，相比增加了5.71%。同时，采用结晶器电磁搅拌的铸坯硫印评级全部为0或1级，未采用结晶器电磁搅拌的铸坯硫印出现1炉中心裂纹2级。

试验的典型热酸检验结果见图3-59[7]。铸坯中心的疏松程度在结晶器电磁搅拌的作用下得到明显的改善，中心裂纹消除，中心致密度增加。对采用电磁搅拌的铸流和未采用电磁搅拌的对比流保护渣消耗量进行统计发现，采用电磁搅拌的铸流保护渣消耗量比未采用电磁搅拌的对比流有所增加，这说明结晶器电磁搅拌对液面钢液的流动有影响。

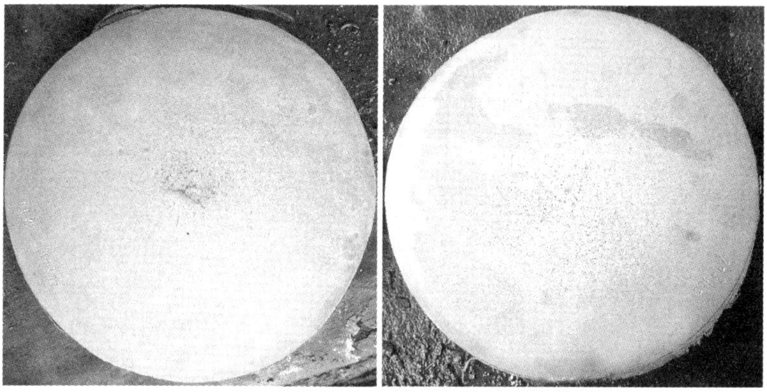

a *b*

图3-59 ϕ270 mm 34Mn6 钢铸坯断面低倍组织

a—未使用电磁搅拌；*b*—使用电磁搅拌

在生产 ϕ270 mm 规格的34Mn6钢的对比流（无EMS）和搅拌流上各取4块试样做碳成分偏析试验，结果是：对比流碳偏析平均指数是1.07，搅拌流碳偏析平均指数是0.97，结晶器电磁搅拌可有效地降低铸坯中心碳元素的偏析程度。

通过试验可以看到，结晶器电磁搅拌能够明显改善铸坯的内部质量。结晶器电磁搅拌能够均匀铸坯初生坯壳的厚度，从而改善了铸坯表面质量并减少表面纵裂，但对水口的侵蚀产生一定的负面影响。

3.7　组合电磁搅拌——结晶器和凝固末端组合电磁搅拌

在连铸机的单一部位（如结晶器、二次冷却区）搅拌时，改善铸坯中心偏析的效果都是有限的。特别是对合金钢、重轨钢等，仅采用某一搅拌方法不能解决铸坯中严重的中心偏析问题。因此，在目前生产大型合金钢铸坯时，组合电磁搅拌技术被越来越广泛地使用。组合电磁搅拌主要有以下几种形式：

（1）M + S-EMS 组合电磁搅拌。M + S-EMS 是 20 世纪 90 年代流行的一种组合方式。除结晶器电磁搅拌发挥其固有作用外，增加配置的二冷区电磁搅拌会进一步降低坯壳内部钢水的过热度，进一步增加等轴晶区，减小中心区域偏析。

（2）M + F-EMS 组合电磁搅拌。M + F-EMS 命名为 KOSMOSTIR-MAGNETOGYR 工艺，是由 Rotelec 公司和神户制钢公司在 20 世纪 80 年代初开发的。用此工艺必须满足三个基本条件才能得到很好的结果：

1）凝固末端搅拌装置必须搅动由糊状区组成的较大等轴晶区，意味着必须与有效的结晶器搅拌装置组合在一起运行，单独使用不会有好的效果。

2）凝固末端搅拌装置必须按照凝固合适位置正确定位，因此必须控制浇铸速度且在浇铸期间保持速度稳定。

3）糊状区的黏度高，必须将凝固末端搅拌装置设计成足够长、功率足够大足以搅拌糊状区。

在高碳钢连铸中，中心偏析是非常严重的问题。该工艺的一大突破是把结晶器搅拌（M-EMS）与安装在凝固末端的第二台搅拌器的组合使用，允许生产碳含量大于 0.8% 的钢种。

凝固末端电磁搅拌通常与结晶器电磁搅拌一起组成组合电磁搅拌工艺，其主要目的是解决芯部质量，特别是中心碳偏析。然而很多工厂反映，凝固末端电磁搅拌的效果并不显著，甚至出现中心碳偏析增高的现象。究其原因，主要是未能恰当选择凝固末端的搅拌位置、搅拌强度和电源频率。合理选择 F-EMS 的位置至关重要，最佳位置选择的示意图如图 3-60 所示，研究发现，最佳位置一般在面凝固率在 70% ~ 80% 之间。

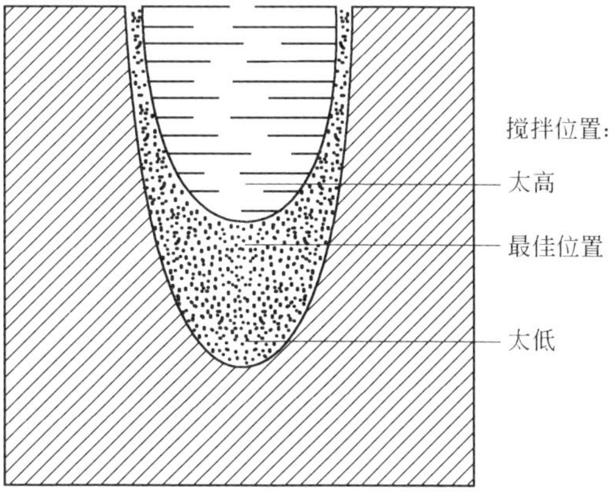

图 3-60　最佳位置选择的示意图

凝固末端搅拌器（F-EMS）再一次使糊状区运动，促使中心偏析的金属与周围金属混合，凝固后得到均匀的组织结构。

（3）S + F-EMS 组合电磁搅拌。S + F-EMS 是 M + F-EMS 的一个经济的解决方案。在有些时候，结晶器电磁搅拌受到安装位置的限制，设计比较复杂，在这种情况下，出现了S + F-EMS组合电磁搅拌方案。有些人认为，凝固末端电磁搅拌F-EMS处的液芯断面应小于或等于ϕ40 mm。对于S-EMS的安装位置大致存在两种观点：一种认为搅拌处的铸坯液芯断面尺寸为坯厚的一半较为合理；另一种则认为宜尽可能提高搅拌的位置，将S-EMS装在二冷区的上段，这样才能更好地发挥S-EMS的作用。

（4）M + S + F-EMS组合电磁搅拌。某些连铸难度大的钢种，如轴承钢，提出了特殊的冶金问题，这时，控制偏析需要三种类型搅拌器的完整组合。M-EMS能消除过热度，控制等轴晶凝固；S-EMS能细化晶粒尺寸；F-EMS能降低偏析。这种方案是一直比较理想的组合方案，对于生产特殊的钢种，可以采用。

表3-8给出了不同钢种在连铸过程中，对于不同连铸坯质量的要求，提出不同的组合电磁搅拌方案。但这些组合电磁搅拌方案，都是比较理想化的。在电磁搅拌使用过程中，应根据连铸机的形式以及对连铸坯质量的要求灵活对三种电磁搅拌形式进行组合。

表3-8 搅拌工艺的选择

<table>
<tr><th rowspan="2">钢中碳含量</th><th rowspan="2">钢　种</th><th colspan="3">连铸坯表面和内部质量要求</th></tr>
<tr><th>表面和表层质量</th><th>凝固组织和中心疏松</th><th>中心偏析</th></tr>
<tr><td><0.1%</td><td>超低碳和伪齿轮钢</td><td>M-EMS</td><td colspan="2"></td></tr>
<tr><td rowspan="2">0.1% ~0.3%</td><td rowspan="2">低碳钢</td><td colspan="3">M-EMS</td></tr>
<tr><td></td><td colspan="2">S-EMS</td></tr>
<tr><td rowspan="4">0.3% ~0.6%</td><td rowspan="4">中碳钢和低合金钢</td><td colspan="2">M-EMS</td><td></td></tr>
<tr><td></td><td>S-EMS</td><td></td></tr>
<tr><td colspan="3">M + S-EMS</td></tr>
<tr><td></td><td colspan="2">$S_1 + S_2$-EMS</td></tr>
<tr><td rowspan="4">0.6% ~0.9%</td><td rowspan="4">高碳钢</td><td colspan="2">M-EMS</td><td></td></tr>
<tr><td></td><td>$S_1 + S_2$-EMS</td><td></td></tr>
<tr><td colspan="3">M + F-EMS</td></tr>
<tr><td></td><td colspan="2">S + F-EMS</td></tr>
<tr><td>>0.9%</td><td>非常高的碳钢</td><td colspan="3">M + S + F-EMS</td></tr>
</table>

对于组合电磁搅拌中的数值模拟，结晶器电磁搅拌数值计算方法和前面讲的一样，对于凝固末端电磁搅拌，其搅拌方式和结晶器电磁搅拌一样，均为旋转搅拌。但由于在凝固末端电磁搅拌过程中没有结晶器铜板对磁场屏蔽作用，其搅拌参数和结晶器电磁搅拌并不相同。下面以目前钢厂最常用的组合电磁搅拌方式（M + F-EMS）来分析末端电磁搅拌的最佳工艺。

3.7.1 最佳凝固末端搅拌器安装位置的确定

凝固末端电磁搅拌所需要解决的冶金问题决定了其安装位置的极端重要性。过早搅拌等同于二冷区电磁搅拌，不能起到应有的效果；而过迟搅拌钢水已经凝固，搅拌失去意义。综合连铸机的实际情况，目前认为凝固末端电磁搅拌以安装在铸坯断面面积未凝固率

20% ~30%左右的区域比较合适。凝固末端位置受拉速影响很大，因此，搅拌过程中，保持拉速的稳定是非常重要的。

目前铸坯凝固末端位置测量方法主要有如下几种：

(1) 穿刺坯壳法。穿刺坯壳法是在连铸生产过程中，在扇形段刺穿坯壳，将钢液流出，然后测量坯壳厚度。该方法在实际生产中一般不用。

(2) 放射性元素法。在某一时刻，向结晶器中加入放射性元素 Au^{198}，Au^{198}随着注流冲入到液芯深处；已凝固的坯壳不含有 Au^{198}元素，不具有放射性；未凝固的区域含有 Au^{198}元素，具有放射性。将不同位置的铸坯切下，做放射性照相，即可得到铸坯凝固时的真实情况。这种方法工作量非常大，所以一般也不常用。

(3) 示踪元素法。在某一时刻，向结晶器中加入示踪元素（S、Pb 等），等铸坯完全凝固后，做硫印分析，即可得到铸坯液芯的形状及铸坯的凝固状态。

(4) 鼓肚力检测法。在钢水静压力作用下，有液芯存在时，坯壳会产生鼓肚变形。鼓肚检测法就是检测导致坯壳产生鼓肚变形力的大小，以此来判断已凝固坯壳的厚度。这种方法在生产中不容易测量。

(5) 激光-超声波检测法。激光-超声波检测法是用脉冲激光照射铸坯表面，以便在铸坯内部产生超声波信号，然后分析超声波信号，来判断铸坯的凝固状态。

(6) 射钉法。将作为示踪材料的钢钉击入正在凝固的坯壳，然后在铸坯相应位置取样进行分析。射钉为普通碳素钢，在钉子上加工有两道含有硫化物的沟槽，在射钉进入铸坯液相穴后，低熔点的硫化物会迅速扩散，所以能够用酸浸和硫印的方法根据硫化物的扩散情况确定铸坯的液芯厚度，从而测出连铸坯凝固壳厚度。

一般情况下，根据低倍硫印检验结果可以看到，射进铸坯的钉子酸浸低倍宏观组织可分为三个区域：即射钉形状没有变化的区域；射钉形状发生变化的区域；射钉完全熔解，与铸坯形成同一组织的区域，但隐约能看到射钉熔化的痕迹。试样硫印图上，在射钉及周边区域可以分为 A 区、B 区、C 区三个部分。A 区域内，射钉保持了其原有的外形，硫化物没有扩散；B 区域内，射钉周边小部分硫化物熔化扩散，但内部组织与坯壳组织不同；C 区域内，射钉完全熔化，硫化物充分扩散，形成与坯壳相同的组织，见图 3-61。通过分析射钉硫印图，划定 A、B、C 三区，测量铸坯表面到 A 区边缘的垂直距离，该距离就是已凝固铸坯坯壳的厚度。

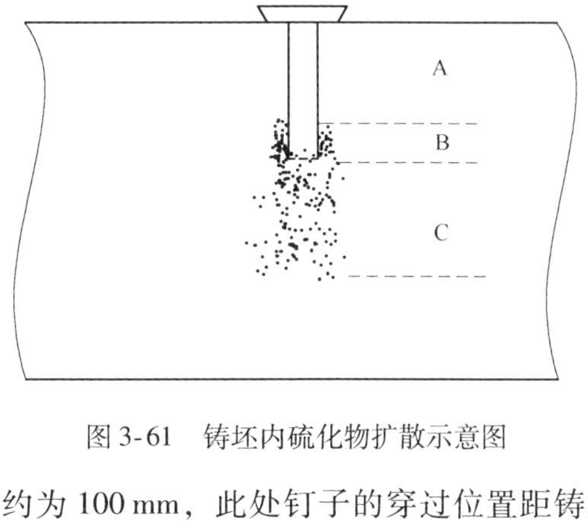

图 3-61 铸坯内硫化物扩散示意图

图 3-62 为某厂射钉试验后的试样。根据图 3-62，在铸坯左侧的射钉处的凝固坯壳厚度约为 100 mm，此处钉子的穿过位置距铸坯中心较近，约 10 mm。铸坯右侧射钉处的凝固坯壳厚度约为 110 mm，此处钉子的穿过位置距铸坯中心约 25 mm。反算到铸坯中心的凝固坯壳厚度应该比钉子穿过的位置的坯壳厚度要小。铸坯此时中心未凝固区域基本为椭圆形，根据凝固数值模拟计算结果，当宽侧中心坯壳厚度为 100 mm 时，窄侧中心坯壳厚度为 83 mm，取 100 mm 和 83 mm 作为椭圆的长短轴，将此椭圆放在射钉试样照片中心，发现此椭圆正好经过射钉穿过处的坯壳凝固位置。

所以根据射钉照片，可以认为，在给定连铸工艺参数条件下，铸坯宽侧中心坯壳厚度约为100 mm 时，窄侧中心坯壳厚度约为83 mm。

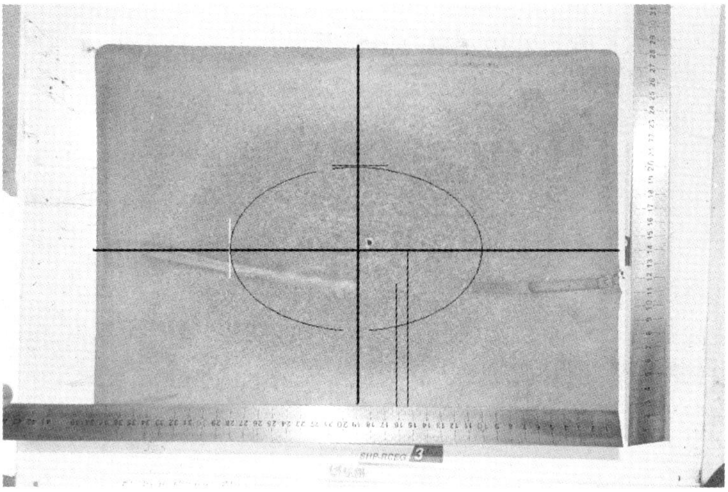

图 3-62　射钉实验后的试样

（7）数值计算方法。图 3-63 为铸坯凝固过程示意图。铸坯从结晶器钢水弯月面以一定拉速向切割方向移动，热量从铸坯中心向表面传递，使得铸坯由外向内逐渐凝固。连铸坯的凝固传热过程属于有内热源的三维瞬态传热问题，其热传导微分方程为：

$$\frac{\partial}{\partial x}\left(k\frac{\partial T}{\partial x}\right)+\frac{\partial}{\partial y}\left(k\frac{\partial T}{\partial y}\right)+\frac{\partial}{\partial y}\left(k\frac{\partial T}{\partial z}\right)+S=\rho C\frac{\partial T}{\partial t} \tag{3-12}$$

式中　T——铸坯的瞬时温度，℃；

k——铸坯的导热系数，W/（m·℃）；

ρ——密度，kg/m^3；

C——比热，J/kg；

S——内热源，W/m^3。

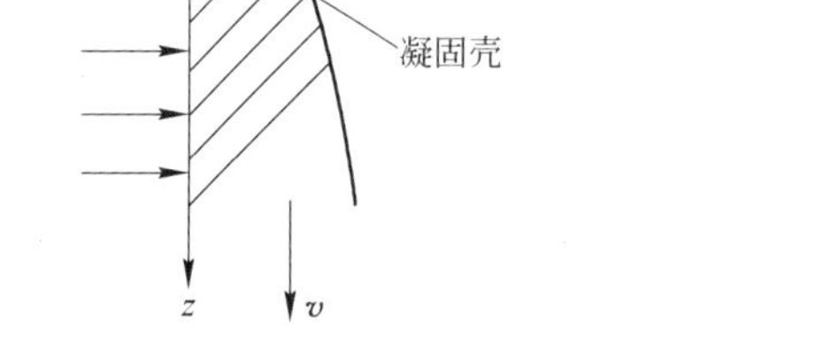

图 3-63　铸坯凝固过程示意图

在计算过程中，做如下假设：

1）忽略铸坯拉坯方向的传热；

2）计算中不考虑偏析的影响；

3）忽略结晶器形状的影响；

4）假设同一喷嘴在其喷水范围内的水流密度相同。

根据这些简化可以将三维传热问题简化为二维传热问题，取铸坯一半进行研究，其热传导微分方程为：

$$\frac{\partial}{\partial x}\left(k\frac{\partial T}{\partial x}\right)+\frac{\partial}{\partial y}\left(k\frac{\partial T}{\partial y}\right)+S=\rho C\frac{\partial T}{\partial t} \tag{3-13}$$

简化为二维传热问题划分网格后的模型如图 3-64 所示。

初始条件：开始进入结晶器时，初始温度即为浇铸温度，即 $T = T_c$（式中，T_c 为浇铸温度）。

边界条件：铸坯在连铸凝固过程中会经历三次完全不同的冷却条件——结晶器（一次冷却）、二冷区（二次冷却）、空冷区（三次冷却），因此会有三种不同的边界条件。

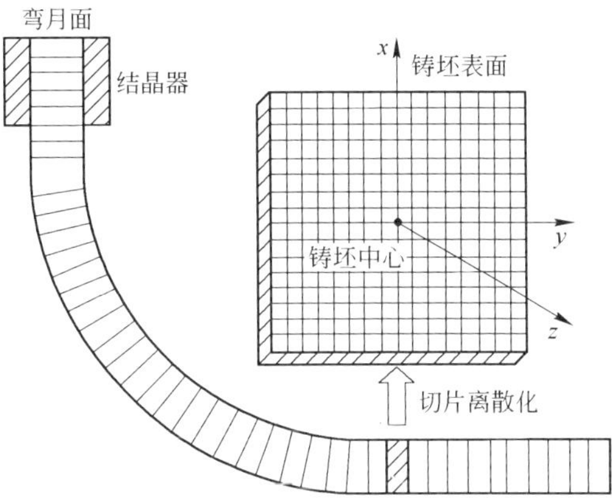

图 3-64 计算模型示意图

穿刺坯壳法和鼓肚力检测法为破坏性实验；示踪元素法和放射性元素法类似，但是示踪元素法由于不具有放射性，对人体和环境不会造成影响，因此取代了放射性元素法；激光-超声波检测法是研究比较前沿的方法，目前还只处于理论研究阶段，在工业上应用还不成熟。对比于前面各种方法，射钉法由于精确度高，对生产造成的影响小，因此在工业上得到广泛应用，成为目前液芯位置检测的最普遍的方法。用计算机模拟铸坯凝固传热过程，也就是利用数学模型在计算机上模拟真实连铸过程及各工艺参数之间的关系，在今天已成为铸机设计、工艺分析及开发工作中的重要手段，这种方法在确定凝固末端位置方面也得到广泛的应用。

3.7.2 结晶器和凝固末端组合搅拌参数的确定

针对某钢厂 280 mm × 380 mm 的大方坯，其连铸过程中的工艺参数见表 3-9，电磁搅拌采用结晶器电磁搅拌和凝固末端电磁搅拌组合电磁搅拌方式。在试验阶段比较采用结晶器电磁搅拌和组合电磁搅拌下的连铸坯的冶金效果。

搅拌钢种：82B，U71Mn

表 3-9 连铸工艺参数

浇铸速度/$m \cdot min^{-1}$	0.65
结晶器高度/mm	720
一段长度/m	2.24
铸坯截面尺寸/mm	280 × 380
足辊段长度/m	0.44
二段长度/m	2.76
冶金长度/m	24.96

3.7.2.1 凝固末端最佳安装位置确定

针对 U71Mn 和 82B 这两个钢种的具体情况，连铸工艺要满足速度稳定、过热度较低和在二冷区缓慢冷却的策略。对于高碳钢生产来说，凝固后期铸坯中心为糊状区，其所需要的磁场强度与结晶器搅拌不同。另外，对该铸机相应工艺条件下的铸坯凝固规律必须有清楚的认识，才能使组合搅拌充分发挥其效用，为此对铸坯的凝固过程进行了模拟研究。图 3-65 为凝固末端电磁搅拌器具体安装位置示意图。从图中可以看出，对于 280 mm × 380 mm 的大方坯，如拉速为 0.65 m/min，其凝固时间需要近 30 min。结晶器电磁搅拌虽然对降低钢水过热度和扩大等轴晶区有明显的作用，但还不足以对铸坯中心区域的疏松和偏析产生重要的影响。经过对大方坯内部质量特别是对疏松和偏析的分析，在该工艺制度下，当铸坯的凝固率达到 70% ~80% 时，其中心区域出现明显的疏松和成分偏析，因此末端电磁搅拌的位置定在距结晶器液面 11.2 ~ 12.0 m 处。图 3-66 为凝固末端电磁搅拌器的安装位置示意图[15~17]。

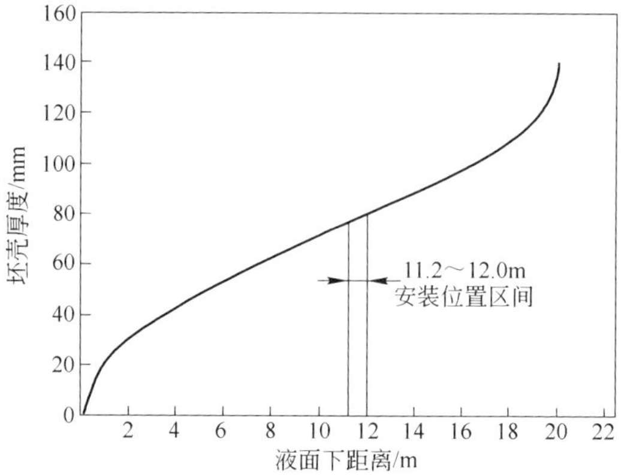

图 3-65 大方坯凝固规律曲线

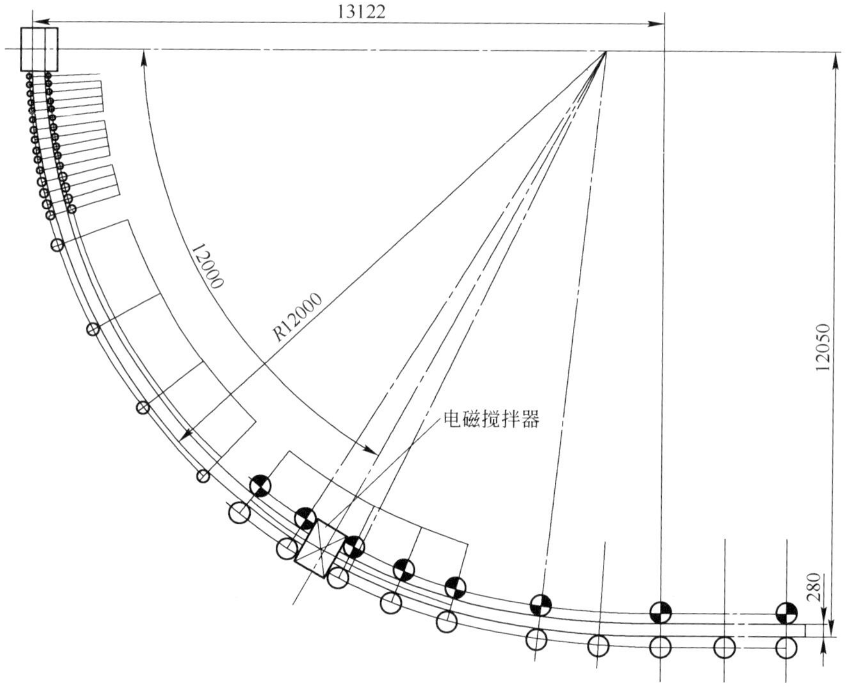

图 3-66 凝固末端电磁搅拌器的安装位置示意图

3.7.2.2 电磁搅拌工艺参数的确定

在这种组合电磁搅拌过程中，结晶器电磁搅拌工艺参数的确定方法和前面讲的相同。由于凝固末端电磁搅拌位于扇形段的位置，铸坯已经凝固一层厚厚的坯壳，固体铸坯坯壳和钢液的电导率不同，在计算磁场过程中应该把坯壳和钢液作为不同的材料进行处理。图3-67为凝固末端电磁搅拌器的结构示意图。在计算过程中电流为400 A，线圈匝数为80匝，具体计算参数见表3-10。

表3-10 电磁搅拌磁场数值模拟的物理参数

材　料	相对磁导率	电导率/S·m^{-1}
钢　液	1.0	7.14×10^5
坯　壳	1.0	1.0×10^5
空气（水）	1.0	0
线　圈	1.0	0

图3-68为不同频率下，搅拌器中心磁感应强度在一个周期内的分布。频率为5 Hz时，中心的磁感应强度平均值为0.0752T，频率为8 Hz时，中心磁感应强度平均值为0.0714T；频率为12 Hz时，中心磁感应强度平均值为0.0655T。频率越大，铸坯内部的磁感应强度在一个周期内的波动越大，平均值越小。这是因为连铸坯在连铸过程形成的坯壳和钢液都有导电性，当磁场穿透坯壳进入钢液过程中，坯壳和钢液内产生感应电流，感应电流产生的磁场方向正好和源磁场方向相反，这样就阻止源磁场向内部传播的作用。频率越大，产生的感应电流越大，源磁场穿透钢液内部的磁场越少。因此，频率增大，内部磁感应强度减小。

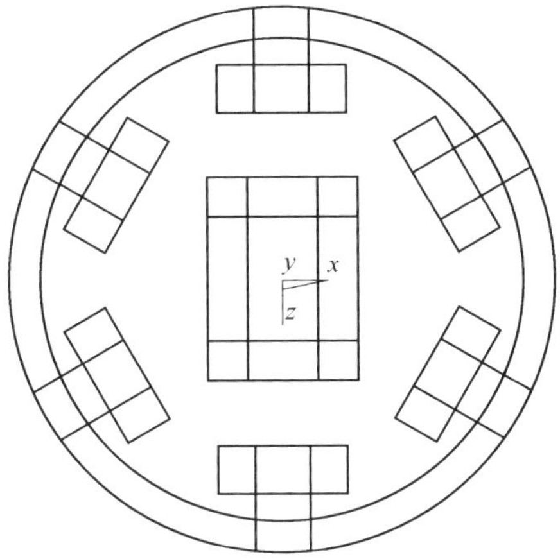

图3-67 凝固末端电磁搅拌模型图

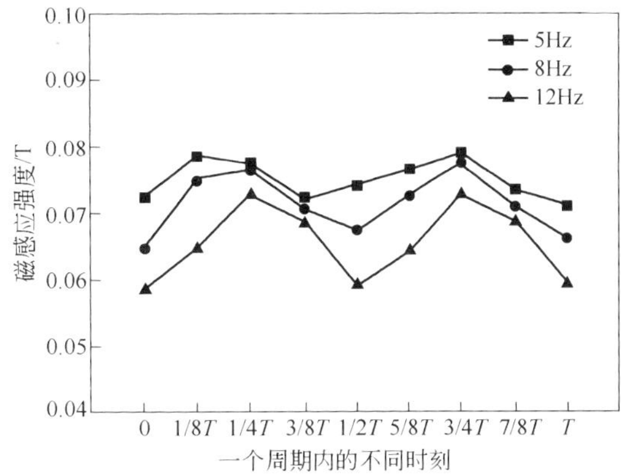

图3-68 不同频率作用下一个周期内铸坯内部磁感应强度的分布

图3-69～图3-71为不同频率下，位于搅拌器铸坯中心横截面上不同时刻电磁力的分布。在1/4周期和2/4周期，形成了顺时针方向旋转的力偶，从而使钢液能够被搅动，这和前面介绍的结晶器电磁搅拌结论一致。但从图上可以看出，随着频率增加，电磁力也增加。虽然频率高时铸坯内部的磁感应强度变小，但同时钢液内部产生的感应电流增加，综合起来电磁力还是随着频率增加而增加，这和结晶器电磁搅拌不同。结晶器电磁搅拌由于铜的高导电性，导致了铜结晶器对交变磁场具有屏蔽作用，因此搅拌结晶器电磁搅拌存在一个最佳的频率，而凝固末端电磁搅拌中坯壳的电导率和结晶器铜管相比小了许多，搅拌效果随着搅拌频率的增大而变大。在电流不变的情况下，随着频率的增加，电源的功率增加，故搅拌力也相应增加。因此，在凝固末端电磁搅拌过程中，在电源功率允许的情况下，适当增加电流频率是可行的。

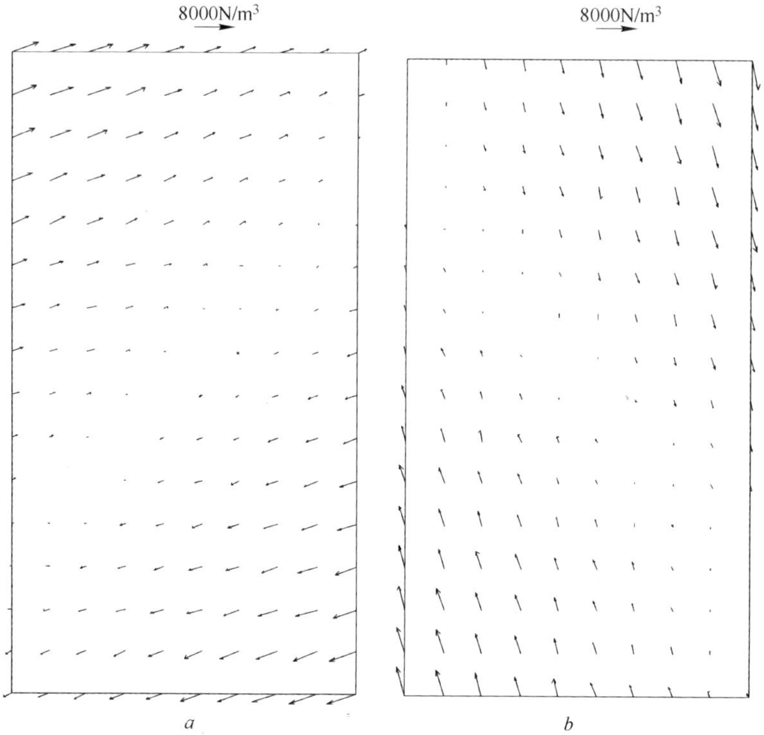

图 3-69　5 Hz 时不同时刻电磁力的分布

a—1/4 周期；*b*—2/4 周期

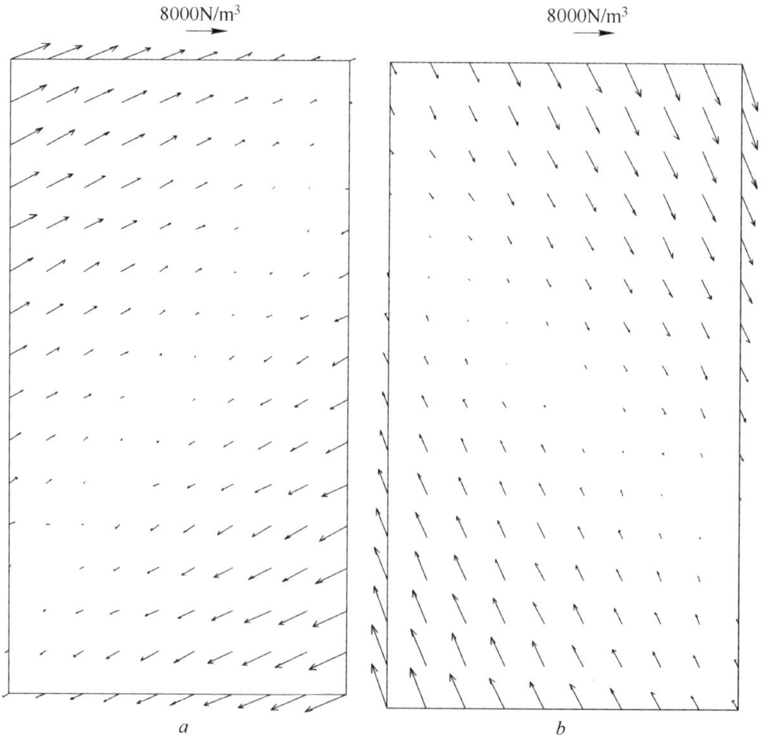

图 3-70　8 Hz 时不同时刻电磁力的分布

a—1/4 周期；*b*—2/4 周期

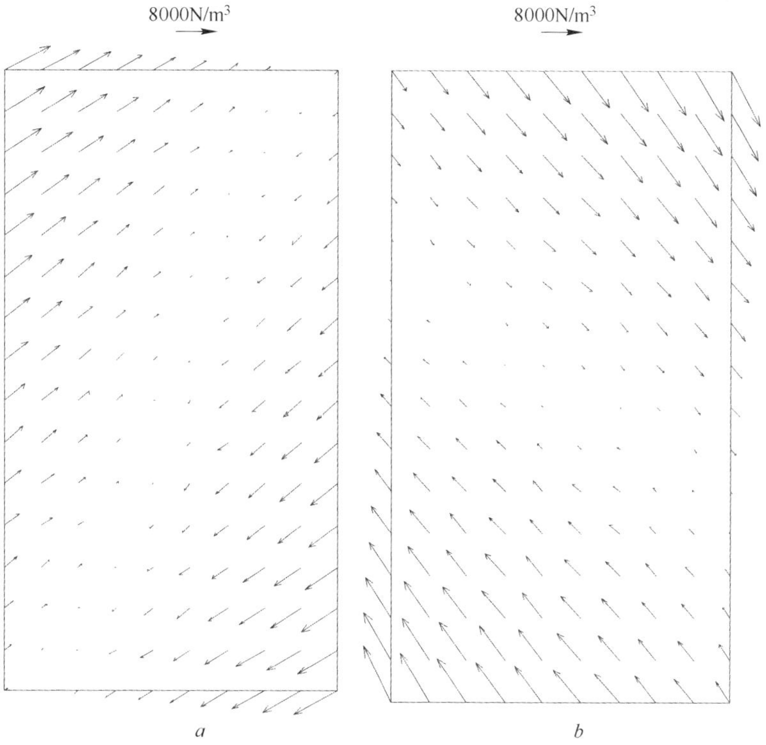

图 3-71 12 Hz 时不同时刻电磁力的分布

a—1/4 周期；*b*—2/4 周期

图 3-72 为不同频率电流作用下，铸坯中心横截面上钢液流动速度分布。随着频率的增加，搅拌速度变大。这是因为在电流相同情况下，频率增加，电磁力增加，因此搅拌速度也增加。

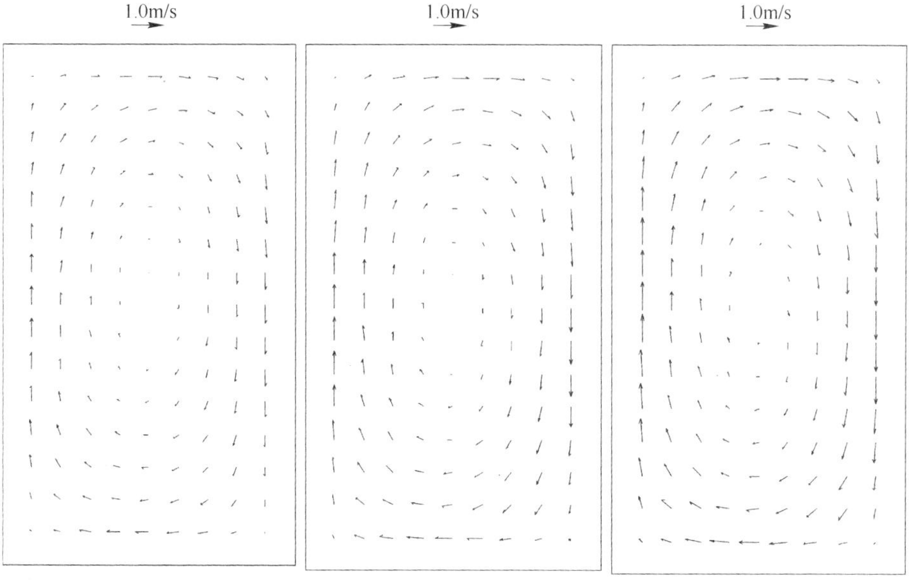

图 3-72 不同频率下铸坯中心截面的搅拌速度分布

a—5 Hz；*b*—8 Hz；*c*—12 Hz

3.7.3 结晶器和凝固末端组合搅拌的工业实践

在某钢厂大方坯连铸机上进行的组合电磁搅拌的试验中[15~17]，设计了结晶器和凝固末端的组合电磁搅拌工艺参数，并分别对结晶器搅拌和组合电磁搅拌作用下铸坯的中心疏松和成分偏析情况进行了对比分析。试验钢种分别为 U71Mn 和 82B。结晶器电磁搅拌电流为 600 A，搅拌频率为 1.8 Hz；末端搅拌电流分别为 350 A、400 A、450 A，频率为 8 Hz。

3.7.3.1 试样分析方法和内容

对连铸坯试样进行硫印、热酸检验，分析铸坯凝固结构、疏松及偏析情况。

铸坯中心碳的偏析指数按 $K_C = \dfrac{C}{C_0}$ 定义计算。其中，C 为钻取样的化学成分分析值；C_0 为中间包内钢水化学成分分析的平均值。

在试样横断面的长边上钻孔取样，两种试验方案各取一炉样，共四块铸坯。每块铸坯样分别沿长边（380 mm）几何中心线和短边（280 mm）几何中心线，每隔 10 mm 用 ϕ6 mm 钻头钻一个点，共 63 个点。将钻取的粉末做碳含量检验。四块铸坯样共计 252 个点，将这些钻下的粉末作为分析和比较的样品，检测碳的偏析。

对重轨钢 U71Mn 及 82B 铸坯，分析多点成分、低倍组织。对 82B 钢 152 mm × 152 mm 轧坯，分析横向、纵向低倍及碳偏析。

3.7.3.2 U71Mn 钢组合搅拌与结晶器电磁搅拌的低倍组织

对所有试验流（组合电磁搅拌）和对比流（结晶器电磁搅拌）所取的试样都进行了热酸检验。两流试样的对比表明，试验流的组织和夹杂物情况与对比流相比有不同程度的改善。试验流的试样中心发生集中缩孔的几率和指数都明显降低。

对 U71Mn 钢进行了两次试验，对 36 组试样进行了热酸检验。图 3-73 和图 3-74 为组合电磁搅拌和结晶器电磁搅拌铸坯中心部位低倍组织的典型照片。从图中可以看出，组合电磁搅拌与结晶器电磁搅拌相比，在搅拌区域，中心疏松和缩孔得到明显的改善。此外，在组合搅拌的铸坯上，可清晰地发现有搅拌的痕迹，证明了凝固末端电磁搅拌的存在。

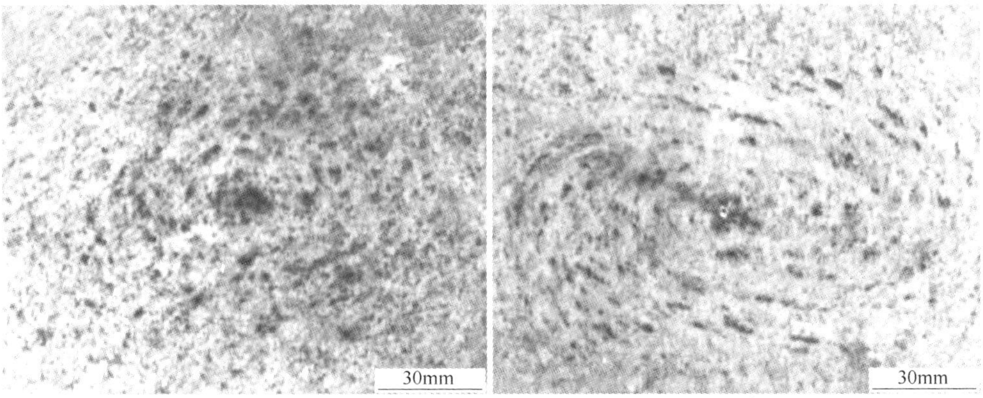

a　　*b*

图 3-73　U71Mn 铸坯低倍组织（$I = 400$ A，$f = 8$ Hz）

a—M-EMS；*b*—组合 EMS

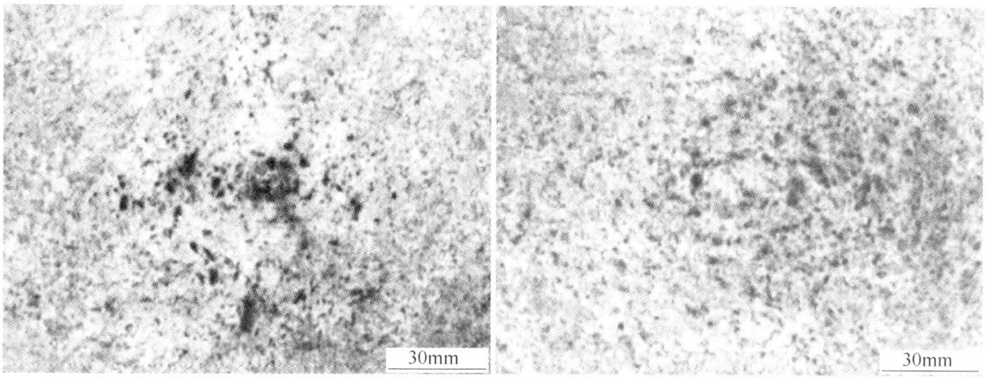

a *b*

图 3-74 U71Mn 铸坯低倍组织（$I=350\text{A}$，$f=8\text{Hz}$）

a—M-EMS；*b*—组合 EMS

3.7.3.3 82B 钢组合搅拌与结晶器电磁搅拌的低倍组织

共对 82B 钢的 26 组试样进行了热酸检验。热酸检验结果对比表明，组合电磁搅拌和结晶器电磁搅拌相比，在搅拌区域，中心疏松、缩孔程度明显降低，质量得到明显改善。图 3-75 和图 3-76 为典型铸坯中心部位低倍组织的照片，并且随着电流的增加，搅拌效果

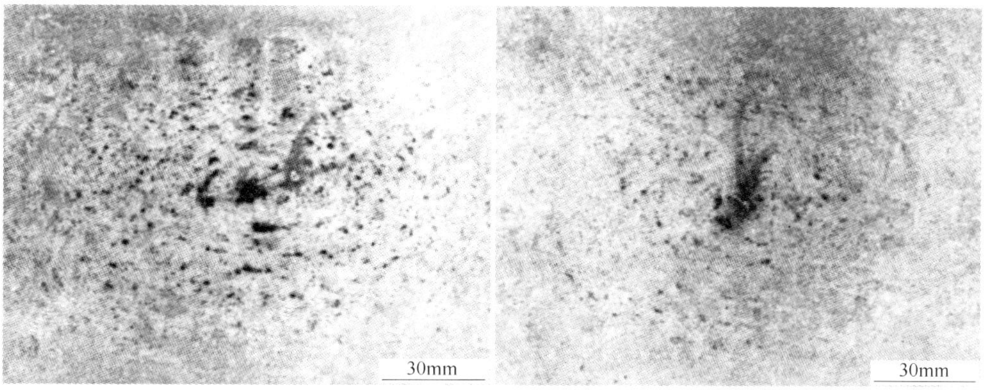

a *b*

图 3-75 82B 铸坯低倍组织（$I=350\text{ A}$，$f=8\text{ Hz}$）

a—M-EMS；*b*—组合 EMS

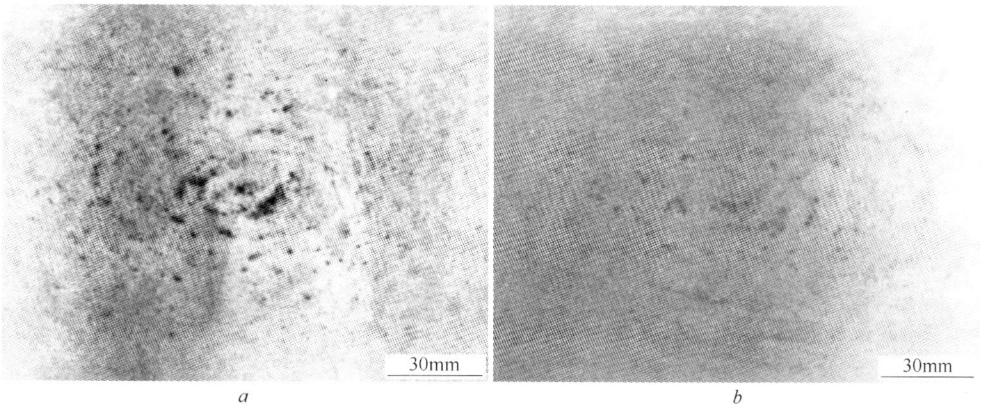

a *b*

图 3-76 82B 铸坯低倍组织（$I=450\text{ A}$，$f=8\text{ Hz}$）

a—M-EMS；*b*—组合 EMS

表现更好一些。

3.7.3.4 82B 钢组合搅拌与结晶器电磁搅拌的铸坯轧后低倍组织

图 3-77 为 82B 轧坯横断面低倍组织。从图中可以看出，280 mm × 380 mm 连铸坯经轨梁厂轧制成 152 mm × 152 mm 方坯后，经过组合电磁搅拌的试样，产生的中心疏松、缩孔现象比结晶器电磁搅拌的轻，轧坯中心组织较末凝固末端搅拌组织致密。图 3-78 为 152 mm × 152 mm 轧坯纵剖面低倍组织。在无凝固末端搅拌的试样上，还存在明显的缩孔；

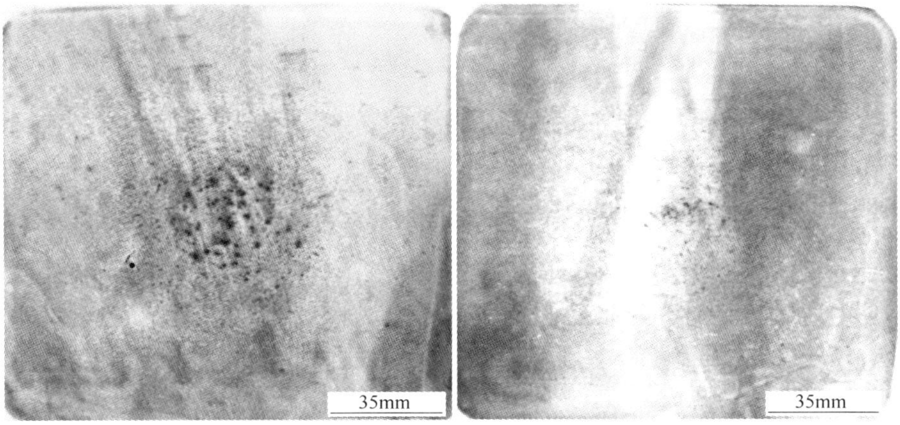

a *b*

图 3-77 82B 轧坯横断面低倍照片（$I = 400$ A，$f = 8$ Hz）
a—M-EMS；*b*—组合 EMS

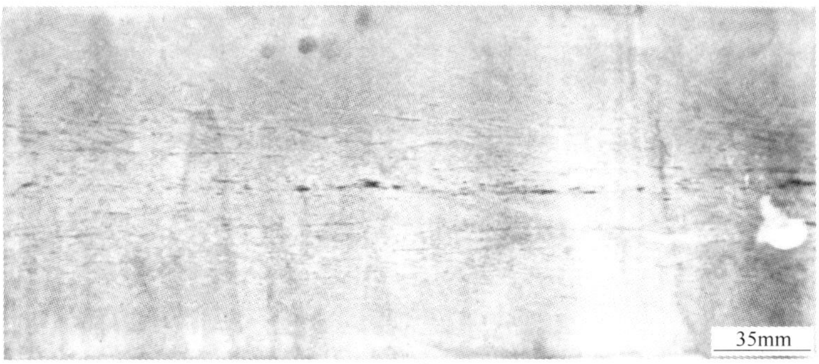

a

b

图 3-78 82B 轧坯纵断面低倍照片（$I = 400$ A，$f = 8$ Hz）
a—M-EMS；*b*—组合 EMS

而经过组合搅拌的试样基本上没有缩孔的痕迹，质量明显好于前者。

3.7.3.5 末端搅拌对铸坯成分偏析的影响

对有组合电磁搅拌（电流400A，频率8Hz）和结晶器电磁搅拌的U71Mn和82B钢铸坯试样进行碳偏析检验。

图3-79和图3-80分别为U71Mn和82B铸坯横断面上沿长边中心线碳偏析指数的变化。可以看出，U71Mn铸坯通过组合电磁搅拌后，中心碳峰值从没凝固末端电磁搅拌铸坯的1.28降到了1.12，高峰值点明显减小；碳偏析指数均值（K_C^{ave}）从1.04降到了1.03，碳偏析系数均值有显著的降低；碳偏析指数方差值（σ）由0.06降到0.037，这说明经过组合电磁搅拌试样的碳含量分布更均匀。

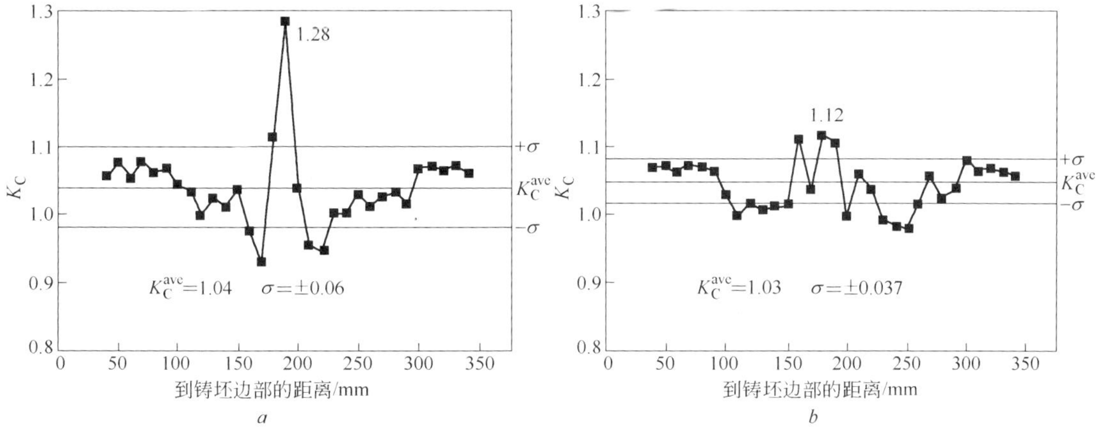

图3-79 U71Mn铸坯横断面上沿长边中心线碳偏析指数的变化

a—M-EMS；*b*—组合EMS

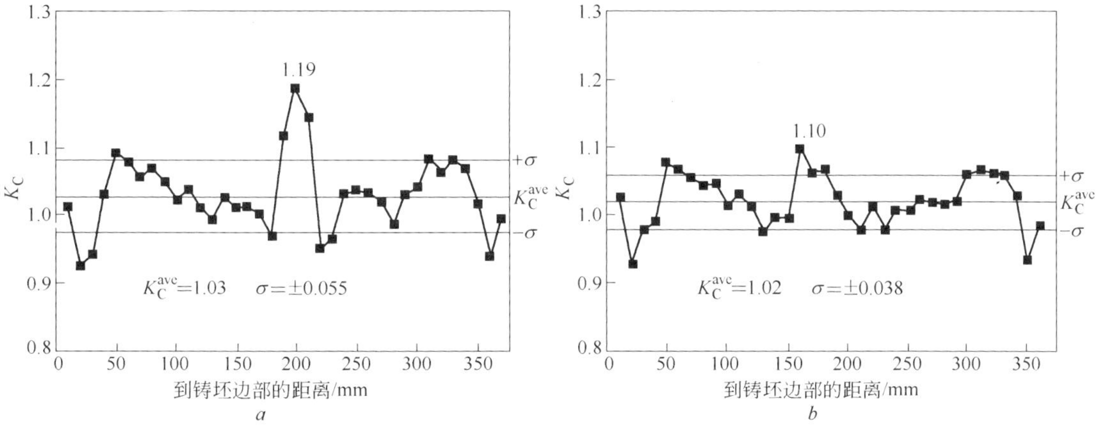

图3-80 82B铸坯横断面上沿长边中心线碳偏析指数的变化

a—M-EMS；*b*—组合EMS

82B铸坯通过组合电磁搅拌后，中心碳峰值从没凝固末端电磁搅拌铸坯的1.19降到了1.10，碳偏析指数均值（K_C^{ave}）从1.03降到了1.02，碳偏析指数方差值（σ）由0.055

降到0.038，各项碳偏析指标都得到很大改善，经过组合电磁搅拌试样的碳含量分布更均匀。

3.8 电磁搅拌器的设备设计

电磁搅拌系统工程主要包括：电磁搅拌器本体、电磁搅拌器专用变频电源、电磁搅拌器纯净水冷却系统及由 S7-300PLC 控制的变频电源和纯水冷却系统的自控系统。

3.8.1 电磁搅拌器本体

电磁搅拌器本体结构设计主要包括线圈及铁芯的设计、外形结构和安装方式的设计等。其制造过程示意图见图 3-81。

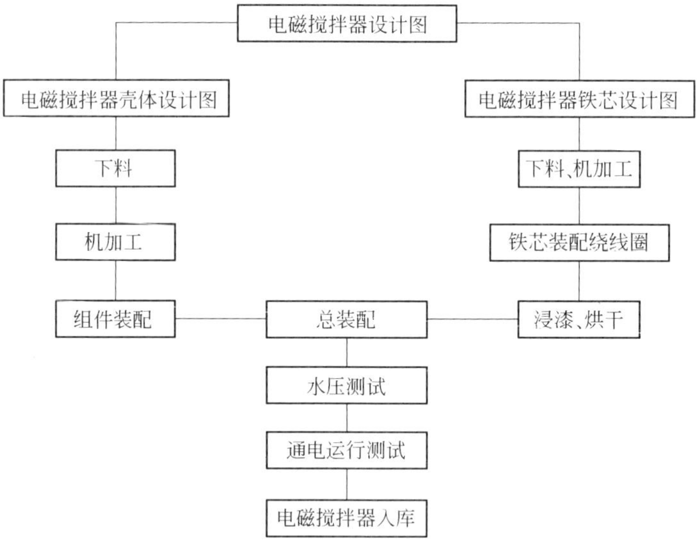

图 3-81 电磁搅拌器制造工艺流程示意图

3.8.1.1 线圈和铁芯设计

线圈和铁芯是电磁搅拌器的核心部分，受安装位置和搅拌铸坯尺寸的影响很大。设计内容包括铁芯的尺寸、叠片形式和线圈的缠绕方式等。铁芯尺寸一旦确定，搅拌器的外形尺寸和线包的大小也就确定了。线圈的设计是根据最大规格尺寸铸坯参数确定的，在这些基本数据的基础上，铁芯磁极部分的具体尺寸可根据铸坯所需磁场强度的要求确定。

搅拌区内所需磁感应强度的大小是根据瞬态分析方法，经过数值模拟计算提出的（和前面结晶器电磁搅拌一样）。通过对电磁搅拌瞬态磁感应强度场和电磁力场的计算，获得电磁搅拌磁感应强度的分布规律，同时进行流场分析，这就把理论研究结果与工程设计紧紧地结合起来，实现了理论计算指导工程设计的目的。

由于磁感应强度与电流、匝数和线圈材料等多种因素有关，设计人员在综合考虑数值计算结果等基础上，结合现场条件，最终确定适合搅拌器要求的线圈匝数、铁芯的具体形状及叠片方式等。图 3-82 和图 3-83 分别为缠绕的电磁线圈和六磁极搅拌器铁芯与磁轭的实物图。

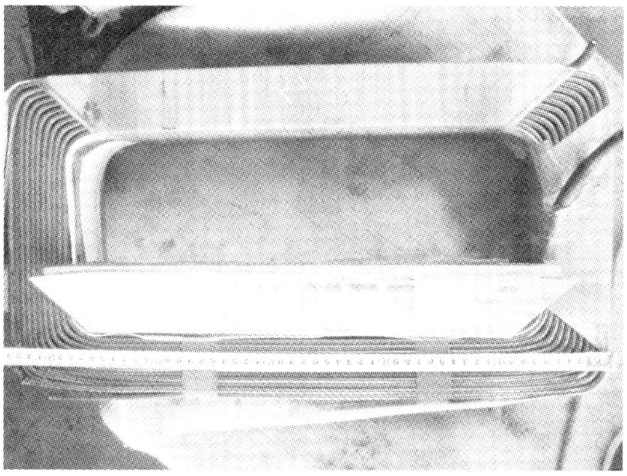

图3-82 电磁线圈

图3-83 六磁极搅拌器铁芯和磁轭

3.8.1.2 外形设计

外形设计和安装方式的设计是综合考虑了铁芯尺寸和连铸机的特点后进行的。数值模拟计算结果用来确定搅拌器的高度（一般指凝固末端电磁搅拌，结晶器电磁搅拌高度一般与连铸机设计有关）。搅拌器的高度过大，不仅使制造成本增加和搅拌器安装困难，同时使连铸机开浇时引锭杆的操作变得非常麻烦。搅拌器高度过小，有效搅拌区域过短，金属不能够充分搅拌，影响搅拌效果。通过数值模拟，可以得到搅拌器高度对有效搅拌区长度的影响规律，从而可以确定搅拌器的合理高度。

外形设计或搅拌线圈的外壳设计还包括材料的选择、密封设计、铁芯在搅拌器内部的固定方式，以及搅拌器在连铸机结晶器及扇形段上的固定方式等。铁芯与壳体的固定利用外壳的密封法兰实现。搅拌器与扇形段的固定则通过在搅拌器上设计两个耳子结构，并对扇形段进行必要的修改，把搅拌器稳固并准确地安装在结晶器及扇形段上。

3.8.1.3 线圈冷却设计

搅拌器的另一个重要设计内容是线圈的冷却设计。为了保证搅拌线圈充分和均匀冷却，冷却水在进入搅拌器后，要求流动均匀，不得出现“死区”，即非流动区。由于凝固末端搅拌器的冷却不仅要对搅拌线圈的发热进行充分冷却，还要吸收高温铸坯在通过搅拌器时的辐射热。从这个意义上讲，凝固末端搅拌器的工作条件更加恶劣，对冷却的要求更高。采用入水口与出水口分离，冷却水依次经过内环壁和线包，再从铁芯与外壁的缝隙中到达出水口，使冷却水在搅拌器内得到充分的流动，并对线圈、铁芯、内壁和外壁等发热部位进行良好的冷却。实践表明，通过这样的设计，能够对搅拌器进行充分冷却，进出水的温差不大于10℃，能够达到设计要求。图3-84为150 mm×150 mm小方坯两相四极结晶器电磁搅拌器。从图3-84*a*可以看出，结晶器内部冷却线圈的空间比较大，保证了对线圈能够充分进行冷却。从图3-84*b*可以看出，从外形上设计了专用的线圈冷却进出水口。

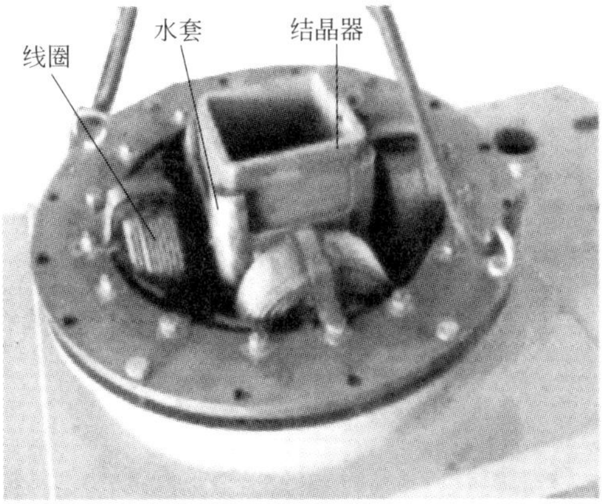

a

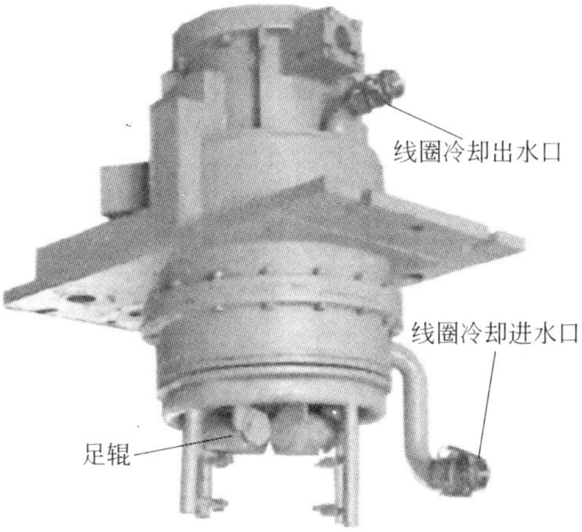

b

图 3-84 150 mm × 150 mm 小方坯结晶器电磁搅拌器

a—搅拌器实物内部俯视结构；*b*—搅拌器本体外形

线包的设计和制造是电磁搅拌器的核心内容。根据搅拌工艺对磁场强度的要求，综合考虑搅拌器的尺寸限制和电源能够提供的合理电流等具体情况，选择线圈的匝数。根据电流强度的大小以及所采用的冷却方式，确定电磁线的线径（截面积）。

3.8.1.4 搅拌器本体检测

根据以上基本条件和绕线工艺的需要，电磁线在出厂时，必须经过防水绝缘处理。电磁线经绕线、浸漆、加压和烘干等多道工序，最后固定在已经制作好的铁芯上，并将铁芯固定在搅拌线圈的外壳体上。为确保线圈工作的可靠性，在线包的绕制、浸漆、烘干和固定等每个过程中，都要进行绝缘检查。电磁搅拌器在生产、制造过程中严格按照电磁搅拌器制造标准执行。

绝缘电阻的检测：绝缘电阻是电磁搅拌器一个非常重要的指标，它关系到电磁搅拌器是否能够正常运行和电磁搅拌器的使用寿命，出厂前必须按照公司企业标准严格进行检验。

绝缘电阻的检测方法：

（1）线圈总成后未通水检测；

（2）将电磁搅拌器通水后检测；

（3）通水加压检测。

绝缘电阻的检测标准：

（1）总成后未通水检测绝缘电阻：大于 200 MΩ；

（2）将电磁搅拌器通水后检测：大于 100 MΩ；

（3）通水加压检测：大于 20 MΩ。

相直流电阻的检测：为保证线圈的良好制作工艺，各线圈直流电阻最大差值不大于 0.006 Ω，两相不平衡直流电阻小于 0.5%。

中心磁感应强度的检测：用专业测试磁场的仪器——高斯计，对每套结晶器电磁搅拌进行测试，提供每套电磁搅拌的磁场测试报告。

3.8.2 电磁搅拌器电源

电磁搅拌电控系统由电源装置和相应的控制系统组成。电源装置是为电磁搅拌感应线圈提供可调的低频大电流输出而专门设计的交流变频装置，电源装置主要包括整流部分、逆变部分、控制系统处理器、接口电路及检测部分。

整流部分主要由一台手动/电动控制的三相断路器、一套二极管整流器组、一个电容器组、一台直流接触器和各种保护设备组成，整流器输出的直流电经电容器组滤波后提供给逆变器使用。

逆变部分包括一套 IGBT 逆变装置、PWM 控制电子板、逻辑控制电子板、控制和信号装置及保护设备。逆变器使用的是脉冲宽度调整原理（PWM），即 IGBT 在频率约 1 kHz 时，接收校正了的脉冲，每个脉冲宽度随正弦规律的变化而变化。使用此种功率管的主要好处是消除所有需要可控硅整流器技术的辅助线路，简化脉冲复杂性，这些综合优点提高了供电的灵活性。

3.8.3 电磁搅拌器冷却系统

电磁搅拌器采用独立的冷却系统，冷却水采用去离子水。电磁搅拌的冷却水系统原理见图 3-85。电磁搅拌纯水冷却系统由水箱、制水机、水泵、板式换热器、电导率仪、温度传感器、流量传感器、压力传感器和管道阀门等组成。

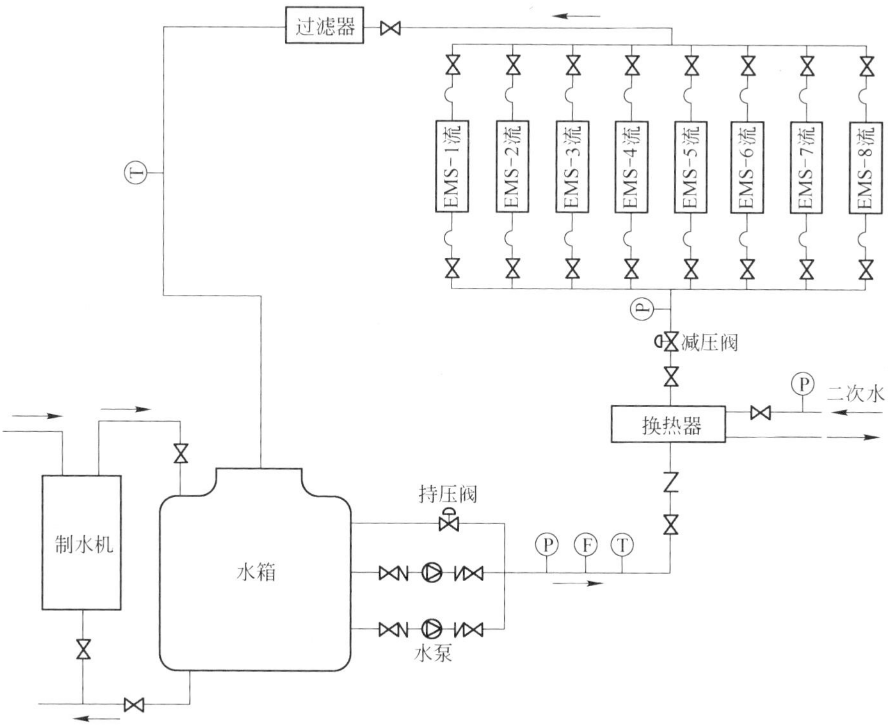

图 3-85 电磁搅拌冷却水系统原理图

供水要求：pH 值为 7.5~8.5，电导率不大于 50 μS/cm，悬浮物含量不大于 50 mg/L，去离子水。

3.8.4 电磁搅拌器自动控制系统

电磁搅拌器自动控制系统由 PLC、工业控制计算机、组态软件等组成。它们共同完成对电磁搅拌器专用变频电源及纯水冷却系统的自动控制任务。

本地手动控制包括：

(1) 电磁搅拌器专用变频电源本地手动控制。操作人员在低压配电室利用变频电源面板上按钮进行变频电源启、停操作。利用操作键盘上的按键来设定电磁搅拌器运行电流和运行频率，使电磁搅拌器线圈在设定的电流、频率下正常运行。每台变频电源键盘上有 LED 和 LCD 双显示区，能实时监测各种运行参数。

(2) 电磁搅拌器纯水系统的本地手动控制。操作人员在纯水系统配电柜的面板上利用按钮对水系统内的各种设备进行运行操作。所有信号检测值（水流温度、流量、压力和电导率等）通过现场仪表显示。

远程自动控制系统的网络拓扑结构图见图 3-86，主要包括：

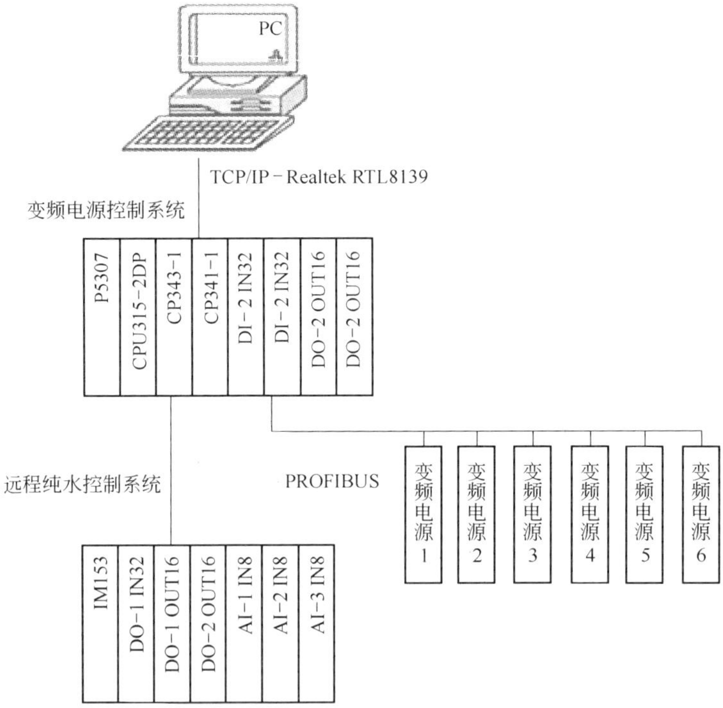

图 3-86 控制系统网络拓扑结构图

(1) 用 S7-300 系列 PLC 实现对电磁搅拌器专用变频电源的远程自动控制。根据电磁搅拌工艺要求，变频电源能够实现连续、间歇和交替不同运行方式。利用 CP341-1 通信处理器使变频电源与 PLC 进行串口通信，利用 STEP7 编程软件中的发送、接收功能模块，完成对变频电源的启、停操作，通过编程实现对变频电源运行方式的自动控制。

根据电磁搅拌工艺要求，操作人员在主控室内的工控画面上进行操作，实现对运行参数（电流、频率）设定、检测。利用 FB41 功能模块自动进行闭环调节满足输出精度要求。运行画面全中文显示，参数设定、修改方便，数据存储量大。画面上有各种运行参数、变频器运行状态指示，通过不同画面切换显示电流、频率趋势图、各种报警记录、消息归档等实时监测信息。

（2）用 S7-300 系列 PLC 实现对电磁搅拌器纯水系统的远程自动控制。由于纯水系统距离电磁搅拌低压配电室较远，为了减少信号电缆的铺设，在纯水系统附近放置远程 I/O 站。通过 ET200M 的 ROFIBUS-DP 接口与 CPU315-2DP 集成的 DP 口连接，实现对远程纯水站的自动控制。操作人员在主控室内直接将画面切换到纯水系统控制画面即可直接进行操作，在各种缺水等紧急状态下急停电磁搅拌器。

参考文献

[1] 陈雷．连铸电磁搅拌的现状和展望［J］．炼钢，1985，（2）：26-38.

[2] 徐国兴，张琪渔．电磁搅拌技术在连铸机上的应用及其对铸坯质量的改善［J］．上海金属，1997，（3）：28-33.

[3] Matsuda H．李玲译．采用结晶器电磁搅拌法减少连铸坯夹杂的新技术［J］．国外钢铁，1991，（12）：34-40.

[4] Glaws P C. The influence of electromagnetic stirring on inclusion distribution as measured by ultrasonic inspection［A］. 1991 Steelmaking Conference Proceedings［C］，1991：247-264.

[5] Papay F R. Billet quality improvement with mold electromagnetic stirring［A］. 1993 Steelmaking Conference Proceedings［C］，1993：437-439.

[6] 陈家祥．连续铸钢手册［M］．北京：冶金工业出版社，1991：778-815.

[7] 赵鑫．结晶器电磁搅拌对连铸坯质量的影响［D］．包头：内蒙古科技大学，2008.

[8] Bettelman L. Effect of mold EMS design on billet casting productivity and product quality［J］. Canadian Metallurgical Quarterly，2000，38（5）：301-309.

[9] Anatoly F Kolesnichenko，Anastasiya A Kolesnichenko，Viktoriya V Buryak. Improvement of in-mold electromagnetic stirrer by feeding of magnetic system with polyharmonic current［J］. ISIJ International，2004，44（2）：342-349.

[10] 韩至成．电磁冶金学［M］．北京：冶金工业出版社，2001：152.

[11] 李建超，崔建忠，王宝峰，麻永林．大方坯连铸跨结晶器电磁搅拌的数值模拟［J］．东北大学学报，2006，27（5）：497-500.

[12] 李建超，崔建忠，王宝峰，麻永林．小方坯结晶器电磁搅拌的数值模拟［J］．炼钢，2007，23（1）：35-39.

[13] 李建超，王宝峰，董方，等．电磁场相位对小方坯结晶器电磁搅拌效果的影响［J］．连铸，2007，（1）：43-46.

[14] 王晓东，李廷举，金俊泽．时谐电磁场均衡性研究［J］．大连理工大学，2002，42（1）：75-78.

[15] 李春龙，姜茂发，王宝峰．组合电磁搅拌对连铸大方坯内部质量的影响［J］．东北大学学报，2003，24（7）：677-680

[16] 李建超，崔建忠，王宝峰，麻永林．大方坯连铸二冷区电磁搅拌的数值模拟和实验分析［J］．

金属热处理, 2007, 32 (8): 69-71

[17] Li Jianchao, Wang Baofeng, Ma Yonglin, Cui Jianzhong. Effect of complex electromagnetic stirring on inner quality of high carbon steel bloom [J]. Materials Science and Engineering, 2006, A425: 201-204.

[18] 吴夜明, 姚留枋. 电磁搅拌对铸坯化学成分偏析影响机理 [J]. 特殊钢. 1999, 20 (3): 13-16.

4 板坯连铸电磁搅拌技术

4.1 电磁搅拌技术概述

近年来，连铸机日益朝着重型化和大型化发展，板坯连铸机的宽度已经达到3 m以上，板坯厚度也达到300 mm。如何控制连铸坯凝固组织，特别是对于不锈钢、硅钢和其他合金钢等特殊用途的钢种，日益引起生产者的关注。板坯电磁搅拌技术的应用成为众多厂家需要考虑的现实问题。我国在20世纪90年代就在宝钢和武钢引进板坯电磁搅拌装备，但是生产应用并不成功。本世纪初，以太钢和宝钢不锈钢公司为代表的当代板坯连铸机装备了电磁搅拌技术，在不锈钢生产中取得显著效果，成为400系不锈钢生产不可或缺的装备保证，标志着板坯电磁搅拌由研究阶段走入实际应用。本章内容主要讨论板坯二冷区电磁搅拌的结构及使用情况。

板坯电磁搅拌作为将电磁搅拌应用于长材和扁平材生产领域的先驱，法国冶金研究院(IRISID)和法国电器(CEM)公司1977年与阿尔贝德(Arbed)公司一起组建了罗特莱克(Rotelec)公司，通过罗特莱克公司向全世界推广电磁搅拌技术(EMS)。1991年，罗特莱克公司作为达涅利公司的独资子公司继续活跃在电磁搅拌技术研发和应用推广领域。

高允彦和贾光霖等在实验室设计并制造了一对线性电磁搅拌器、模拟二冷区电磁搅拌时金属运动的规律。利用CT-3型特斯拉计，测量了其中的磁场分布，用二维测速装置测量了不同搅拌强度下液态金属的运动速度、依据行波磁场的特点，建立了液态金属运动规律的二维数学模型，他们在假设搅拌器表面感应强度的最大值和最小值分别为0.6倍和0.4倍电流强度的前提下计算了电磁力。通过对电流强度为30 A条件下速度场的测量和计算比较，证实了电磁力经验式的参考价值，如图4-1所示。该结果表明，线性搅拌使液态金属呈大环流运动，对铸坯的凝固过程有较好的影响[1]。

N. Genma等[2]建立了结晶器线性搅拌作用下板坯结晶器内钢液的三维流动模型，计算了浸入式水口出口处注流的流速。而T. Fujimura等[3]对铸坯内钢液在二冷区线性搅拌的流动状态进行了数值计算。K. Takatani[4]开发了一个分析电磁场对连铸过程中金属流动、传热和夹杂物行为影响的数学模型，并用数值模拟方法分析了板坯电磁制动和电磁搅拌过程，认为板坯电磁制动有利于大尺寸夹杂物的上浮，板坯电磁搅拌影响夹杂物浓度分布，但不降低夹杂物最大浓度。上述这些模拟研究主要目的是分析电磁搅拌对改善铸坯质量的影响。

板坯结晶器内电磁搅拌的效果与诸多电磁参数(如极数、相数、频率、搅拌方向、线圈相对空间及相差位等)有关。K. Fujisaki等[5]以线性搅拌器为对象利用有限元方法分析了结晶器内电磁搅拌的基本电磁特性，比较了实验与模拟计算得到的磁感应强度，具有较好的一致性。此外，通过计算分析电磁参数，认为根据电磁特性来选择电磁搅拌装置参数对控制结晶器内液态金属流动是非常重要的。

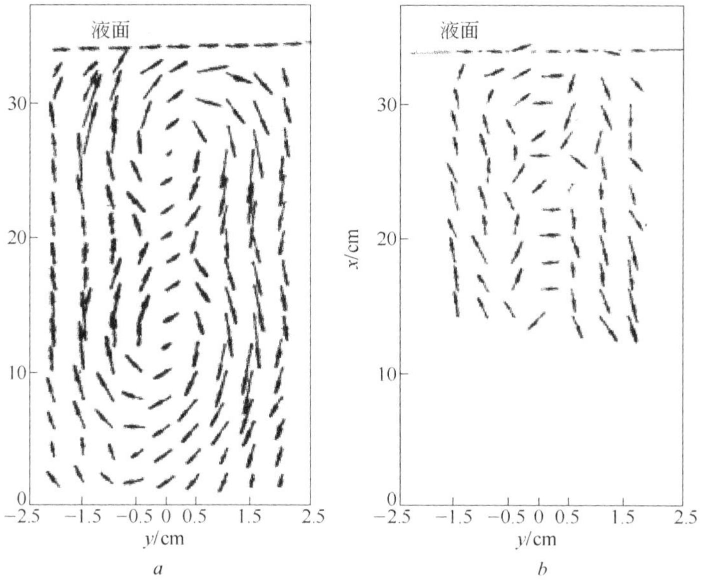

图 4-1 行波磁场对液态金属速度场的影响($I = 30$ A)
a—计算速度图;b—实测速度图

苗敬利和李华德[6]利用变分有限元法对连铸板坯内二维低频交变电磁场进行了数值模拟,采用双侧线性电磁搅拌技术,模拟了不同电流强度时的电磁力矩变化规律,分别给出了电流强度与电磁力矩以及频率与电磁力矩的对应关系图。

李光和李华德[7]基于 Maxwell 方程,建立了板坯内部电磁场的数学模型。为了满足计算机求解的需要,对数学模型进行了离散化和简化处理,使用有限元法对简化后的数学模型进行了仿真,得到了电磁场等势线图和磁力分布图。通过对磁场分布进行定性分析,得到了在其他条件不变的情况下,电磁力和电流强度、电磁力和电流频率的变化关系。

4.2 板坯电磁搅拌器的原理

板坯电磁搅拌由于板坯宽厚比大,一般采用行波电磁搅拌,故也可以称为板坯行波磁场搅拌器。行波磁场搅拌器由平面感应器和非磁不锈钢壳体构成,平面感应器和直线电机一样,都是普通异步电机的定子演变而来。设想将异步电机定子在一侧轴向剖开并展开,即形成平面感应器或直线电机,如图 4-2 所示。也就是说把方(圆)坯旋转电磁搅拌器磁轭沿轴向切开,使原来沿圆周的旋转磁场变成向一个方向进行的行波磁场,铸坯则替代电机的转子,从而形成单边行波磁场搅拌器。

与已普及的长材产品生产中采用的旋转式电磁搅拌有所不同,针对大断面的矩形,板坯连铸生产采用单边行波磁场搅拌器,如同由两相或三相电流驱动的、能产生交变磁场的线性感应马达。电流发生相变时磁场从一极到达另一极,并同时产生电磁推力,将液态钢水向磁场运动的方向推动。通过电流相位变化选择方向,通过电流密度和频率调整电磁力大小。

图 4-3 为电磁搅拌系统产生的磁场示意图。在确定的时间内,磁极分配如图所示。磁极从 N 极出发,回到 S 极,在钢坯的任何一点,磁感应强度都可以分解为一个 B_x 分量,平行于钢坯表面;一个 B_y 分量,垂直于钢坯表面。

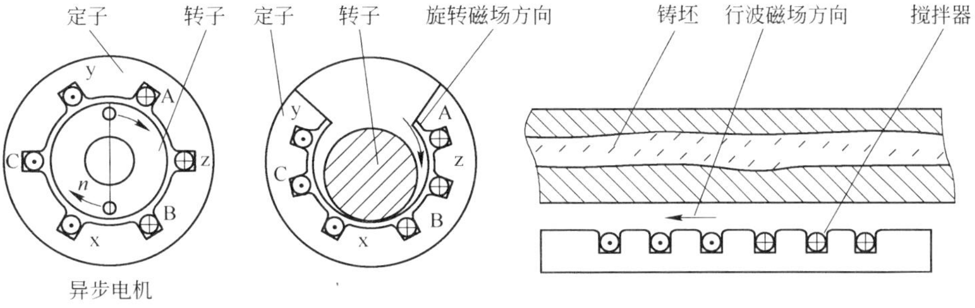

图 4-2 异步电机演变成电磁搅拌器示意图

磁极相反的相邻两极之间的距离称为极距 τ。此感应体是由频率为 f 的多相交变电流形成的，沿感应体表面磁极有一个表象移动，速度为：

$$V_x = 2\tau f \qquad (4\text{-}1)$$

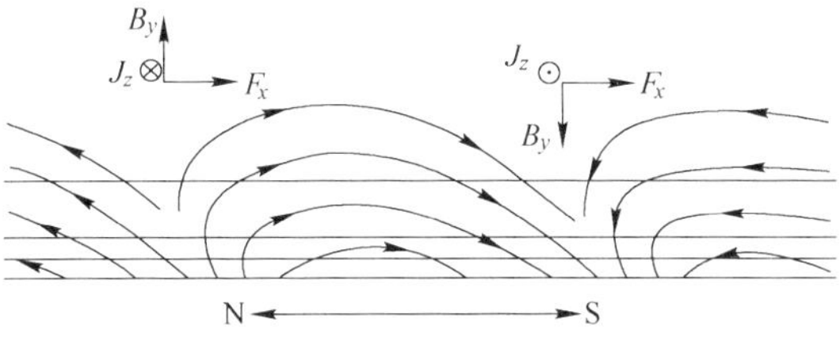

图 4-3 搅拌器产生的磁场示意图

根据洛伦兹法则，由此传播速度的 B_y 分量在液体钢水内部感应的涡流为：

$$J_z = \gamma V_x B_y \qquad (4\text{-}2)$$

式中 γ——导体的电导率。

根据拉普拉斯法则，由磁感应强度 B_y 和涡流共同作用形成的电磁力为：

$$F_x = J_z B_y \quad 或 \quad F_x = 2\tau\gamma f B_y^2 \qquad (4\text{-}3)$$

这个力的方向指向磁场传播方向，正是这个力决定了钢水的动作。

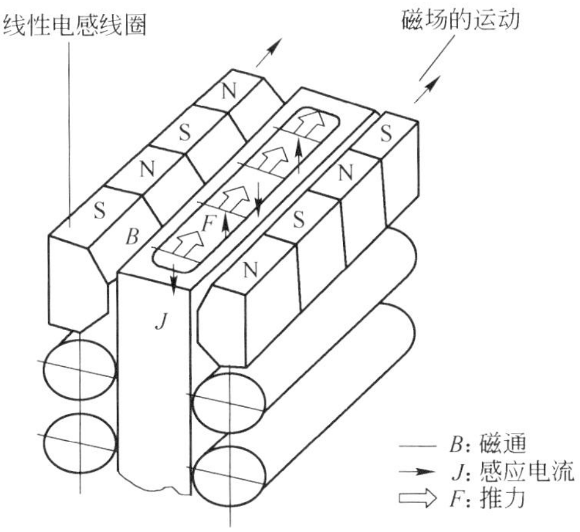

图 4-4 双边行波板坯电磁搅拌器工作原理

如果在单边行波磁场搅拌器对边再加一个感应器，即构成双边行波磁场搅拌器，如图 4-4 所示。需要指出，板坯宽度方向的 L（Loose）和 F（Fixed）两侧面的行波磁场方向一致，而磁力线则从 L 侧的 N 极出发经过铸坯到达 F 侧的 S 极，然后由 F 侧的 N 极经铸坯返回 L 侧的 S 极，构成一个封闭磁回路，其中磁场两次穿过铸坯且方向相反。由于铸坯中感应电流和磁场是耦合的，磁场反向，感应电流方向也相反，但电磁力的方向始终一致，并且和行波磁场的方向相一致。如果行波磁场反向，电磁力的方向也随之反向，交替搅拌就是基于这个机理。

上面介绍的是板坯行波电磁搅拌器的基本原理，下面详细论述两相和三相行波电磁搅拌器的工作原理。

4.2.1 两相电流板坯电磁搅拌器的原理

两相行波电磁搅拌器内部结构由线圈、磁极和磁轭构成，线圈绕在磁轭上，这种线圈绕组方式称为克莱姆绕法。其中线圈为 8 个，每个线圈中通入电流如图 4-5 所示。由图中可以看出，相邻两个线圈通入的电流为同相电流，搅拌器两侧的两个单独线圈通入同相电流。

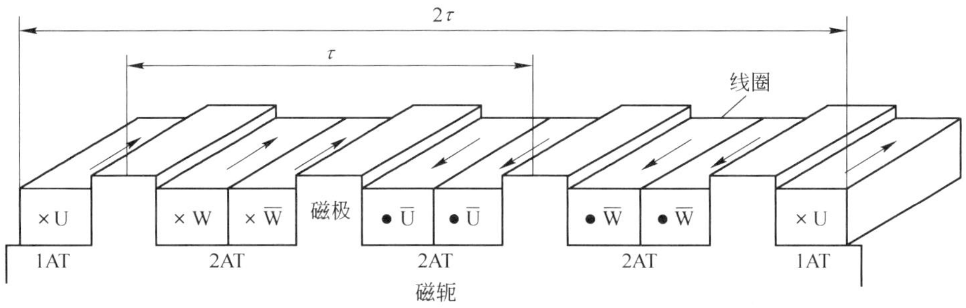

图 4-5　两相板坯电磁搅拌器电流通入示意图

（1）U 和 W 两相之间相位差为 $-90°$（U 和 W 幅值相同），此时：

$$U=\cos(\omega t) \tag{4-4}$$

$$W=\cos(\omega t-\pi/2)=\sin(\omega t) \tag{4-5}$$

不同时刻电磁搅拌器磁场分布示意图如图 4-6 所示。可以看出，磁场运动表现为磁极以速度 $v=2\tau f$ 水平向前运动，其中 τ 为合成的 N 极和 S 极之间的距离，即极距，f 为电流的频率，磁场传播方向为从左到右进行。

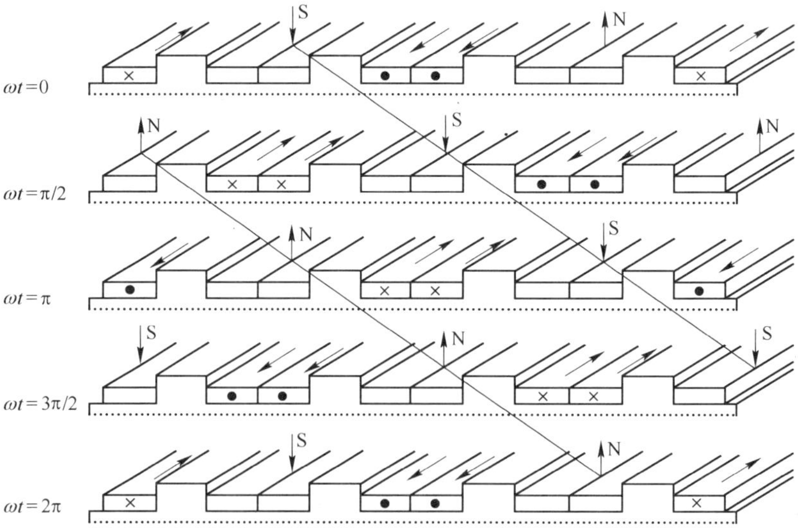

图 4-6　不同时刻电磁搅拌器磁场分布示意图（相位差为 $-90°$）

（2）U 和 W 两相之间相位差为 $90°$（U 和 W 幅值相同），此时：

$$U=\cos(\omega t) \tag{4-6}$$

$$W = \cos(\omega t + \pi/2) = -\sin(\omega t) \tag{4-7}$$

不同时刻电磁搅拌器磁场分布示意图如图4-7所示。在一个周期内将得到磁场传播方向为从右到左进行，故在板坯电磁搅拌过程中，任意改变一相电流的方向，磁场传播方向相反，电磁力方向也相反。

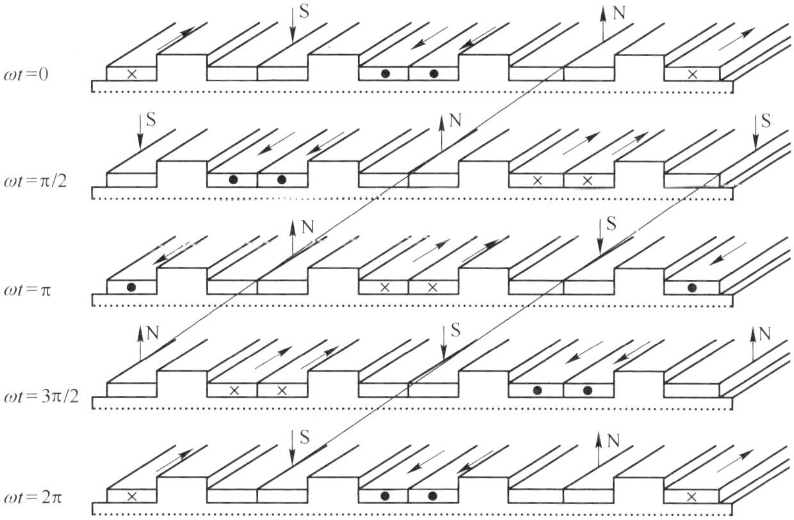

图4-7 不同时刻电磁搅拌器磁场分布示意图（相位角差为90°）

4.2.2 三相电流板坯电磁搅拌器的原理

对于三相电磁搅拌器来说，线圈分别通入相位角差为120°的电流，电流密度为：

$$J_A = J_0\sin(\omega t) \tag{4-8}$$

$$J_B = J_0\sin(\omega t - 2\pi/3) \tag{4-9}$$

$$J_C = J_0\sin(\omega t + 2\pi/3) \tag{4-10}$$

对于一个周期内不同时刻，三相电流密度为：

$\omega t = \pi/2$ 时，J_A 为 J_0，J_B为 $-0.5J_0$，J_C 为 $-0.5J_0$；

$\omega t = 5\pi/6$ 时，J_A 为 $0.5J_0$，J_B为 $0.5J_0$，J_C 为 $-J_0$；

$\omega t = 7\pi/6$ 时，J_A 为 $-0.5J_0$，J_B为 J_0，J_C 为 $-0.5J_0$；

$\omega t = 9\pi/6$ 时，J_A 为 $-J_0$，J_B为 $0.5J_0$，J_C 为 $0.5J_0$；

$\omega t = 11\pi/6$ 时，J_A 为 $-0.5J_0$，J_B为 $-0.5J_0$，J_C 为 J_0；

$\omega t = 13\pi/6$ 时，J_A 为 $0.5J_0$，J_B为 $-J_0$，J_C 为 $0.5J_0$。

图4-8为不同时刻三相电磁搅拌器磁极磁场分布示意图。随着电流在一个周期内的变化，三个临近的磁极磁场形成一个合成的N极和S极，随着一个周期内时间的变化，N极和S极像波浪一样移动。合成N极和S极之间的距离正好为搅拌器长度的一半，这和两相四极电磁搅拌器是一致的。

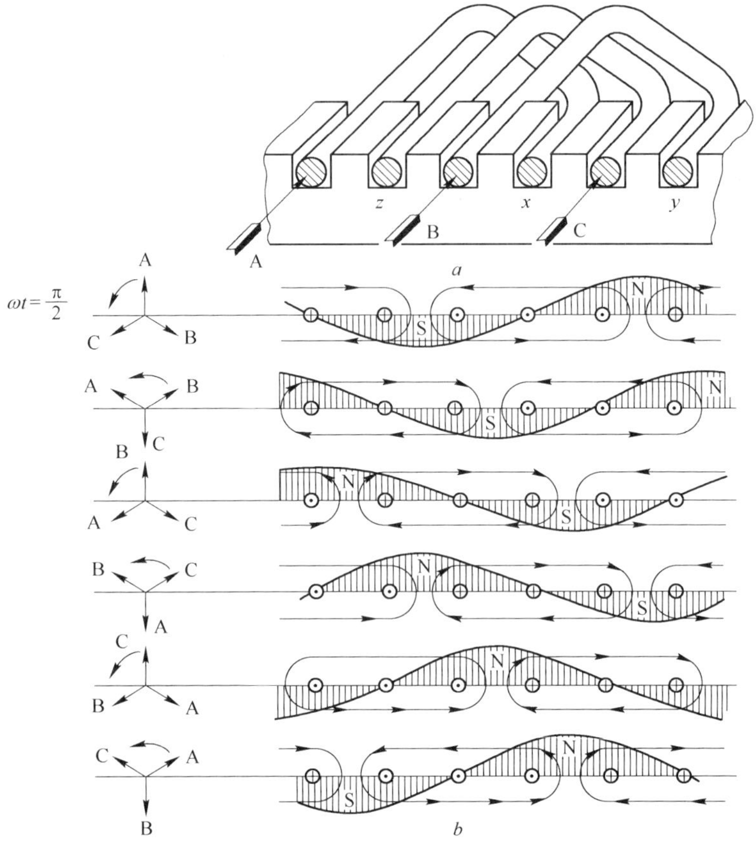

图 4-8 不同时刻三相电磁搅拌磁场分布示意图

4.3 板坯电磁搅拌器的结构

板坯电磁搅拌也可以分为结晶器电磁搅拌和二冷区电磁搅拌两种形式，其中现在最常用的是二冷区板坯电磁搅拌。

4.3.1 板坯连铸二冷区电磁搅拌器的结构

在 20 世纪 70 年代后期，鉴于二冷区电磁搅拌成功地应用于方坯的生产，很多板坯连铸机也配备了扇形段电磁搅拌。各种不同形式板坯电磁搅拌器都有一共同特点，即采用水平运动的磁场。所不同的是搅拌装置的安装位置，有辊后、辊间和辊内三种不同形式。根据上面三种不同安装位置，板坯连铸二冷区电磁搅拌器的结构形式通常有三种，即辊后单边行波磁场搅拌器、辊间行波磁场搅拌器和辊式行波磁场搅拌器。其安装示意图如图 4-9 所示。

辊后单边行波磁场搅拌器在实际使用过程中需要对辊列及连铸机结构进行局部改造，比较适合安装在直弧段，位置一般不可调，这种板坯电磁搅拌器具有使用寿命长、但电磁力比较小等特点。

辊间行波磁场电磁搅拌器在使用过程中需要特殊的扇形段，辊列结构需要改变，可以灵活安装在扇形段的每个区域，具有电磁力大、使用寿命长等优点。其缺点是需要对连铸机的扇形段进行改造，辊间距变大，连铸坯容易鼓肚，搅拌区域小，搅拌时间短。

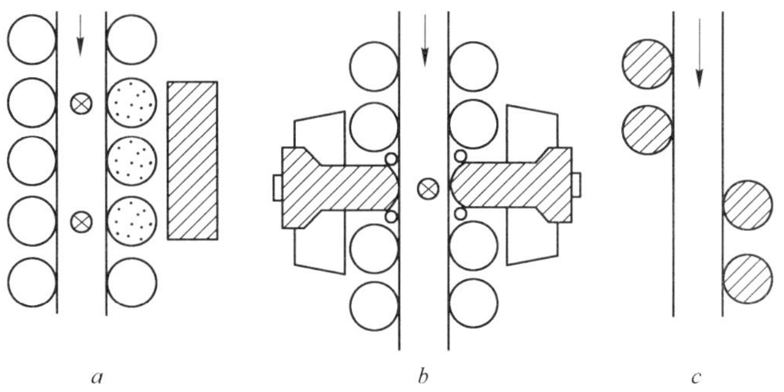

图 4-9 板坯二冷区电磁搅拌器安装位置示意图

a—辊后单边行波磁场搅拌器；*b*—辊间行波磁场搅拌器；*c*—辊式行波磁场搅拌器

辊式行波磁场搅拌器几乎不需要改变扇形段及连铸机的任何结构，可灵活安装在直弧段及扇形段。优点是电磁力比较大，两对前后并列可适应所有钢种的搅拌，可以不改变扇形段及辊列结构，可根据需要灵活调整安装位置。其缺点是由于铁芯和线圈是安装在板坯的支撑辊内，辊内安装空间比较有限，使用寿命比较短，维护麻烦，搅拌时间短，辊子容易发生变形从而对连铸坯质量产生负面影响。

4.3.1.1 辊后单边行波磁场搅拌器

辊后单边行波搅拌器最初由 ABB 公司提出，置于辊后。由于板坯连铸机的设计特点，只能在板坯的单侧采用电磁搅拌器，这种板坯搅拌器产生的磁场为开放性磁场，磁场衰减得非常快，这就要求连铸二冷区的板坯的支撑辊辊径应该尽量的小。支撑辊辊径过大需要非常高的电能，这意味着高昂的运行费用和维护成本。由于搅拌器和铸坯中间有辊子存在，在设计时要求辊子的材质为非导磁不锈钢。

辊后单边行波搅拌器结构根据线圈的绕组方式有克莱姆环绕法、凸极式绕法和迭绕式三种形式，线圈绕组示意图如图 4-10 所示。其中，最常用的是凸极式绕法和克莱姆环绕法两种方式。

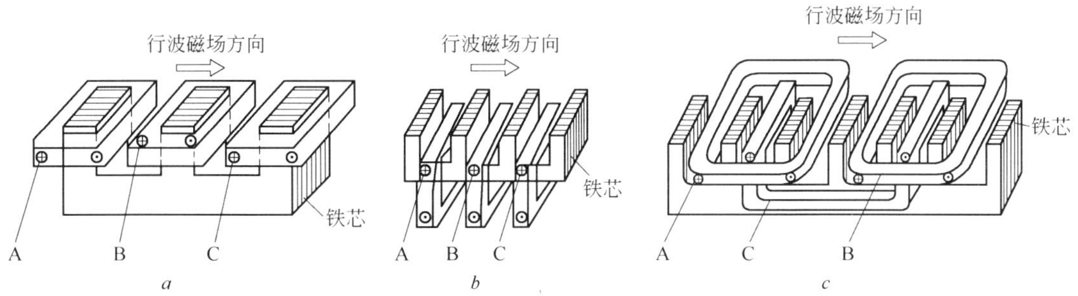

图 4-10 辊后单边行波搅拌器的结构形式

a—凸极式；*b*—克莱姆环绕式；*c*—迭绕式

凸极式电磁搅拌装备的结构构造如图 4-10*a* 所示。线圈安装在磁极上，它的各个线圈成分离配置，铁芯的体积率大。

克兰姆环绕式电磁搅拌装备的结构构造如图 4-10*b* 所示。线圈安装在磁轭上，它在制造工艺比其他两种简单，在连铸机上安装很少受到限制，但磁场沿搅拌器宽度方向分布不均匀。

迭绕式电磁搅拌装备的结构构造如图 4-10*c* 所示。其 U 相线圈和 W 相线圈呈重叠状配置，可以得到圆滑的磁场，但容积大，并且铁芯的磁极磁通密度容易饱和。从制造工艺上看，比另外两种搅拌装备复杂。

4.3.1.2 辊式行波磁场搅拌器

辊式行波磁场搅拌器，也称为辊内内置式（in-roll type）行波磁场搅拌器，由法国冶金研究院等单位开发，搅拌器安装在辊内。由于接近铸坯，所以其搅拌效率高。辊式行波磁场搅拌器本体感应器（线性马达）制成辊状形式，安装在无磁性高强度的不锈钢支承辊外套内。支承辊外套直径不小于 240 mm，厚度 25 ~ 30 mm，其几何特征与常规的连铸机支承辊一样，但辊子的外表面应加工成螺线形凹槽，以降低由于热应力而产生裂纹和变形几率。其本体线性马达为固定不动的行波磁场感应器，在加厚的不锈钢外套与辊心间保持动配合间隔，使外套可随铸坯移动而自由转动。由于内部空间有限，感应器由带有 4 个极的双相绕组和磁铁芯组成，电源接头和冷却水由辊子的两端接入接出。使用这种电磁搅拌器，不会干扰原有的二冷系统，感应器与铸坯面很近，故效率较高。同时可方便地对安装位置进行优化调整，电磁搅拌器结构如图 4-11 所示。

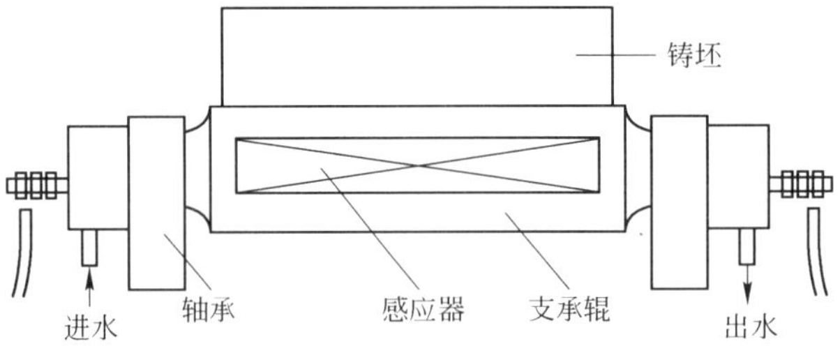

图 4-11 辊式电磁搅拌器结构图

连铸机辊式电磁搅拌一般是采用两对搅拌器的组合搅拌，可以对上下两对搅拌器的磁场移动方向进行不同的设置，不同的方向组合使搅拌器在液态钢水中产生两种不同的流场。根据其形状可形象地称为双蝶与三环两种流场形态，其形状如图 4-12 所示。

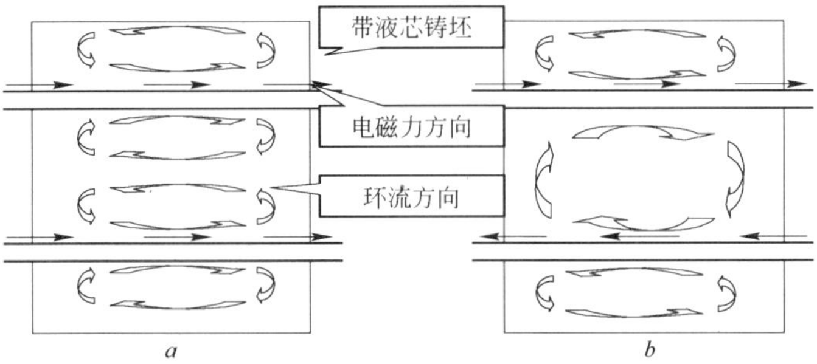

图 4-12 两种不同组合产生的钢水流动形式

a—双蝶；*b*—三环

对于辊式电磁搅拌器，感应器由铁芯和线圈组成，壳体由耐热不锈钢组成，线圈冷却方式为纯水外冷式，这样可以节约空间。安装在扇形段时，通过调节上下两对电磁搅拌器的磁场方向，对二冷区内的钢水可采用三环搅拌方式，也可采用双蝶搅拌方式，双蝶搅拌更有利于将顶部高温与底部低温钢水进行较长距离的交换。

如果辊内内置式搅拌器并排成对使用，其功效等同于辊后电磁搅拌装置，适用于二冷区支承辊辊径较大的连铸机。其优点是铸坯内部的磁场强度比较高，缺点是搅拌区域太短，所以在实际应用中常常采用两对电磁搅拌器。

4.3.1.3 辊间行波磁场搅拌器

由日本新日铁公司开发的插入辊缝的双边辊间行波磁场搅拌器，安装于二冷区支承辊辊间。这需要对扇形段进行特殊设计，采用小的辅助辊，每侧铸流安装两个搅拌器以使板坯内部的搅拌力更大。

由于辊间行波搅拌器的双边行波磁场方向相同，其电磁力分布特征是：中心电磁力不为零，电磁力沿液芯厚度分布比较均匀。钢水流动方向与行波磁场运动方向一致，因此钢水在电磁力作用下由一侧窄面向另一侧运动，当钢液冲击窄面后，分成上下两个流股，由于钢水的黏性作用和流体连续性，在搅拌器上下形成两个环流，形如蝴蝶的两只翅膀，故称蝶形流动，两个环流的影响区如图4-13所示。

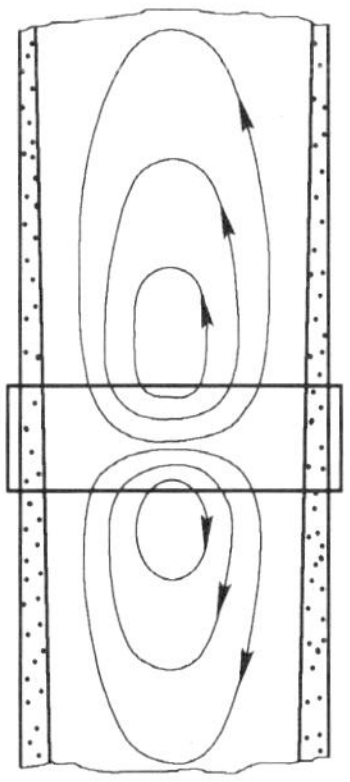

图4-13 辊间行波磁场搅拌器钢液流动形式

4.3.2 板坯结晶器电磁搅拌器

板坯连铸机结晶器电磁搅拌技术开发较晚，由于板坯结晶器铜板较方坯连铸机厚，因此要使搅拌器产生的磁场穿透铜板对钢水产生搅拌作用，它必须具备低频、大功率的特点。法国钢研院1978年在联邦德国迪林根(Dillingen)厂的板坯连铸机上首先使用了板坯结晶器电磁搅拌技术，其方法是在结晶器宽面铜板后面的冷却水箱内装有线圈，产生竖直方向的线性搅拌，经搅拌后发现低碳铝镇静钢的皮下质量有明显改善。日本许多钢铁公司和钢铁厂在板坯连铸机上也采用了结晶器电磁搅拌装置，日本Kobe Steel公司在弧形板坯连铸机结晶器内安装了直线型电磁搅拌器。Nobuyuki等通过实验对不同的搅拌方向(水平、竖直向上、竖直向下)情况下铸坯内的非金属夹杂物进行了实测，在实验的基础上，他们用三维有限元方法对搅拌的钢液流场进行了分析，发现竖直向上的搅拌方式可以减少从水口流出的钢液的穿透深度，有利于夹杂物上浮，同时降低弯月面下流体的流速，抑制了此处钢液对保护渣的捕获，有利于改善铸坯质量。

20世纪90年代，间歇式高频搅拌器和多频搅拌器相继问世，使得搅拌参数的选取具有更大的灵活性。间歇式高频搅拌器通过外加间歇高频磁场抑制了由结晶器振动引起的弯月面波动，实验及数值模拟的结果表明：当间歇磁场与结晶器振动同步，并在结晶器振动到最低位置时施加，搅拌效果最佳，这种方法也叫电磁振动技术。多频搅拌器是传统交流搅拌器的改进，它是将原搅拌器的三相绕组的每一组线圈通入两个或多个具有不同频率和不同运动方向的叠加电流。由于高频电流所产生的磁场有集肤效应，它只作用于液相穴的外缘，而低频磁场作用在整个液相穴。若两个磁场运动方向相反，则在液相穴内产生不同区域钢水的逆向运动，这样加强了液相穴内钢水的混合，有助于缩小过热区，进而扩大等轴晶区，均匀溶质的分布，改善铸坯的凝固组织。通过实验模型和数值模拟两种研究方法对流场分析的结果说明，这种搅拌方式可以起到均匀钢水温度和溶质分布的作用。

4.3.2.1 板坯结晶器电磁搅拌器的作用

板坯结晶器电磁搅拌器的作用主要体现在以下两个方面：

（1）改善连铸坯质量。由于板坯 M-EMS 的搅拌作用，可大幅度减少铸坯的针孔、表面非金属夹杂物和纵裂等缺陷；还可均匀结晶器内钢液温度及坯壳厚度，降低漏钢率，稳定连铸操作。

（2）提高铸坯合格率。用连铸坯生产汽车外壳用钢时，采用 M-EMS 可将轧件火焰清理和维修等精整量减少 40%，将成品中的裂纹不合格材减少 50%；在连铸厚板坯时，基本实现了连铸坯（轧前）的无清理化。

4.3.2.2 板坯结晶器电磁搅拌器磁场和流动特征

现在比较成熟的板坯结晶器电磁搅拌的模式主要有水平旋转搅拌和向下线性搅拌，如图 4-14 所示。但无论采用哪种方式，其结构原理和二冷区电磁搅拌一样。

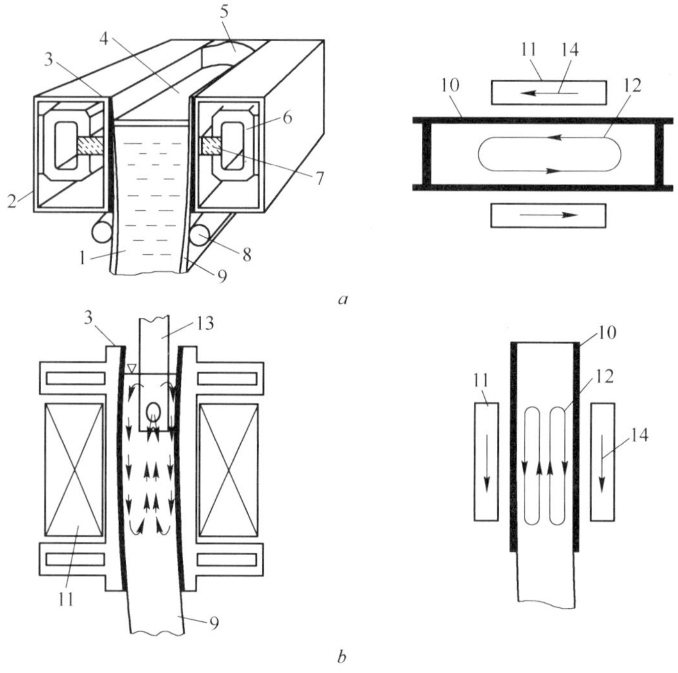

图 4-14 板坯结晶器电磁搅拌示意图

a—水平旋转搅拌；*b*—向下直线搅拌

1—钢水；2—冷却水套；3—铜板（宽面）；4—保护渣；5—铜板（窄面）；6—绕组；7—铁芯；8—支撑辊；9—坯壳；10—结晶器；11—搅拌器；12—流动方向；13—水口；14—行波磁场方向

A 水平旋转搅拌的磁场和流动的特征

水平旋转式结晶器电磁搅拌技术由新日铁(Nippon Steel)公司于1981年开发,应用在新日铁(NSC)连铸机上。水平旋转式结晶器电磁搅拌是在板坯连铸机两个宽面即固定(Fixed)面和可动(Loose)面上配一对行波磁场搅拌器(如图4-14*a*所示),其行波磁场方向相反,使钢液形成一个大环流,故称水平旋转搅拌。由于部分地方场强为零,电磁力也为零,从而导致钢水内磁力旋涡的出现,这是水平旋转搅拌的一个特征。由于电磁力的旋涡分布,电磁力可分解成沿宽面的水平分力和垂直宽面的法向分力,前者连续分布,呈脉振式分布,前者比后者大得多。尽管电磁力呈现旋涡分布,但钢水表面的速度分布几乎接近水平旋转流动而没有出现旋涡,这由于流体的连续性和惯性效应掩盖了电磁力的旋涡分布,如图4-15所示。

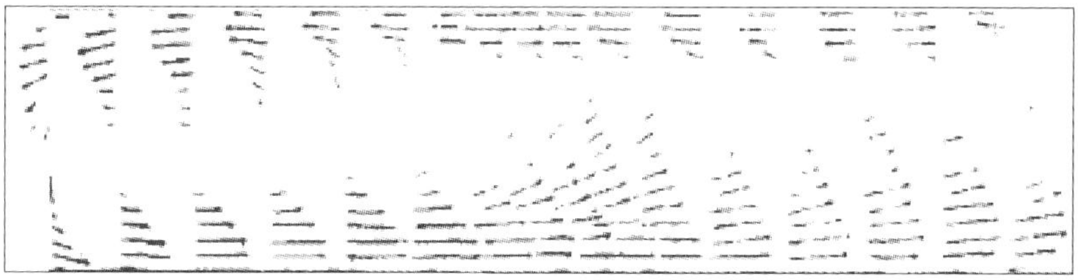

图4-15 板坯水平旋转搅拌钢液流动形貌

目前针对结晶器上采用旋转电磁搅拌有不同的观点。新日铁(NSC)公司认为只有将搅拌器安装在高于弯月面处才能获得改善质量的效果。这需要对结晶器结构进行特殊设计,才能将搅拌装置集成在结晶器上。达涅利罗特莱克公司提出了将电磁搅拌装置放在结晶器的中间高度的观点,这使结晶器结构和设计相比新日铁技术更为简单。日本钢管(NKK)公司将搅拌装置安装在结晶器内中部位置所取得的结果表明,只要搅拌器功率足够强大,其效果完全可达到新日铁公司对外发布的冶金效果,降低了铸坯宽面和窄面的气孔数量。

B 向下直线搅拌的磁场和流场的特征

在F(Fixed)面和L(Loose)面上分别配置一套板坯行波磁场搅拌器,这两套搅拌器产生行波磁场方向均垂直向下,使钢水形成两个环流。由于F面和L面的行波磁场方向相同,其搅拌线的相序也应相同,因此两者激发的磁场在F面和L面之间形成一个磁回路。例如,磁场从F面的N极出发到达L面的S极,然后又从L面的N极回到F面的S极,其磁场强度沿结晶器厚度方向由结晶器壁向中心衰减,其原理和二冷区双侧电磁搅拌原理相同(如图4-4所示),只不过和结晶器电磁搅拌器放置方向刚好相反,这样可以实现竖直方向搅拌,示意图如图4-14*b*所示。向下直线搅拌钢液流动形貌如图4-16所示,由于搅拌使得从水口流出的比较集中且流速较高的流股被分成沿宽面的向下流动和向上流动两股,在结晶器厚度中心产生的向下流动,由于流体连续性在较浅位置处改变流动方向并沿窄面上升到弯月面。由上述流场特征,使从水口吐出的流股向下冲击深度变浅,使外来夹杂物减少;由于弯月面处流速降低,弯月面稳定,保护渣被卷入量减少,明显提高了铸坯表面和皮下洁净度。

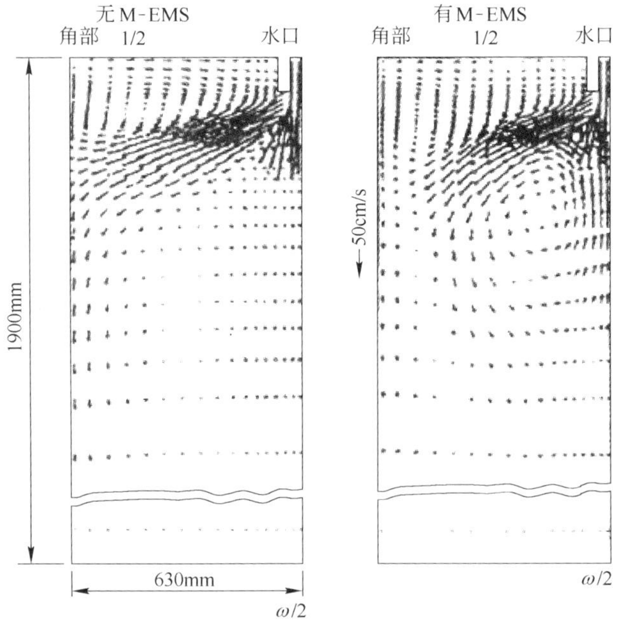

图4-16 板坯直线电磁搅拌向下流动的形貌

a—没有电磁搅拌；*b*—有电磁搅拌

4.3.2.3 板坯结晶器电磁搅拌设备

为了产生对钢液的高推力，将产生平行移动磁场的线圈装入结晶器长边的冷却箱内，以确保线圈对铸坯的位置接近。为此，在长边冷却箱上部设置了线圈容纳室，在下方设置了结晶器冷却水的排水室。上述结构的结晶器外形尺寸与一般结晶器相同；即使改造现有结晶器设备时，也无需考虑受空间的限制。另外，该结构对结晶器变动宽度和电磁制动装置也不造成干扰。由于电磁搅拌器的安装位置的特殊要求，对板坯结晶器电磁搅拌器设备提出了如下要求：

(1) 线圈体积小、结构紧凑，效果高；

(2) 电源控制装置可方便控制钢液搅拌流；

(3) 结晶器冷却箱结构使线圈尺寸能接近钢水弯月面；

(4) 铜板的选材与结构能确保磁场对钢水的高搅拌推力；

(5) 线圈的拆卸结构简易，线圈配线具有方便的自动拆卸装置。

A 电磁搅拌线圈构造

因需将线圈设置于结晶器有限的空间内并能对钢液产生强的搅拌推动力，故其结构具有如下特点：(1) 为了克服一般感应电动机、线性马达等的线圈末端长、线圈增高而难以纳入结晶器的特点，针对性地采用了末端小的绕组，从而使 EMS 的安装位置高度接近弯月面，以有效搅拌钢液。(2) 为了获得强搅拌力，线圈应有高的安匝负载。为此将导体做成铜管，管内通冷却水直接吸收线圈的焦耳热，从而提高了冷却能力；充电部铜管虽直接接触冷却水，但流向线圈的部分冷却水管为绝缘的尼龙材质，确保了与地面的绝缘；另外，采用了方形断面铜管，减少了槽沟内的多余空穴而可填充成高密度线圈，实现了高的安匝负载。

B 电源和控制系统特性

电磁搅拌线圈产生的磁通量是通过铜板而进入钢液的，因铜板产生的涡流而衰减，且频率越高衰减越大，故 EMS 的搅拌推力峰值在低频范围。为此，电源装置采用了可在低频范围运转的变频器，可实现电流与频率的单独可调，以达到最佳流动条件。

C 铜板的材质及构造

M-EMS 结晶器铜板的设计原则是：

(1) 铜板对电磁力的衰减作用要小；

(2) 须保持结晶器原来冷却钢水的功能；

(3) 确保 M-EMS 结晶器寿命不低于一般结晶器的水平。

一般结晶器是将防止铸坯与铜板黏结、提高铜板使用寿命、增加铜板再使用次数作为目标，故一直采用使用导热系数大的材质；但一般热导率大的铜板材质电导率也大，EMS 产生的磁通量密度衰减就大，故采用电导率小的铜板材质以减小板内涡流。通过对铜板的电导率、铜板温度及对钢液搅拌推力三者间关系的研究得知，为了在有限空间设置的线圈上获得高的搅拌力，须采用电导率不大于 60% IACS 的铜板材质；但若电导率过低就会导致导热系数过低，铜板表面温度就会过高，造成铸坯黏结而发生拉漏事故，降低铜板寿命。为了降低铜板表面温度，可减薄其厚度，但必须防止其过薄造成的刚性下降和变形增大，从而恶化铸坯质量并引发拉漏事故。因此，为了控制铜板表面标准温度不大于 350℃，铜板电导率须不小于 40% IACS，即最终选择电导率为 40% ~60% IACS 范围的铜板材质。

新日铁在采用 FEM（有限法）分析了铜板三维温度和变形的基础上进行了铜板设计，从变形分析得到了已知铜板厚度及温度条件下，抑制其变形的铜板安装螺栓之间最佳间距，这样的铜板设计符合前面的设计原则并取得了良好效果。

D 易于拆卸的线圈和电缆

线圈由法兰、螺栓连接于冷却箱背面，故在维修结晶器及再加工铜板时，线圈拆卸方便。若采用简易拆卸装置，可方便地更换线圈；在钢水拉漏或上溢更换结晶器时，可将线圈更换到备用结晶器上，从而减少了备品量，降低了生产费用。更换结晶器时，须进行 M-EMS 线圈配线的拆卸操作。为此，新日铁公司设计了专用的配线拆卸装置，更换结晶器时可自动拆卸配线，更换时间与一般结晶器相同。

4.3.3 高速铸机的电磁稳定—电磁加速系统

电磁稳定—电磁加速系统由日本钢管（NKK）公司在 1991 年对外公布，用在日本钢管 Fukuvama 厂的 5 号和 6 号连铸机上，2002 年用在浦项（Pohang）公司的 3 号连铸机上，2003 年用在浦项 Kwangyang 厂 1 ~3 号连铸机上。

高速铸机的电磁稳定—电磁加速（EMLS-EMLA）系统采用 4 个线性搅拌器，位于浸入式水口（SEN）的两边，两两并排安装在结晶器宽面支撑板的后面，结构示意图见图 4-17。它们对通过水口的钢液进行减速（EMLS）或增速（EMLA），目的在于对弯月面处钢水流动进行优化控制，以满足不同拉速和规格的板坯生产。

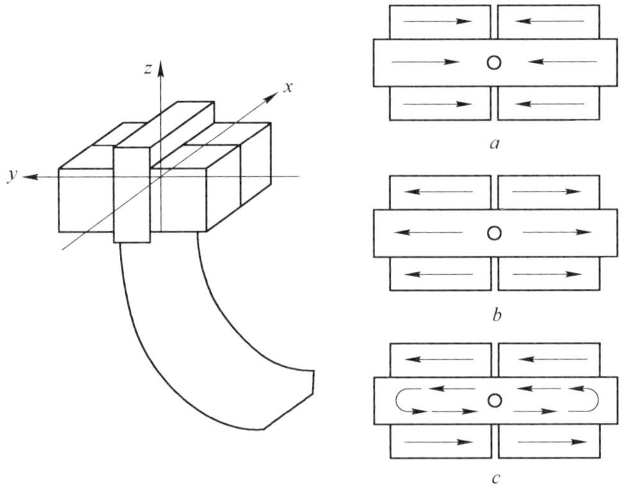

图 4-17 三合一多模式电磁搅拌示意图

a—电磁水平稳定功能；*b*—电磁水平加速功能；*c*—结晶器电磁搅拌功能

4.3.3.1 电磁水平稳定器

磁场在从结晶器水口流出的钢液流股上产生两类水平的电磁力，其中一种电磁力是从窄面指向水口，其力的方向正好和流股的速度方向相反，从而制动钢液流股的流出速度，使其减速，这种形式称为电磁水平稳定器（Electromagnetic Level Stabilimeter，EMLS），其示意图如图 4-17*a* 所示。这种电磁控流技术主要用于当弯月面流动过于剧烈，钢水液位波动过大，保护渣分布不均匀时，避免出现与结晶器保护渣有关的大颗粒夹杂物而采用的一种电磁控流技术。

4.3.3.2 电磁水平加速器

这种形式电磁力方向从水口指向板坯窄面，其方向和钢液流股的速度方向相同，从而使钢水加速，此种形式为电磁水平加速器（Electromagnetic Level Stabilimeter Accelerator，EMLA），其示意图如图 4-17*b* 所示。在这种模式下，从水口流出的钢液流股被加速，导致窄面附近向上流股速度增大，过热钢水不断向弯月面供热，使弯月面附近的钢液温度升高。这种形式的电磁控流技术主要用于当弯月面钢水流动速度太低时，避免因弯月面处热交换效率低，形成铝基夹杂物而采用的一种电磁控流技术。

4.3.3.3 结晶器电磁搅拌器

这种设备的板坯连铸结晶器电磁搅拌功能是基于前面介绍的行波磁场搅拌器原理，其示意图如图 4-17*c* 所示。板坯每个宽边的两个电磁搅拌磁场方向一致，另一宽边的两个电磁搅拌器磁场方向和另外两个磁场方向相反，磁场在钢液内部产生的电磁力方向也相反，在这种形式电磁力作用下，结晶器内的钢液产生旋转搅拌。

传统的电磁搅拌系统遵循的是启停式控制模式，而新一代电磁稳定—电磁加速系统的控制复杂，无法通过手动实现。增速或减速模式选择以及调控力度的确定与板坯规格、浇铸速度、浸入式水口几何形状、浸入深度等因素有关，这需要有预见性的计算机模型实时控制。有人把这一新的理念看作第三代板坯电磁搅拌系统，这种系统可以通过具有预见性的计算机模型，根据不同的产品规格、浇铸条件以及钢种，选择不同的操作模式，这种系统已于2003年在韩国浦项 Kwangyang 厂投入应用。

4.4 板坯电磁搅拌器的数值计算

板坯电磁搅拌器在连铸的二冷区使用技术最为成熟，尤其是辊后单边行波磁场搅拌器用得最多。辊后单边行波磁场搅拌器从电流相位来说，也可分为两相四极和三相六极这两种形式，具体采用何种形式的电磁搅拌器，主要取决于板坯的宽度。两相四极板坯电磁搅拌器主要针对板坯宽度小于1200mm的连铸机；而三相六极板坯电磁搅拌器适用于铸坯尺寸比较宽的连铸机。在过去几年中，作者及其研究团队对单边行波磁场搅拌器利用数值模拟的方法进行了仔细的理论研究，通过对设备的研制和在相关生产企业的生产实践，得出了很多有益的结果。

4.4.1 两相四极板坯电磁搅拌器

4.4.1.1 两种不同搅拌形式对比

以两相四极板坯电磁搅拌器为研究对象，讨论克莱姆线圈绕法和凸极式两种形式板坯电磁搅拌方式对钢液内部磁感应强度、电磁力及流场的影响，研究不同结构尺寸对铸坯内部磁场的影响规律。

A 模型建立

图4-18为铸坯相同尺寸条件下的克莱姆线圈绕法和凸极式两种形式电磁搅拌器内部结构示意图。在磁场分析过程中要考虑周围的空气和内部冷却水，为了显示搅拌器内部结构，这些介质没有画出。两种形式二冷区板坯电磁搅拌器的磁极均与铸坯宽面平行，磁极与铸坯表面间的垂直距离相等。图4-18*a*所示的是克莱姆线圈绕法搅拌器，线圈缠绕在磁轭上，且磁轭厚度比磁轭高度大；图4-18*b*所示的是凸极式搅拌器，线圈缠绕在磁极上，磁轭厚度较窄，且磁轭厚度较其高度小很多。在计算过程中，有限元网格离散的合理与否将直接影响计算结果的精确度，为获得合理的计算结果对计算区域的铸坯采用相同尺寸的网格划分。考虑到铸坯边部集肤效应，铸坯是以由边缘向中心逐渐稀疏为原则进行网格划分，两种结构搅拌器有限元网格划分见图4-19。

计算中根据实际情况，电流强度800A，电流频率2Hz，铸坯尺寸为200mm×1500mm，高度为1500mm。克莱姆搅拌器线圈为8个，每个线圈匝数为54匝，凸极式电磁搅拌器线圈为4个，每个线圈匝数为120匝。在计算过程中，在外围空气边界处施加与磁力线平行的边界条件。计算过程中给每个线圈横断面加载电流密度，电流密度的加载方法和方(圆)坯电磁搅拌相同。

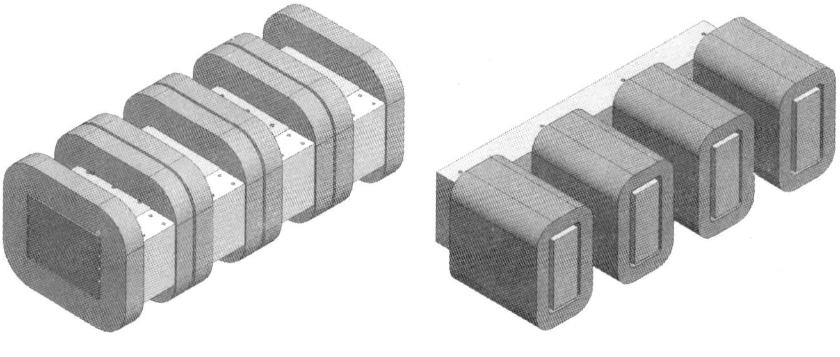

图 4-18　两种结构电磁搅拌器内部结构示意图
a—克莱姆线圈绕法搅拌器；*b*—凸极式搅拌器

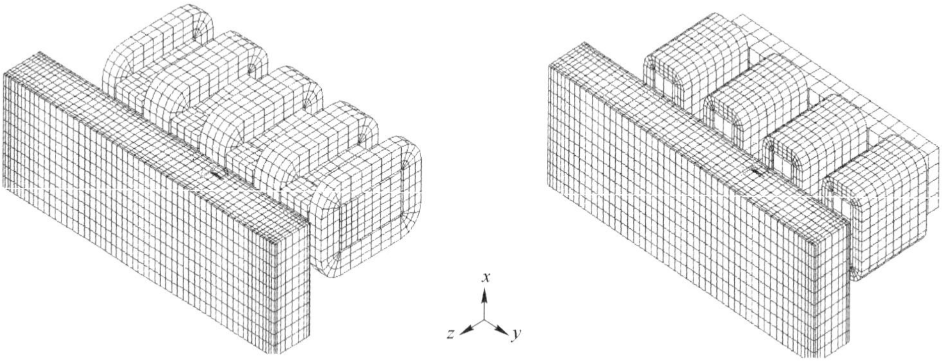

图 4-19　两种结构电磁搅拌器有限元网格划分图
a—克莱姆线圈绕法搅拌器；*b*—凸极式搅拌器

B　两种结构电磁搅拌器电磁场计算结果分析

a　二冷区内电磁搅拌过程磁感应强度分布特征

图 4-20 和图 4-21 分别为克莱姆线圈绕法和凸极式电磁搅拌过程中，铸坯纵向中心对称面处一个周期内 4 个时刻磁感应强度分布矢量图。由图可以看到钢液受到电磁搅拌器作用产生的磁场分布特征相似：均是由铸坯窄面的一侧向另一侧起伏移动的行波磁场，在铸坯宽度方向上磁感应强度均是由边部向中部增加很快；克莱姆线圈绕法搅拌器作用时的铸坯中心部位磁感应强度值在同一时刻高于凸极式搅拌器的磁感应强度值。

图 4-22 为克莱姆线圈绕法和凸极式电磁搅拌器电磁搅拌过程中，一周期内 4/4 周期时刻（最后时刻）铸坯宽度方向中心线上磁感应强度分布。在铸坯宽度方向上，磁感应强度呈拱形分布，即由边部向中部增加很快，且在铸坯中心附近达到最大值，克莱姆线圈绕法电磁搅拌器作用下铸坯内的磁感应强度整体明显大于凸极式电磁搅拌器作用下产生的磁感应强度。在同等条件下，克莱姆线圈绕法电磁搅拌器在铸坯内最大磁感应强度可达 0.0549 T，凸

极式电磁搅拌器同周期内最大磁感应强度可达 0.0405 T[8]。

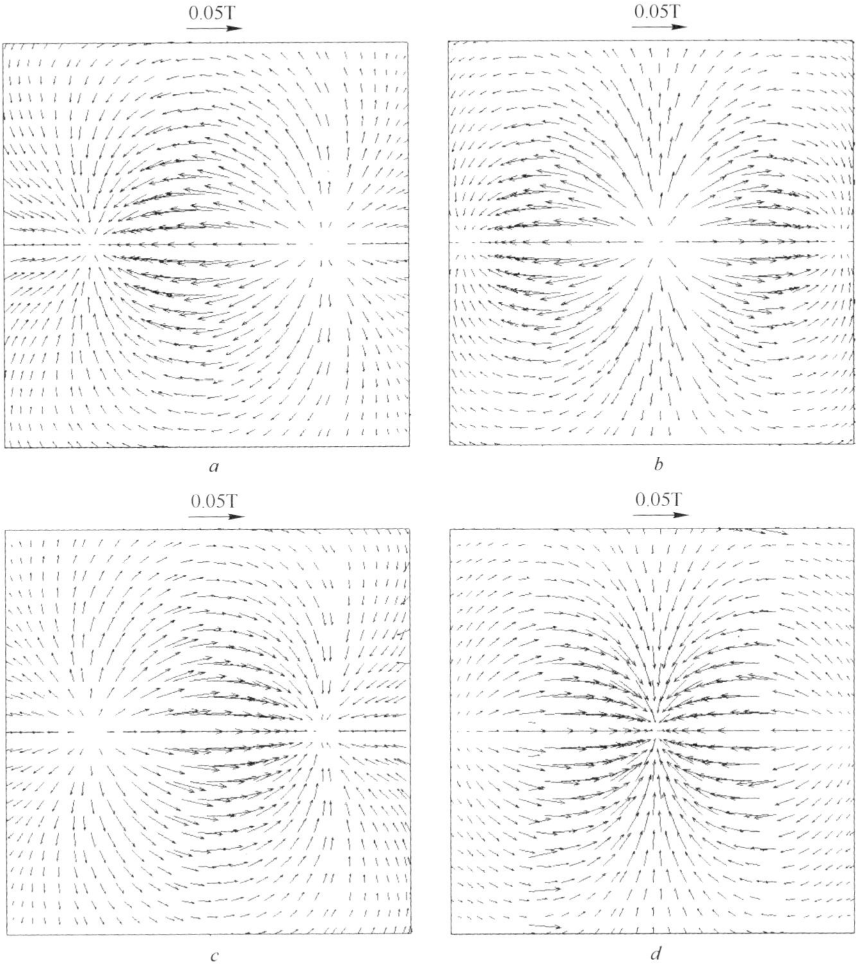

图 4-20 克莱姆线圈绕法搅拌器时，铸坯 $x-y$ 对称面上的磁感应强度分布矢量图

a—1/4 周期；*b*—2/4 周期；*c*—3/4 周期；*d*—4/4 周期

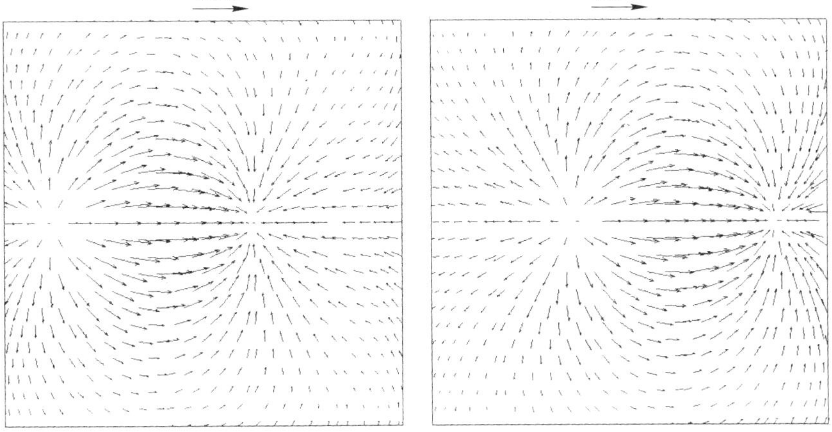

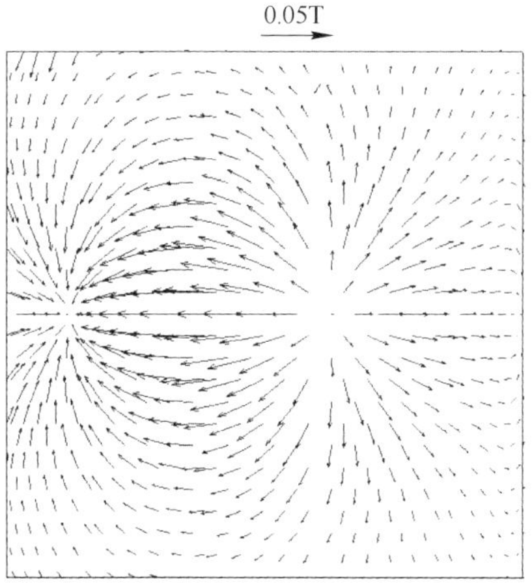

图 4-21　凸极式搅拌器时，铸坯 $x-y$ 对称面上的磁场强度分布矢量图
a—1/4 周期；b—2/4 周期；c—3/4 周期；d—4/4 周期

b　二冷区电磁搅拌过程中电磁力分布特征

图 4-23 和图 4-24 分别为克莱姆线圈绕法和凸极式电磁搅拌过程中，铸坯纵向中心对称面一个周期内 4 个时刻电磁力分布矢量图。二冷区内相同位置处的钢液电磁力分布特征相同：电磁力由铸坯窄面的一侧向另一侧起伏移动，铸坯内的电磁力均是由铸坯边部向中部快速增加，克莱姆线圈绕法搅拌器作用下的电磁力高于凸极式。

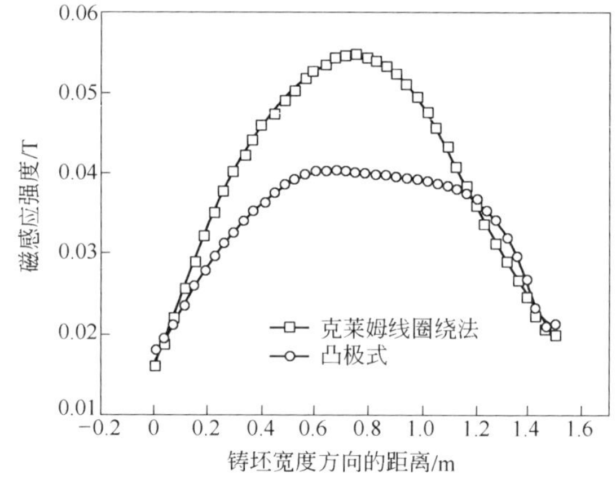

图 4-22　一个周期最后时刻铸坯中心线上磁感应强度分布

图 4-25 为克莱姆线圈绕法和凸极式电磁搅拌器搅拌过程中，一周期最后时刻铸坯宽度方向中心线上电磁力分布。两种结构搅拌器在电磁搅拌过程中，铸坯内水平中心线上电磁力变化趋势相类似：在铸坯宽度方向上，铸坯中心线上的电磁力也呈拱形分布即由边部向中部增加很快，且在铸坯中心附近电磁力达到最大。克莱姆线圈绕法电磁搅拌器作用下铸坯内的电磁力明显大于凸极式电磁搅拌器作用时钢液所受的电磁力。在同等条件下，克莱姆线圈绕法电磁搅拌器在铸坯内产生的最大电磁力可达 9900 N/m^3，凸极式电磁搅拌器为 6250 N/m^3。

综上所述，同等条件下，两种二冷区电磁搅拌器在电磁搅拌过程中均产生形状相似的行波磁场，铸坯内的磁感应强度及电磁力的分布特征相似，克莱姆线圈绕法搅拌器作用下钢液受的电磁力明显大于凸极式时的电磁力。

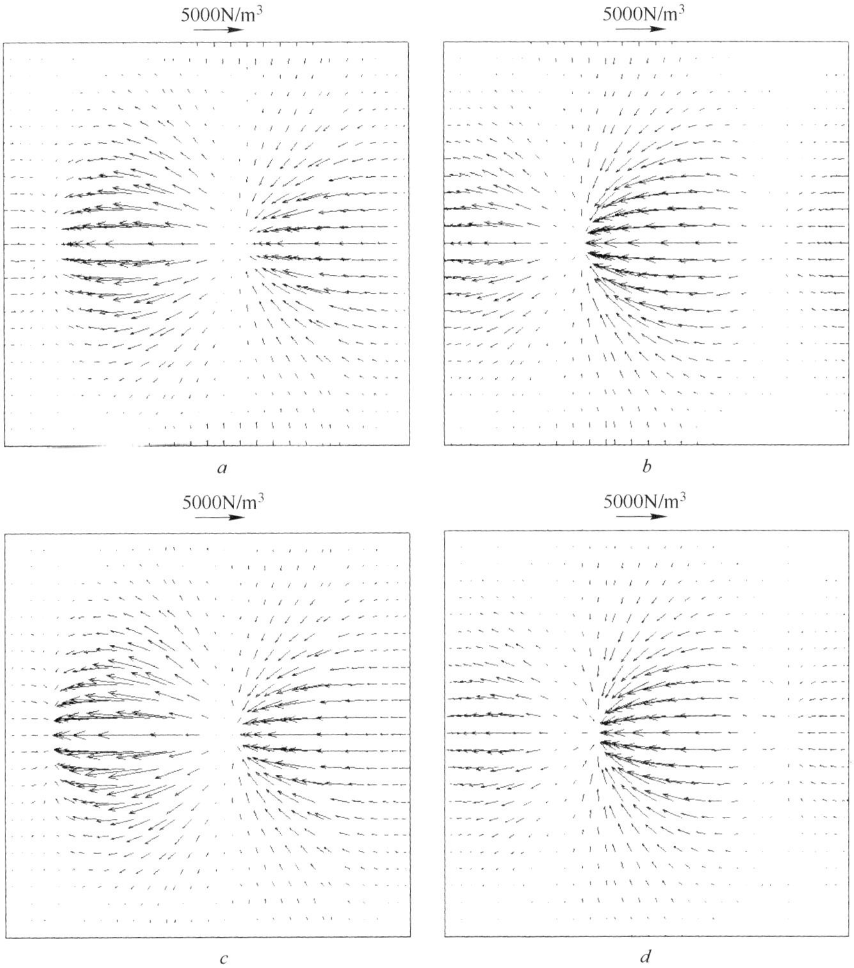

图 4-23 克莱姆线圈绕法搅拌器时，铸坯 $x-y$ 对称面上的电磁力分布矢量图

a—1/4 周期；*b*—2/4 周期；*c*—3/4 周期；*d*—4/4 周期

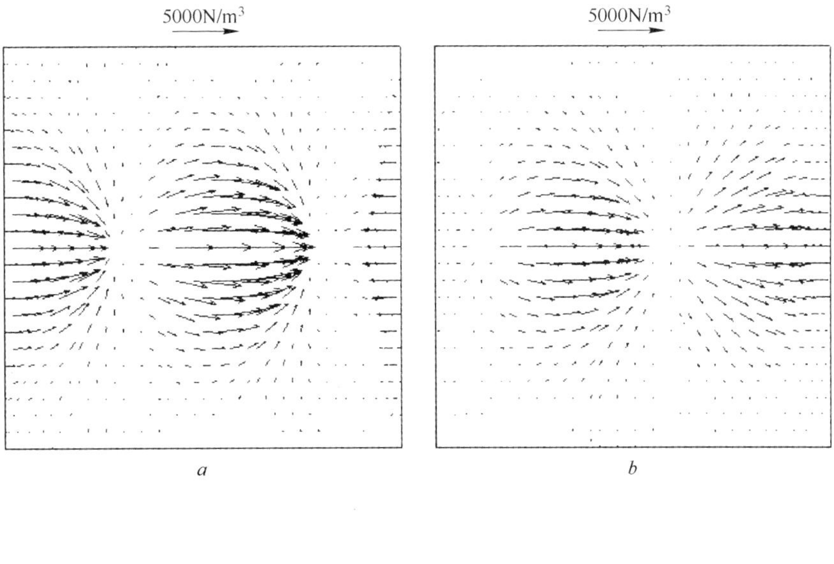

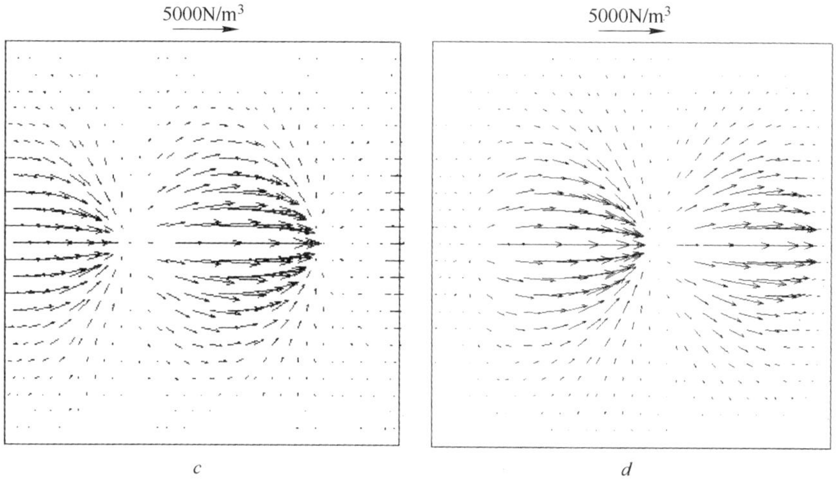

图 4-24 凸极式搅拌器时，铸坯 $x-y$ 对称面上的电磁力分布矢量图

a—1/4 周期；*b*—2/4 周期；*c*—3/4 周期；*d*—4/4 周期

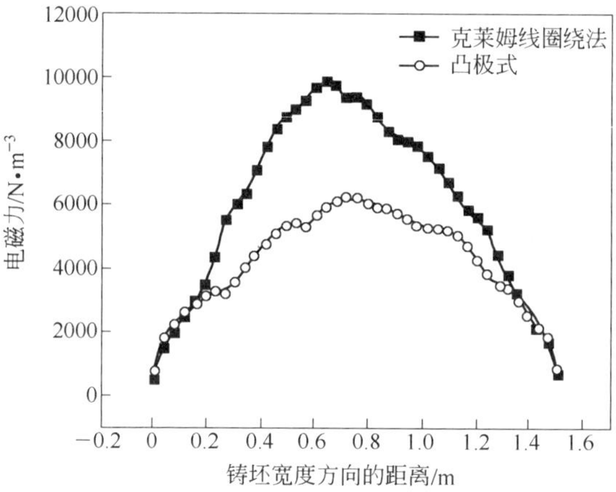

图 4-25 一周期最后时刻铸坯中心线上电磁力分布

c 两种结构搅拌器作用下特征点处的磁场比较

图 4-26 为克莱姆线圈绕法与凸极式两种结构搅拌器的磁极结构模型。图中 *A*、*B*、*C*、*D* 四点是与铸坯宽面平行的磁极截面中心点，这四点对应于铸坯中心线上点相应标记为 *A*1、*B*1、*C*1、*D*1。

图 4-27 为克莱姆线圈绕法与凸极式两种结构搅拌器四个磁极中心对应铸坯中心处的磁场强度随时间变化曲线。随着时间的改变，铸坯内特征点 *A*1 ~ *D*1 的磁感应强度随输入电流的变化均呈近似谐波形式波动，克莱姆线圈绕法要比凸极式这种绕法产生的磁感应强度大。

图 4-28 为克莱姆线圈绕法与凸极式两种结构搅拌器对应于搅拌器宽度中心的铸坯中心点磁感应强度随时间变化图。两种搅拌器作用下的铸坯中心磁感应强度随时间变化形式基本相同，且克莱姆绕法铸坯中心的磁感应强度在整个周期内大于凸极式搅拌的磁感应

强度。

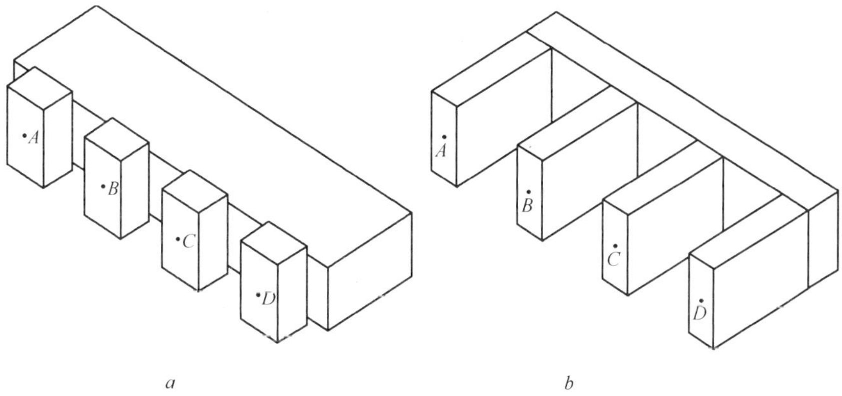

图 4-26 电磁搅拌器磁极模型图

a—克莱姆线圈绕法；*b*—凸极式

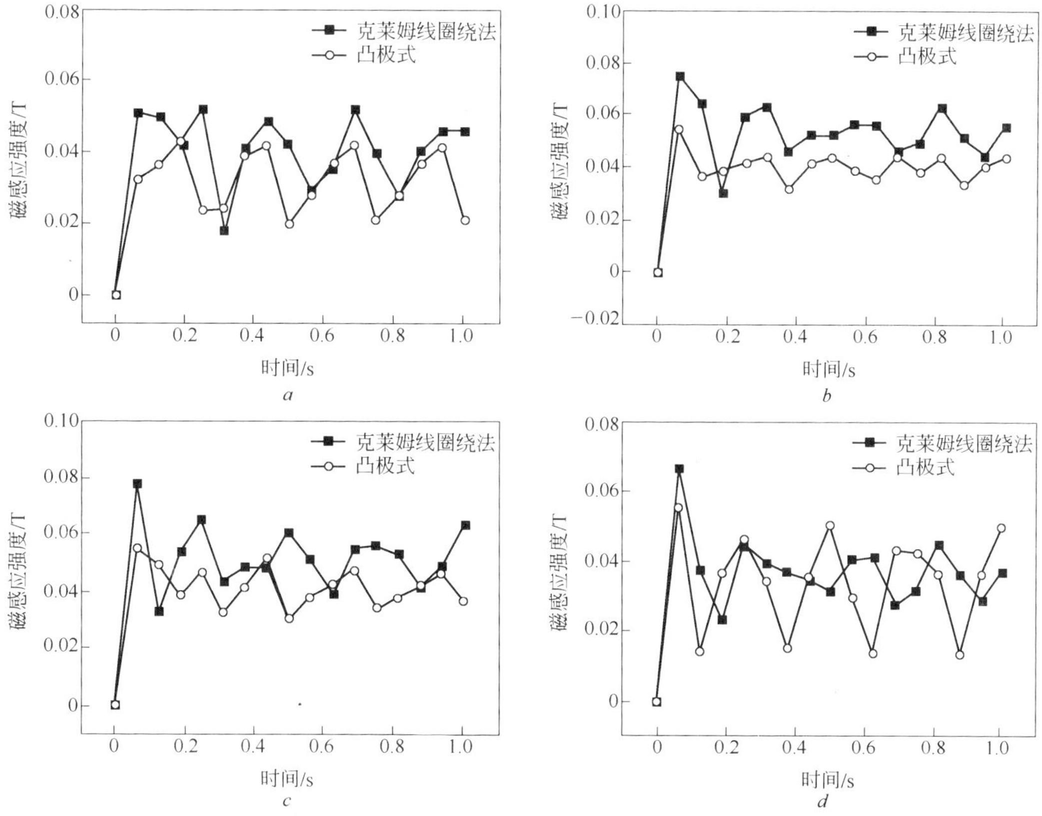

图 4-27 磁极中心对应铸坯中心线上点的磁感应强度和时间关系

a—位置 *A*1；*b*—位置 *B*1；*c*—位置 *C*1；*d*—位置 *D*1

图 4-29 为克莱姆线圈绕法与凸极式两种结构搅拌器作用下，四个磁极中心对应铸坯中心处的电磁力随时间变化曲线。四个点的电磁力随着时间变化也呈谐波形式变化，波动趋

势类似。

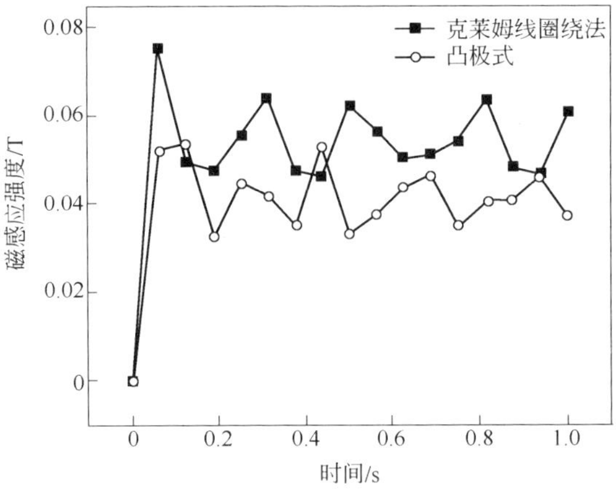

图 4-28　铸坯中心点磁感应强度随时间变化曲线

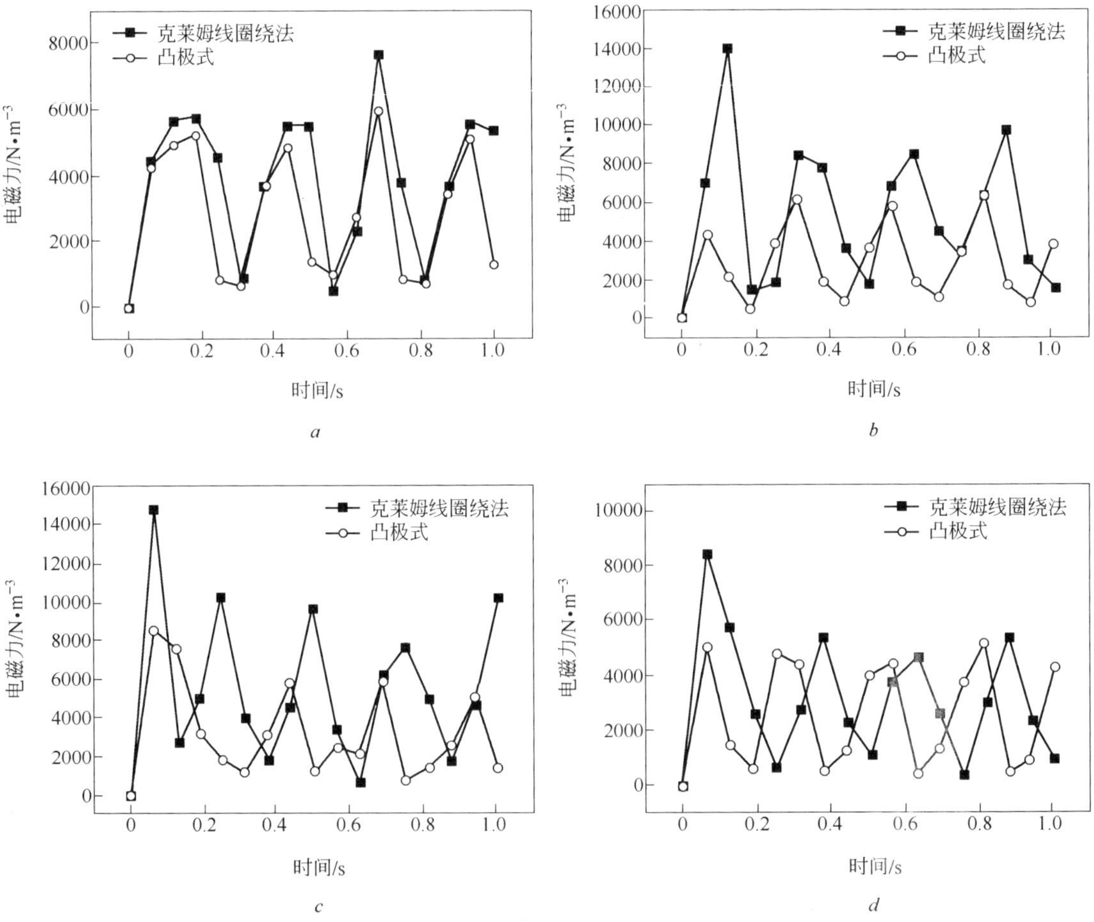

图 4-29　磁极中心对应铸坯中心的电磁力随时间变化曲线

a—位置 *A*1；*b*—位置 *B*1；*c*—位置 *C*1；*d*—位置 *D*1

图4-30为在两种结构搅拌器作用下，铸坯中心点电磁力随时间变化曲线。由图可知，克莱姆线圈绕法搅拌器产生的电磁力波动幅度比凸极式的大许多。

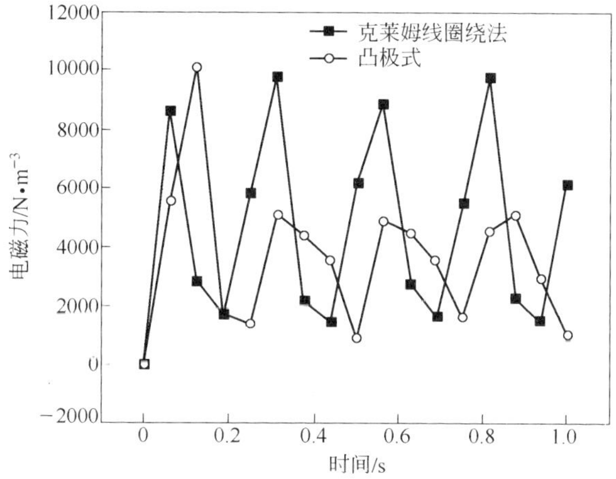

图4-30 铸坯中心点电磁力随时间变化曲线

图4-31和图4-32分别为在克莱姆线圈绕法与凸极式两种结构搅拌器作用下，二冷区板坯内部钢液流场矢量图和钢液流动速度在铸坯水平中心线上的分布。在两种结构电磁搅拌器作用下，二冷区内钢液的流动趋势基本相同：钢液在电磁力驱动下，铸坯中心处形成铸坯宽度方向单向冲击铸坯窄面的主流股，并于铸坯窄面处分流，同时在铸坯高度方向上形成上、下两回流区，如此循环流动，即达到搅拌的目的。采用克莱姆线圈绕法搅拌器，铸坯内部水平中心线处的最大流速0.78 m/s；采用凸极式搅拌器，铸坯内部水平中心线处的最大流速0.62 m/s，因此克莱姆线圈绕法电磁搅拌器的搅拌效果更好一些。

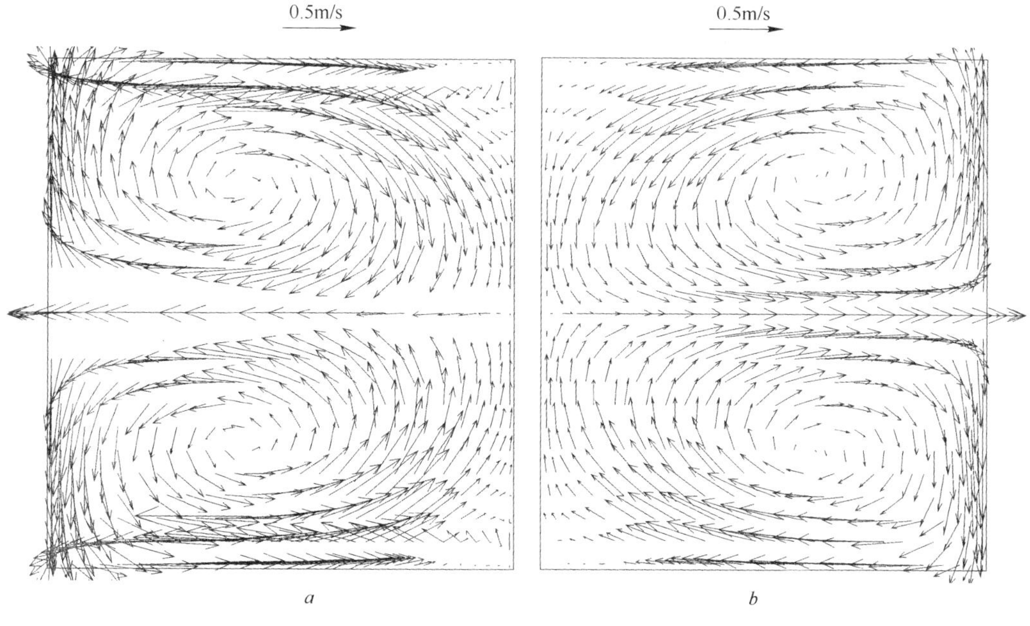

图4-31 二冷区内铸坯内部 $x-y$ 对称面上的流场矢量图

a—克莱姆线圈绕法电磁搅拌器；*b*—凸极式电磁搅拌器

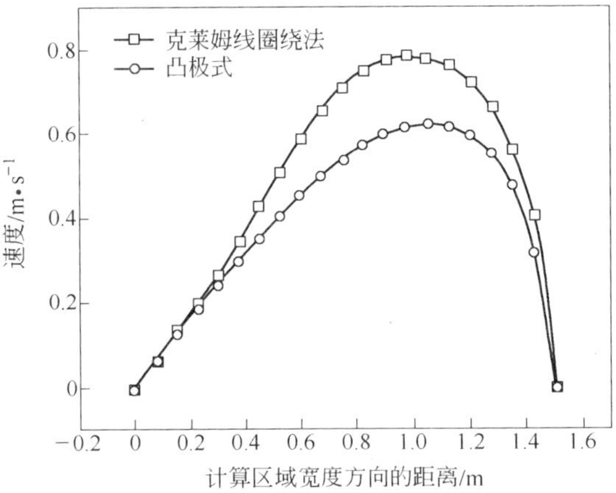

图 4-32 铸坯水平中心处的速度分布

d 板坯连铸二冷区电磁搅拌实测验证

图 4-33 为电磁搅拌实物内部结构图，图 4-34 为两种不同形式搅拌器整体外部形状。两种形式搅拌器内部结构不同，但外形尺寸相同。搅拌器内部磁极、磁轭和线圈装完后，外面套上一个非导磁不锈钢外壳，保护线圈不被二冷区铸坯辐射热量烧坏。图 4-35 为线圈电流 800 A、频率 2 Hz 条件下，两种结构电磁搅拌器的四个磁极对应铸坯中心处磁感应强度实测数据与数值模拟结果对比。实测与数值模拟结果比较吻合。在克莱姆线圈绕法电磁搅拌器作用下，铸坯宽度方向上的磁感应强度是由边部向中部逐渐增加；在凸极式搅拌器作用下，铸坯宽度方向上的磁场强度大小基本相同。由图 4-35*a* 可知，克莱姆线圈绕法电磁搅拌器作用下，实测最大磁感应强度是 0.0586 T，模拟计算的最大磁感应强度是 0.0637 T；由图 4-35*b* 可知，凸极式电磁搅拌器作用下，实测最大磁感应强度是 0.0482 T，模拟计算的最大磁感应强度是 0.0502 T，克莱姆绕法电磁搅拌器在铸坯宽度方向上磁场分布没有凸极式电磁搅拌器均匀[8]。计算值比实测值大的原因是计算过程中没有考虑搅拌器外壳对磁场的影响。

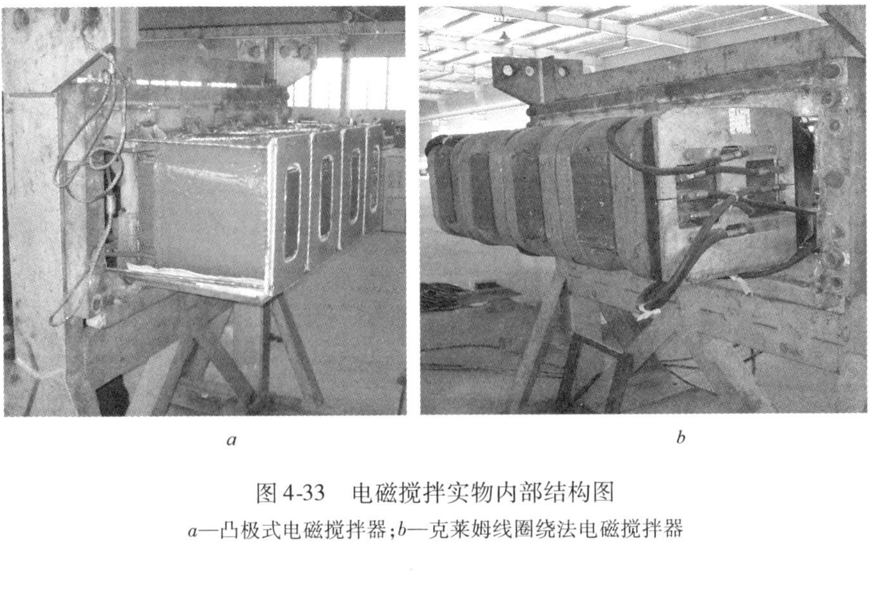

a *b*

图 4-33 电磁搅拌实物内部结构图

a—凸极式电磁搅拌器；*b*—克莱姆线圈绕法电磁搅拌器

图 4-34 搅拌器整体外部形状

未装前盖时在凸极式板坯电磁搅拌器,对板坯中心位置的磁感应强度进行测试,测试结果如图 4-36 所示。随着感应电流的增加,板坯中心位置的磁感应强度增加得非常快,但当感应电流超过 500 A 时,随着感应电流的增大,板坯中心位置的磁感应强度增加比较缓慢。这说明前面介绍的凸极式电磁搅拌的结构设计不太合理,磁极和磁轭的尺寸设计存在问题,可能是搅拌器的磁极和磁轭内部的磁感应强度已经饱和,继续提高电流强度对铸坯内部磁感应强度贡献不大,因此,为提高凸极式电磁搅拌器的搅拌能力,应对其结构尺寸进行优化,使之达到更好的搅拌效果[8]。

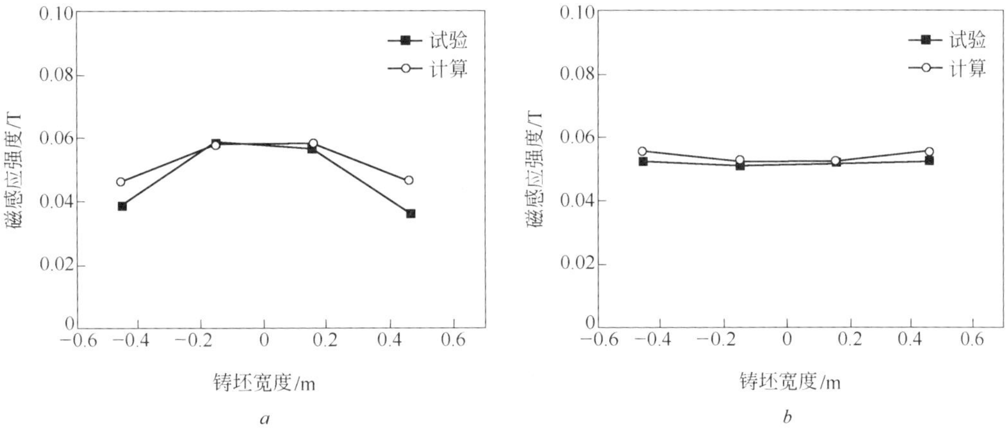

图 4-35 搅拌器结构对磁场影响的实测数据与计算结果对比

a—克莱姆线圈绕法电磁搅拌器;*b*—凸极式电磁搅拌器

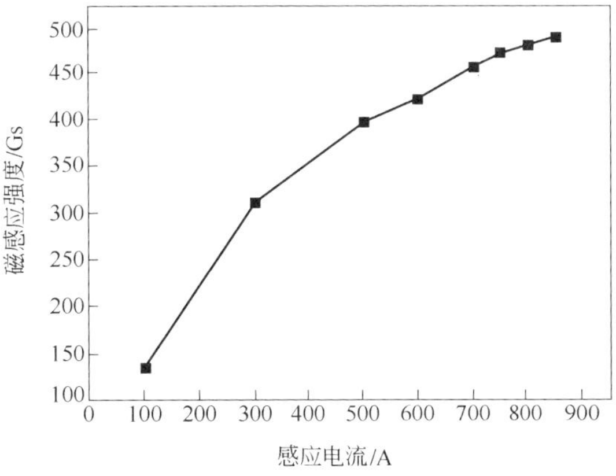

图 4-36 凸极式电磁搅拌下铸坯中心位置磁场的测试

4.4.1.2 搅拌器内部结构尺寸对搅拌效果的影响

既然搅拌器结构尺寸对其搅拌能力有重要影响，为了理解磁极、磁轭结构尺寸对铸坯内磁感应强度、电磁力的影响规律，以凸极式电磁搅拌器为例，在其他材料物性参数相同的情况下，通过对凸极式搅拌器不同磁极、磁轭结构尺寸等情况下的磁场进行计算讨论搅拌器内部结构对铸坯内部磁场的影响规律。

A 磁极宽度对二冷区内铸坯内部磁场的影响

图 4-37 和图 4-38 为线圈电流强度 800 A、频率 2 Hz 条件下，采用凸极式结构电磁搅拌器，磁极宽度分别为 100 mm、150 mm、170 mm 时计算的磁感应强度矢量图和计算区域水平中心线处沿着铸坯宽度方向的磁感应强度分布。改变磁极宽度，行波磁场的分布特征没有改变，随着磁极宽度的增加，垂直穿过磁极截面的磁通量也随之增加，故增大了铸坯内部的磁感应强度，这有利于提高钢液内电磁驱动力。最大磁感应强度由 100 mm 时的 0.0502 T 增加

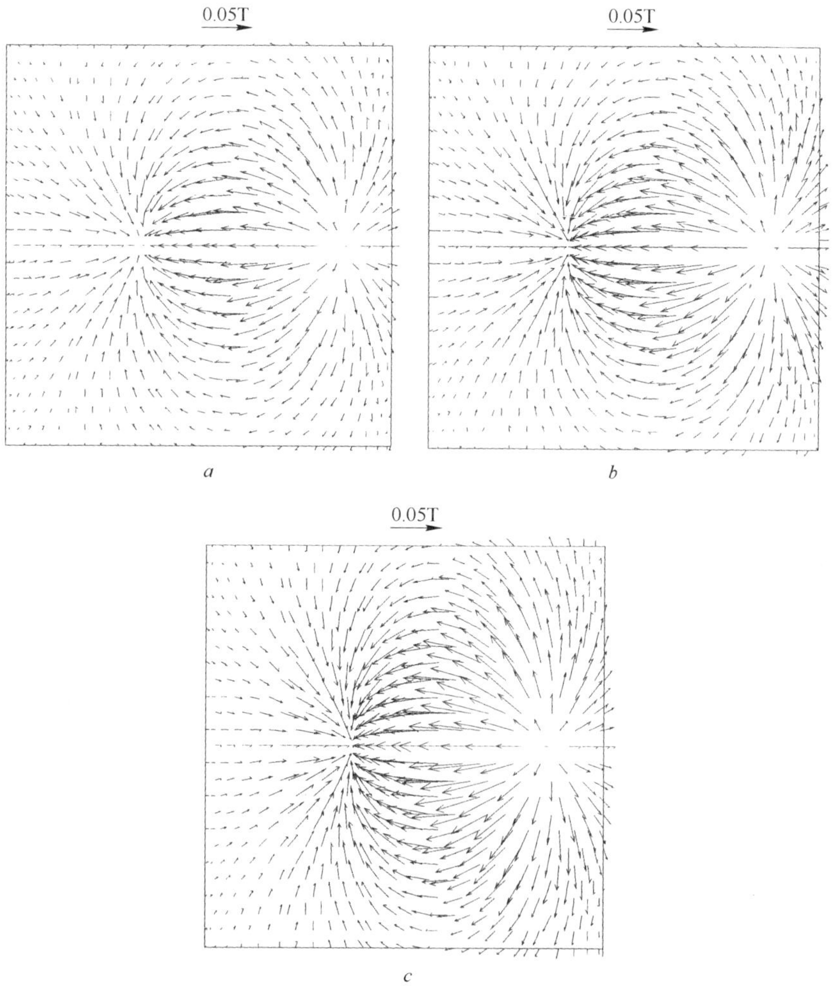

图 4-37 不同磁极宽度时；$x-y$ 对称面上的磁感应强度矢量图

a—100 mm；*b*—150 mm；*c*—170 mm

到 170 mm 时的 0.0663 T，增大磁极宽度有助于提高铸坯内部的磁感应强度。在实际应用过程中，磁极宽度的增加要受到搅拌器内部空间的限制。

B 磁极、磁轭高度对二冷区内铸坯磁场的影响

图 4-39 和图 4-40 为单匝线圈电流强度 800 A、频率 2 Hz 条件下，磁极、磁轭高度分别为 250 mm、350 mm、450 mm 时钢液内部磁场分布矢量图和铸坯中心磁感应强度沿宽度方向上的分布。随着磁极、磁轭高度的增加，行波磁场的波动趋势基本没有改变，垂直穿过磁极截面的磁通量也随之增加，增加了铸坯内部的磁感应强度。最大磁

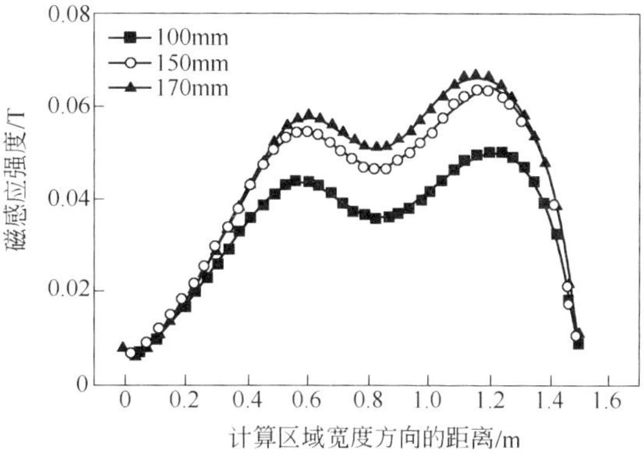

图 4-38 不同磁极宽度对铸坯中心磁感应强度的影响

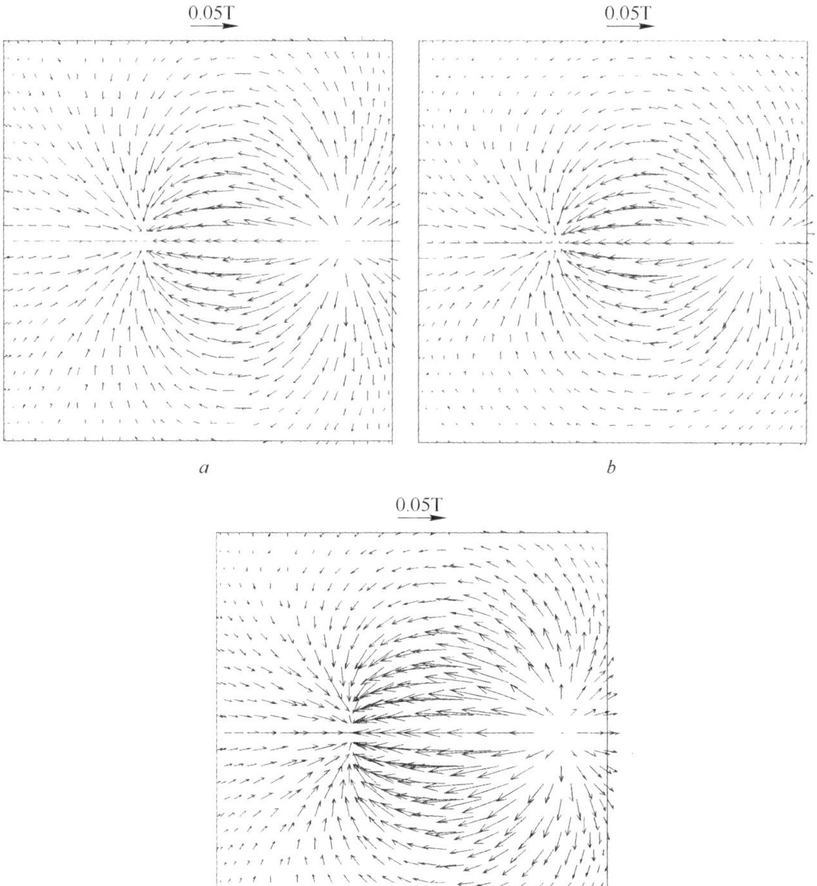

图 4-39 不同磁极、磁轭高度时，$x-y$ 对称面上的磁感应强度矢量图

a—250 mm；b—350 mm；c—450 mm

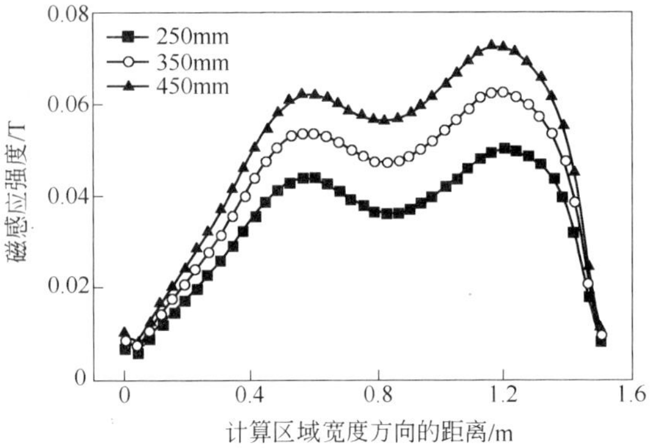

图 4-40 不同磁极、磁轭高度对铸坯中心磁感应强度的影响

感应强度由磁极高为 250 mm 时的 0.0502 T 增加到磁极高为 450 mm 的 0.0723 T，最大磁感应强度的变化明显。增加磁极、磁轭高度可有效增加搅拌区内的磁感应强度[8]。

C 磁轭厚度对二冷区铸坯内部磁场的影响

图 4-41 和图 4-42 为单匝线圈电流强度 800 A、频率 2 Hz 条件下，磁轭厚度分别为 120 mm、220 mm、270 mm 时计算的磁场矢量图和计算区域水平中心线处沿着铸坯宽度方向的磁感应强度分布。由图 4-41 中可以看出，随着磁轭厚度的增加，行波磁场的分布特征基本没有改变，理论上磁轭厚度增加，即增加了磁轭纵向的截面积，垂直穿过磁轭截面的磁通量也应随之增加，即磁感应强度增加。由图 4-42 中可以看出，随着磁轭厚度

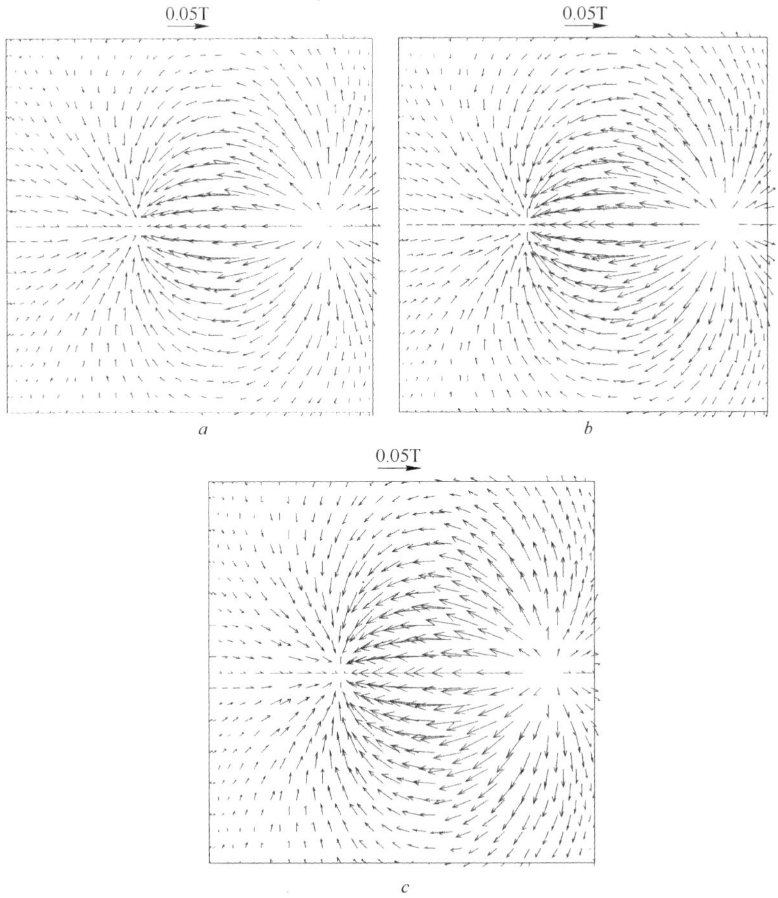

图 4-41 不同磁轭厚度时，$x-y$ 对称面上的磁感应强度矢量图

a—120 mm；*b*—220 mm；*c*—270 mm

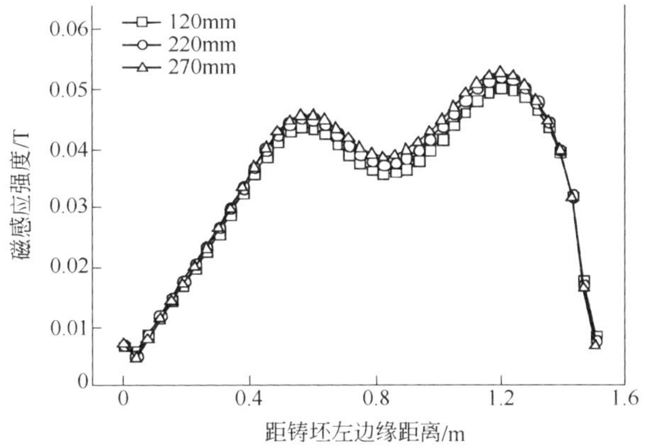

图 4-42 不同磁轭厚度对铸坯中心磁感应强度的影响

的增加,铸坯内部的磁感应强度也随之略微增大。最大磁感应强度由 120 mm 时的 0.0502 T 增加到 270 mm 时的 0.0527 T,最大磁感应强度的变化不明显,磁轭厚度增加在实际设计过程受空间的影响比较小[8]。

综上所述,对于凸极式板坯电磁搅拌器,磁极宽度和高度(即磁极横截面面积)和磁轭的厚度对铸坯内部磁场强度影响比较大。在实际设计过程中,在搅拌器内部尺寸允许的情况下,应尽量提高磁极横截面面积及磁轭面积,这样在电流强度提高时,能够尽量避免磁极和磁轭内部磁场饱和,提高铸坯内部磁感应强度。

4.4.2 三相六极板坯电磁搅拌器

4.4.2.1 模型的建立

计算中的板坯电磁搅拌采用三相辊后单边行波电磁搅拌器,板坯电磁搅拌器模型如图 4-43 所示,板坯电磁搅拌器网格示意图如图 4-44 所示。线圈采用外水冷,好处

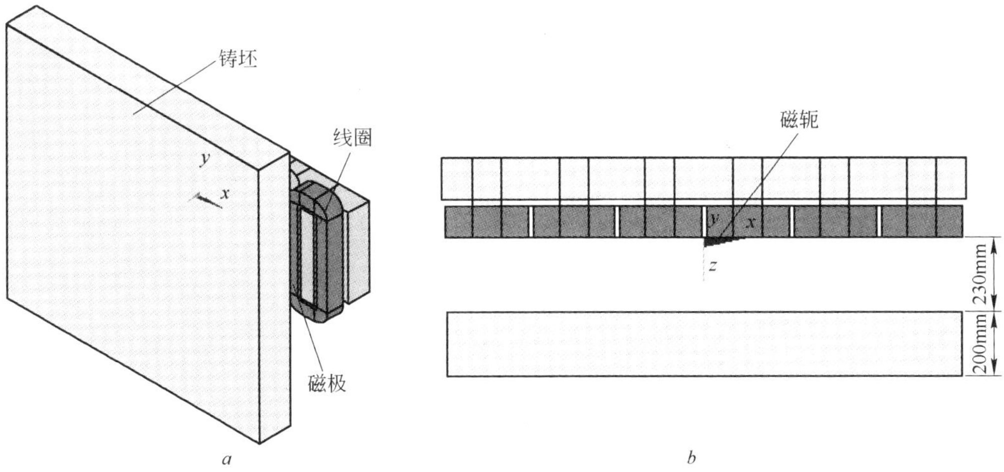

图 4-43 三相六极板坯电磁搅拌器结构示意图

a—模型图;*b*—模型俯视图

是线圈和铁芯同时浸泡在去离子水中，铁芯无需再考虑冷却，而且外水冷线圈体积比较小，节约空间。板坯电磁搅拌工艺参数见表 4-1，计算过程用到的材料物性参数见第 3 章的内容。

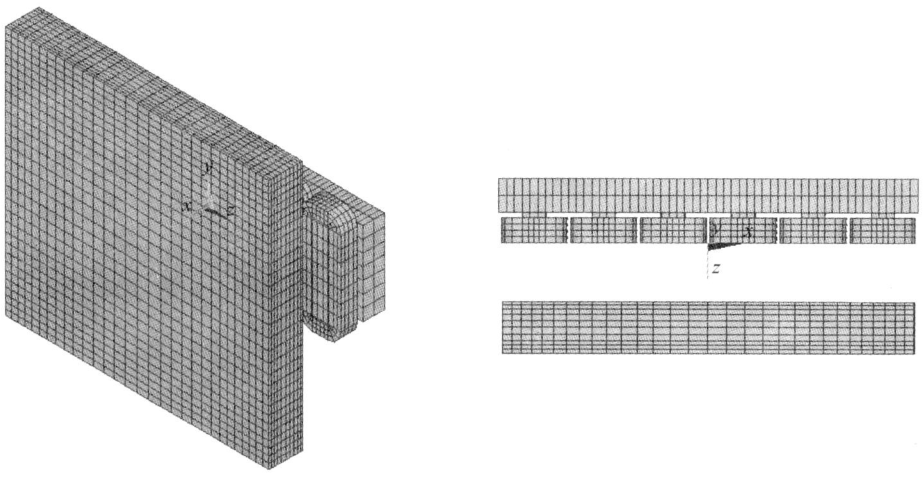

a　　　　*b*

图 4-44　三相六极板坯电磁搅拌器网格示意图

a—模型网格图；*b*—模型俯视网格图

表 4-1　板坯电磁搅拌工艺参数

线圈匝数	100
铸坯的厚度/mm	200
铸坯断面尺寸/mm	1600×200
线圈电流/A	600
频率/Hz	5
拉速/m · min^{-1}	2.4

对于板坯电磁搅拌器最好能够采用两个搅拌器对称布置，这样能够充分保证磁场能够穿透铸坯。但在实际生产过程中，由于连铸机空间有限和为避免漏钢对搅拌器本体造成损坏，通常只在板坯的一侧放置电磁搅拌器。单侧板坯电磁搅拌器，其所激发的磁场为开放式磁场，相邻磁极的磁场容易发生短路，这样能够穿透板坯的磁场会损失很多，所以对于单侧的电磁搅拌器，其效率比较低，因此必须对搅拌器的内部结构进行优化设计。

在计算过程中，计算两个电流时间周期，每个周期计算八步，分析过程以第二个周期时间内磁场结果为准。定义 z 等于 330 mm 的铸坯中心平面为后面分析磁场的平面，在这个平面上位于搅拌器高度一半那条线为后面分析磁场的主要路径，定义为路径 AB。

4.4.2.2　计算结果的分析

A　磁感应强度的分布

图 4-45 为三相板坯电磁搅拌器板坯内部中心断面上磁感应强度分布的矢量图。由图中可以看出，各个线圈在通入不同相的电流后，在铸坯中心断面上产生合成的 N 极和 S 极，并且随着一个周期内时间变化，N 极和 S 极也在自右向左进行移动，并且合成 N 极和 S 极之间的距离刚好是搅拌器长度的一半。图 4-46 为不同时刻磁极和磁轭上磁场分布矢量图，三

个相邻的磁极在各个线圈通入不同相位的电流后，产生一个合成N极和S极，而且N极和S极像波浪一样自左向右移动，磁极产生的磁场在穿透铸坯时，磁场在铸坯内部像波浪一样移动，这点在图4-45中可以看出。图4-45和图4-46不同时刻磁场分布矢量图和图4-8三相板坯电磁搅拌原理图是一致的。

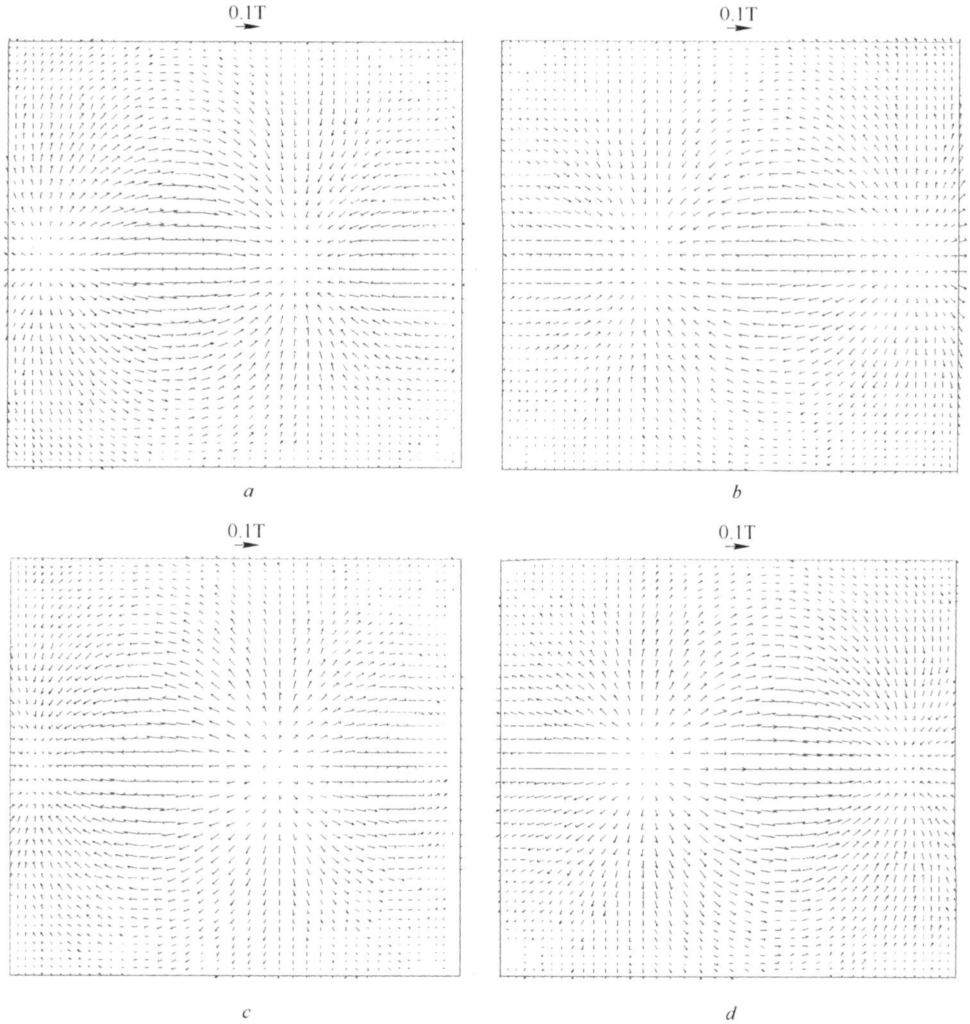

图4-45 三相板坯电磁搅拌板坯内部中心断面上磁感应强度分布矢量图
a—1/4周期；*b*—2/4周期；*c*—3/4周期；*d*—4/4周期

图4-47～图4-50为一个周期内不同时刻，磁感应强度沿铸坯内部路径*AB*上的分布，在不同的时刻，磁感应强度在宽度方向分布存在两个峰值，这两个峰值的位置和大小和图4-44中铸坯内部形成的合成磁极位置一致。不同时刻每个位置的磁感应强度大小不同，波动范围也比较大，最大能达到0.092T，最小为0.01T。图4-51为一个周期内沿铸坯宽度上各个点磁感应强度均值分布，最大值为0.072T，最小值为0.033T，铸坯宽度中心部分磁场强度分布比较均匀，而且比较大。靠近搅拌器边部，由于磁场为开放性磁场，向铸坯外部空间漏磁，故边部磁场相对比较小。

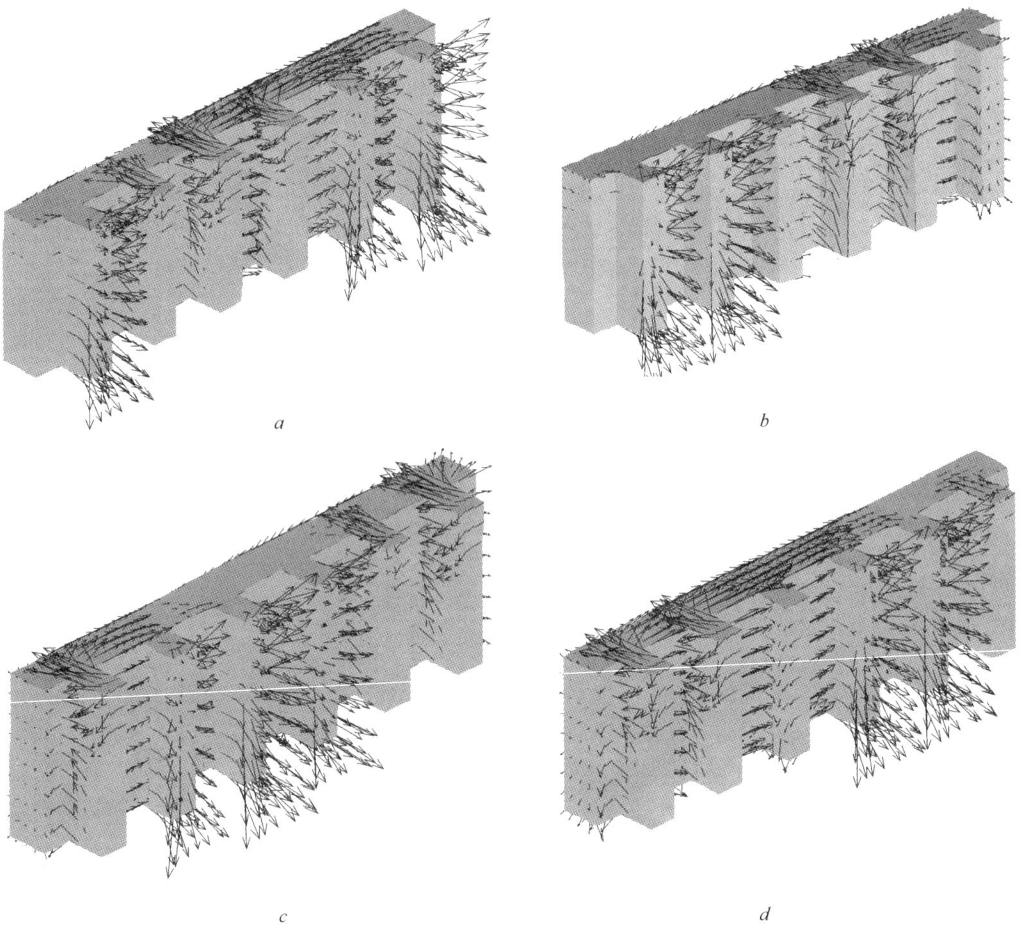

图 4-46　不同时刻磁极及磁轭磁场分布的矢量图

a—1/4 周期；*b*—2/4 周期；*c*—3/4 周期；*d*—4/4 周期

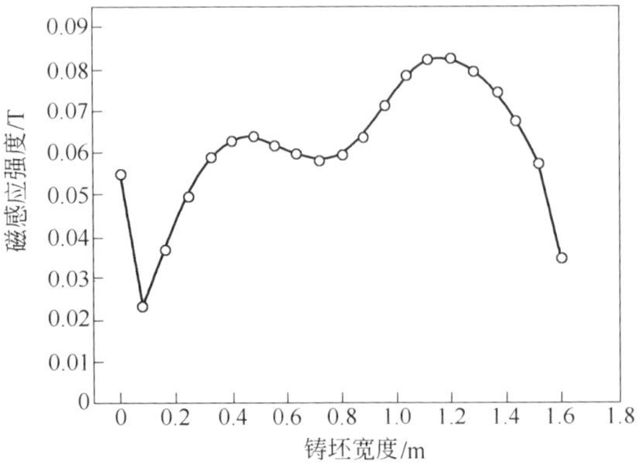

图 4-47　1/4 周期时刻，磁感应强度沿铸坯内部路径 *AB* 上分布

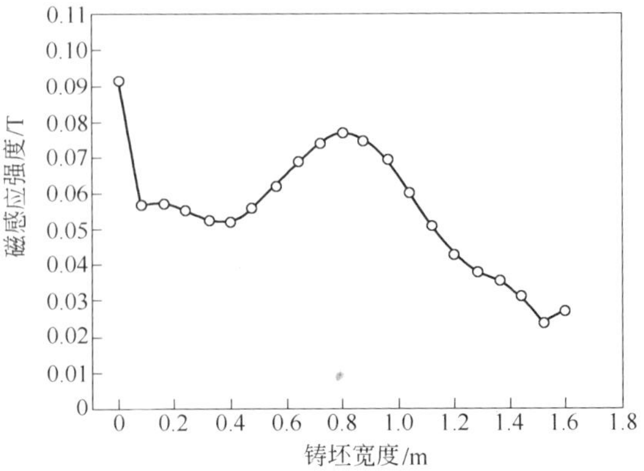

图 4-48　2/4 周期时刻，磁感应强度沿铸坯内部路径 *AB* 上分布

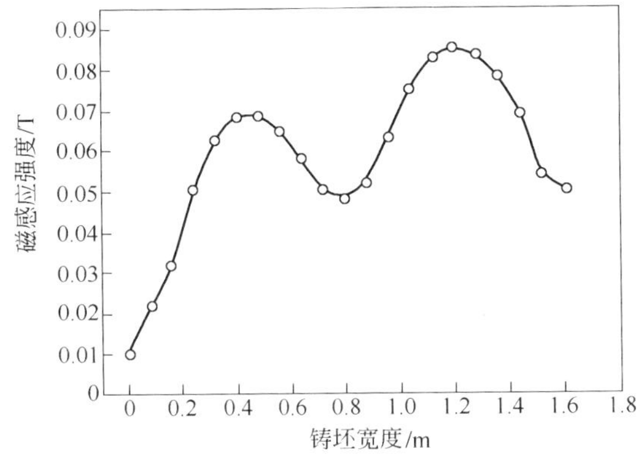

图 4-49 3/4 周期时刻,磁感应强度沿铸坯内部路径 *AB* 上分布

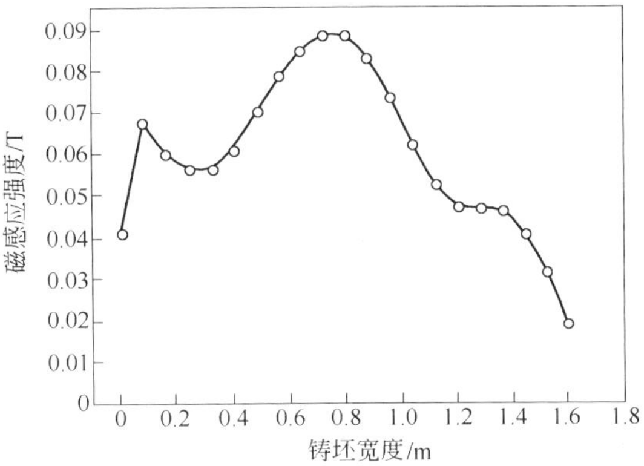

图 4-50 一周期最后时刻,磁感应强度沿铸坯内部路径 *AB* 上分布

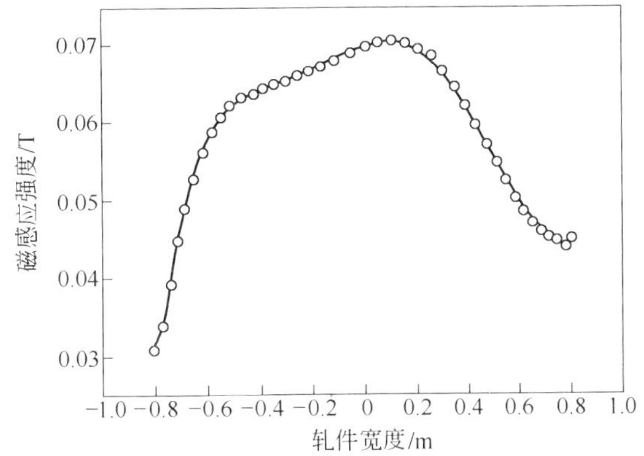

图 4-51 一个周期内 *AB* 路径上各点磁感应强度均值分布

B 铸坯内部电磁力的分布

图 4-52 为不同时刻铸坯中心断面上电磁力的分布。从图中可以看出,电磁力分布形式和前面介绍的基本一样。电磁力变化时间周期正好是磁场变化周期的一半。结合图 4-45 可以看出,合成磁极所对应铸坯处的电磁力最大,这是因为合成磁场穿透铸坯时,大部分磁场垂直于铸坯横断面,故电磁力和铸坯横断面平行,即平行于铸坯的宽度方向,而且电磁力值最大。

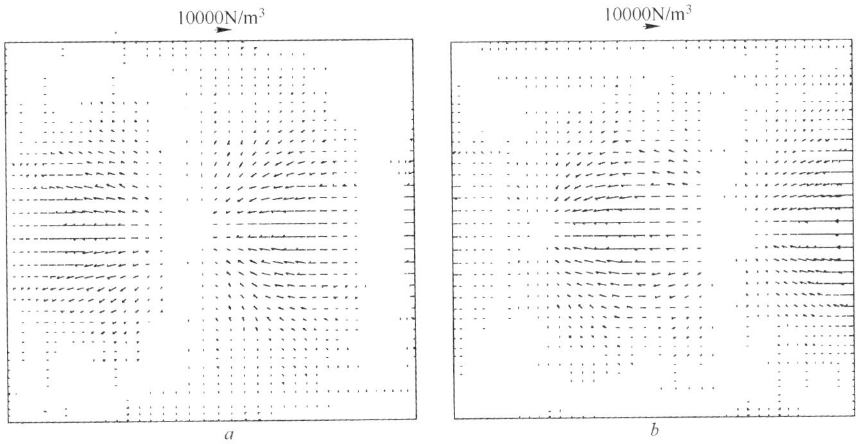

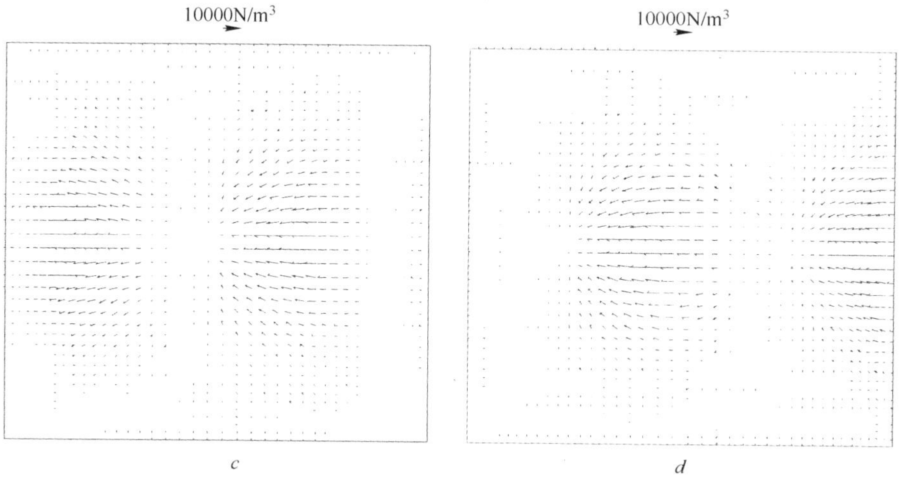

图 4-52　不同时刻铸坯中心断面上电磁力的分布

a—1/4 周期；*b*—2/4 周期；*c*—3/4 周期；*d*—4/4 周期

C　三相板坯电磁搅拌实测验证

图 4-53 为三相板坯电磁搅拌器内部结构图，六个线圈之间的间距很小。图 4-54 为板坯电磁搅拌器铸坯内部中心位置空磁场测试结果，由图中可以看出，当电流为 600 A 时，最大磁感应强度为 0.079 T，这和计算结果（0.072 T）基本吻合。当电流从 400 A 增加到 500 A 时，磁感应强度增加了 140 Gs，当电流从 600 A 增加到 700 A 时，中心磁感应强度增加了 50 Gs。所以当电流超过 600 A 时，随着电流的增加，铸坯中心的磁感应强度增加的速度减缓，磁路渐趋饱和，这说明搅拌器内部结构尺寸设计存在需要改进的地方。

图 4-53　三相电磁搅拌器内部结构图

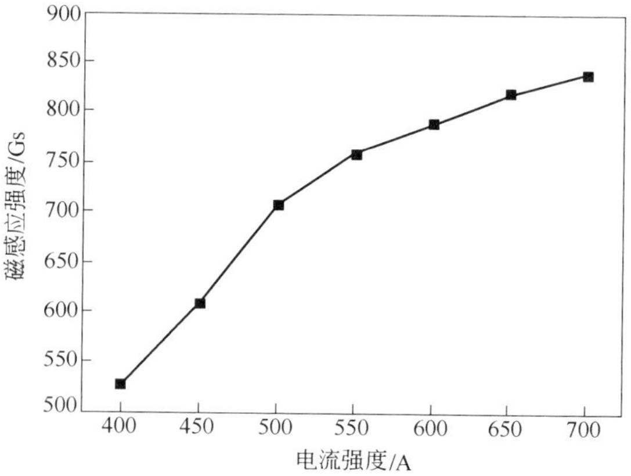

图 4-54　电流强度和铸坯内部磁感应强度的关系

4.4.3　两相板坯电磁搅拌和三相板坯电磁搅拌的对比

对于板坯电磁搅拌器，两相和三相搅拌器在工业上应用比较多，但对相同工艺条件，具体采用哪种形式板坯电磁搅拌器,研究得比较少。针对这种情况,采用和上面三相板坯电磁搅拌同样的工艺参数,在磁极和磁轭的尺寸相同的情况下,对两相四极板坯电磁搅拌器搅拌过程进行数值计算,分析铸坯内部的磁场及电磁力分布,对两种形式板坯电磁搅拌器搅拌效果进行评价。

图 4-55 和图 4-56 分别为两相凸极式板坯电磁搅拌器内部结构和网格示意图。由于采用了两相凸极式板坯电磁搅拌器,只有四个磁极和线圈,故搅拌器内部空间要比三相电磁搅拌器的大。

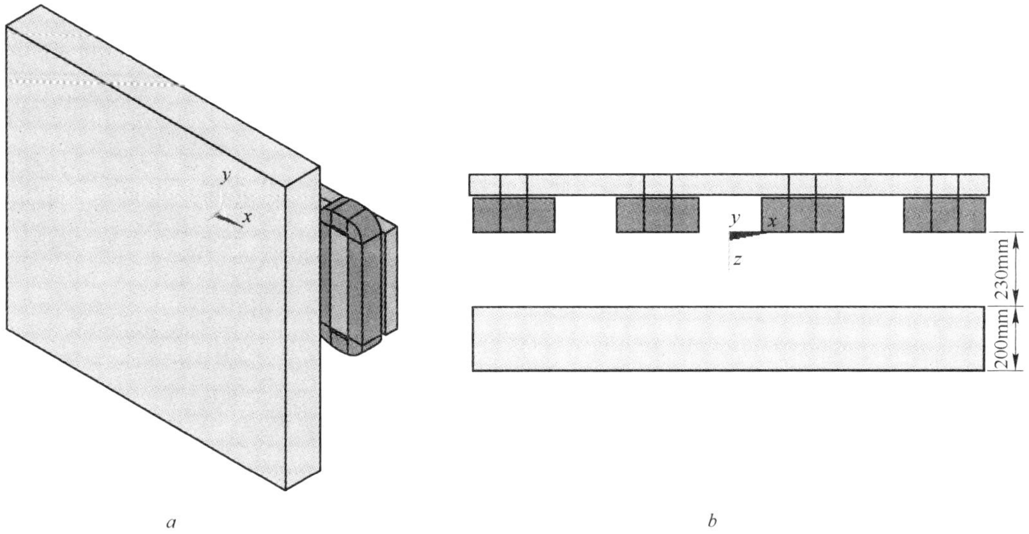

图 4-55 两相四极的板坯电磁搅拌器结构示意图

a—模型图;*b*—模型俯视图

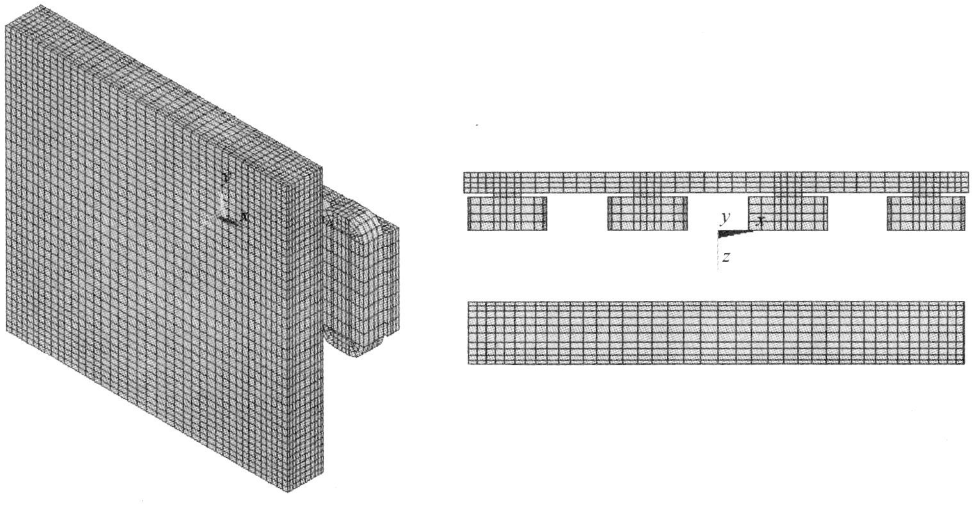

图 4-56 两相四极的板坯电磁搅拌器网格示意图

a—模型内部网格图;*b*—模型俯视网格图

4.4.3.1 铸坯内部磁感应强度的分布

图4-57为两相板坯电磁搅拌器作用下不同时刻铸坯中心横断面上磁感应强度分布矢量图。不同时刻的磁感应强度的分布矢量图和三相板坯电磁搅拌器一样,不过磁感应强度大小要比三相板坯电磁搅拌器小。图4-58~图4-61为两相和三相板坯电磁搅拌器作用下,铸坯内部中心磁感应强度沿路径*AB*上的分布,在两种形式的电磁搅拌器作用下,各个时刻铸坯中心横断面上磁感应强度分布规律基本一致,合成两个磁极之间的间距为板坯电磁搅拌器宽度的一半,但铸坯内部不同位置两相板坯电磁搅拌器产生的磁感应强度都要比三相板坯电磁搅拌器小得多。图4-62为铸坯中心线上不同位置磁感应强度沿宽度方向一个周期内的均值分布。由图可知,磁感应强度在0.025~0.042T之间变化,最大为0.042T,中心磁感应强度比较大且平均,两边部由于磁场向周围空间扩散而变小。但对于两相电磁搅拌器来说,由于内部有很大的空间,所以可以依据前面讲的方法,通过增加磁极和磁轭的高度和宽度来提高铸坯内部的磁感应强度,从而提高搅拌器的效率。

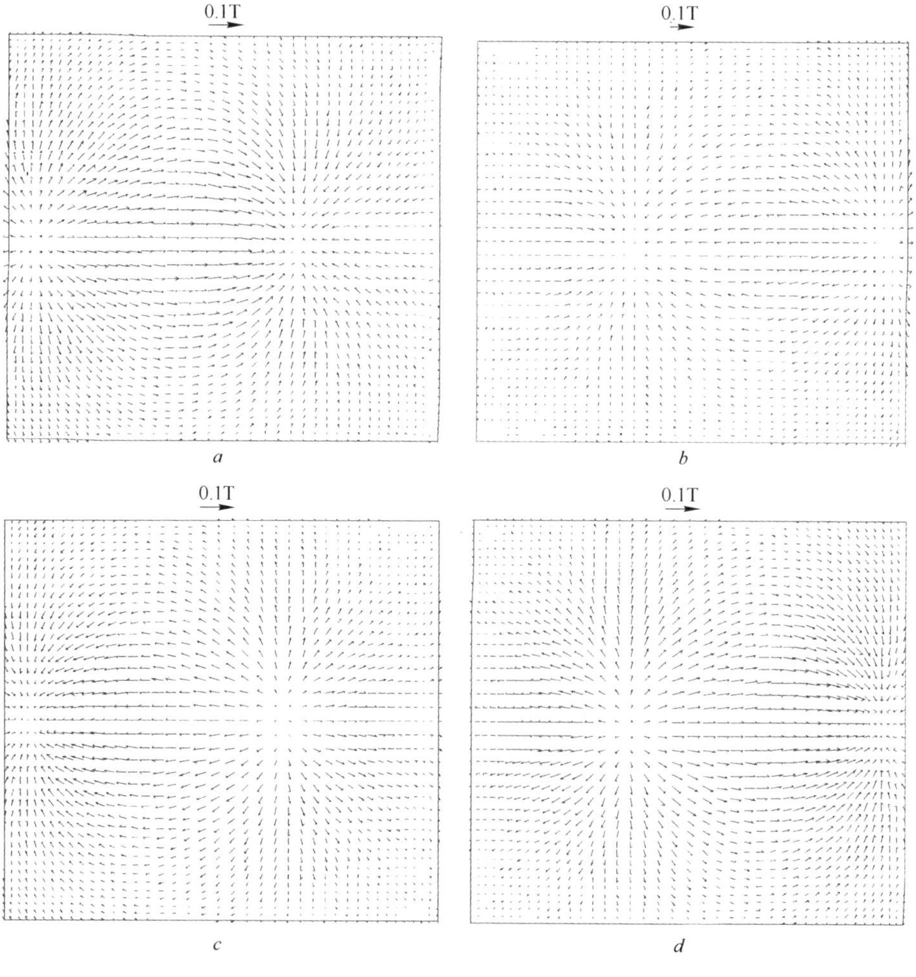

图4-57 一个周期不同时刻铸坯中心断面磁感应强度矢量图

a—1/4周期;*b*—2/4周期;*c*—3/4周期;*d*—4/4周期

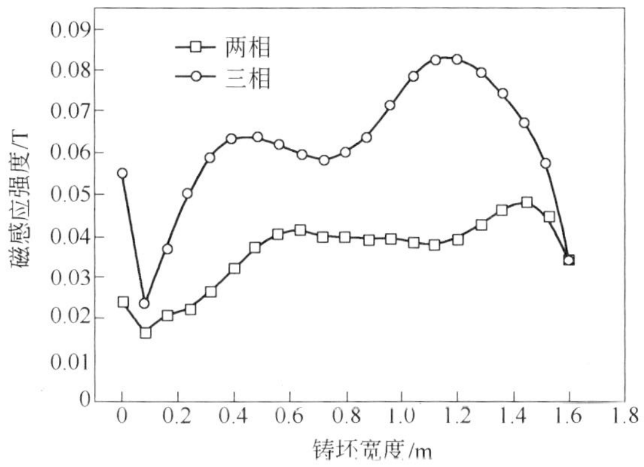

图 4-58 1/4 周期时刻，铸坯中心磁感应强度沿宽度方向分布

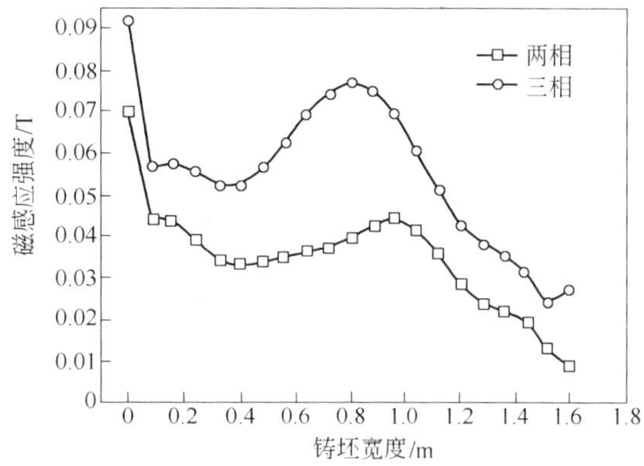

图 4-59 2/4 周期时刻，铸坯中心磁感应强度沿宽度方向分布

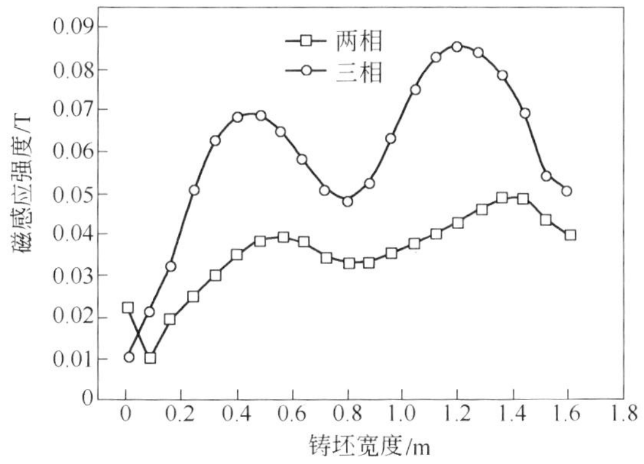

图 4-60 3/4 周期时刻，铸坯中心磁感应强度沿宽度方向分布

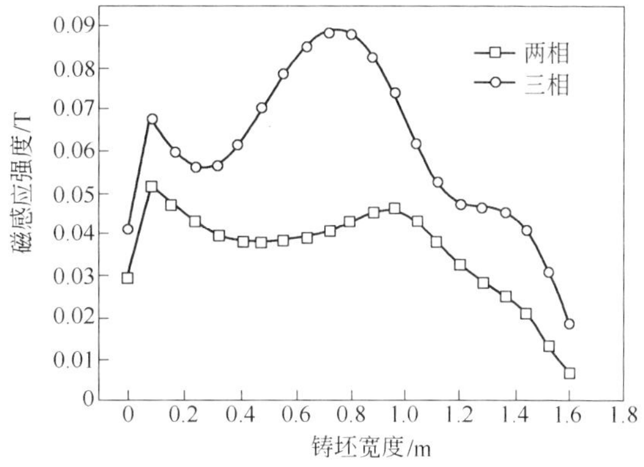

图 4-61 一个周期最后时刻，铸坯中心磁感应强度沿宽度方向分布

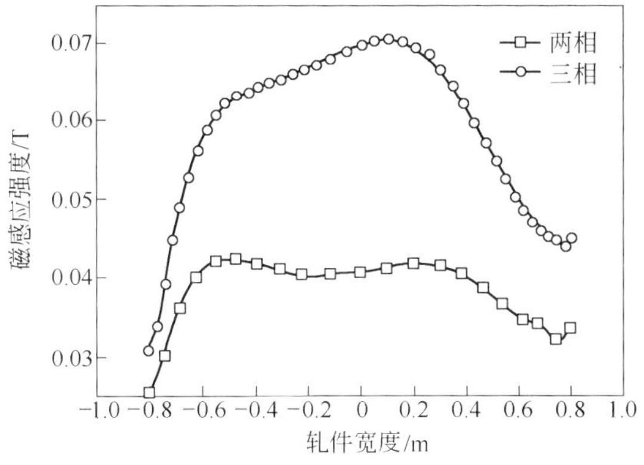

图 4-62 一个周期内 *AB* 路径上各点磁感应强度均值分布

4.4.3.2 铸坯内部电磁力分析

图4-63为两相板坯电磁搅拌作用下，铸坯中心横断面上电磁力分布矢量图，各个时刻电磁力的分布规律和三相六极相同，但电磁力要比三相六极搅拌器小得多。

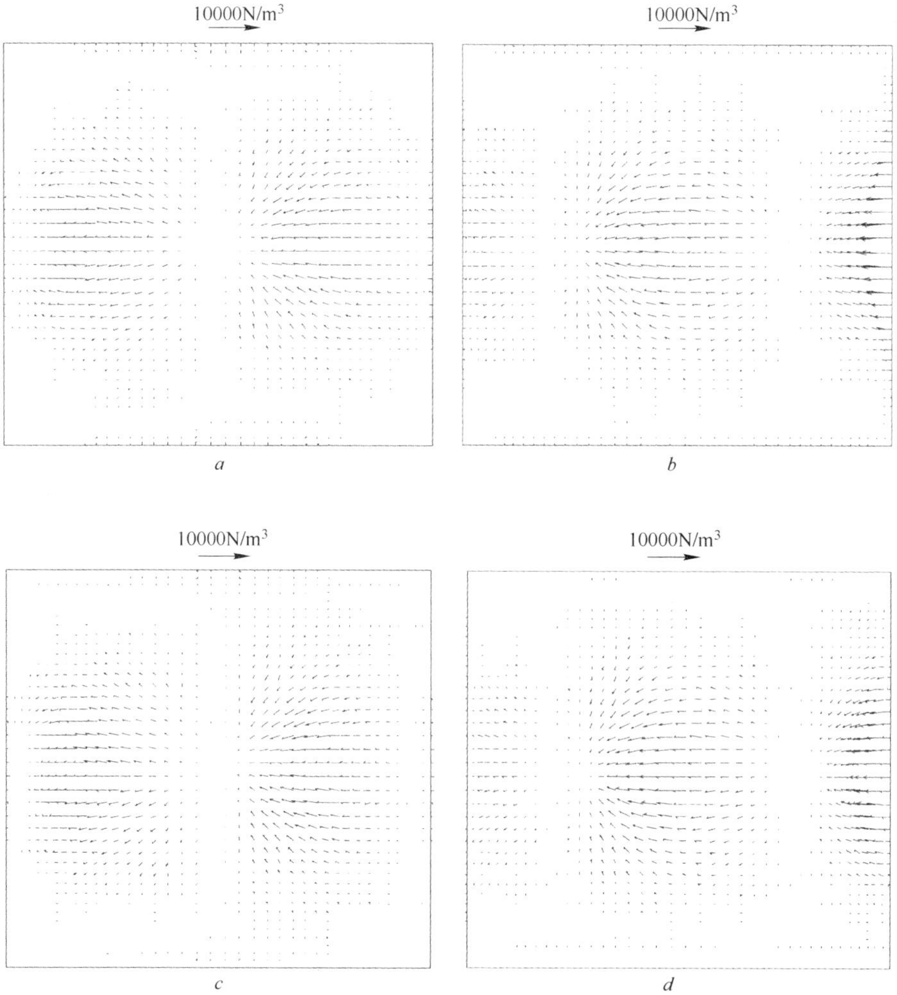

图4-63　不同时刻铸坯内部电磁力分布矢量图

a—1/4周期；*b*—2/4周期；*c*—3/4周期；*d*—4/4周期

由以上两种不同相位的板坯电磁搅拌器的对比分析可知，如果电磁搅拌器内部尺寸一定，即磁极和磁轭的宽度和高度一定，在相同的匝数和电流下，三相六极板坯电磁搅拌器在铸坯内部产生的磁感应强度和电磁力比两相四极电磁搅拌器大，所以，在搅拌器内部尺寸允许情况下，应首先考虑采用三相板坯电磁搅拌器。如果内部尺寸空间太小，可考虑采用两相板坯电磁搅拌器。搅拌器内部空间尺寸和连铸机生产铸坯最大宽度及连铸机设计有关，如果板坯宽度尺寸小于1200 mm，建议采用两相板坯电磁搅拌；板坯宽度尺寸大于1600 mm，建议采用三相板坯电磁搅拌；板坯尺寸在 1200～1600mm 之间，应该根据连铸机具体情况，通过数值计算决定采用何种电磁搅拌形式。板坯电磁搅拌器可采用水冷式线圈和内通水冷式线圈，如果采用水冷式线圈，可节约搅拌器内部空间，若采用内通水冷式线圈，需要具体设计线圈和磁轭冷却水路。

4.5 板坯电磁搅拌的工业实践

4.5.1 凸极式板坯电磁搅拌器工业实践

不锈钢钢厂在生产造币钢、0Cr13 等铁素体不锈钢时，存在等轴晶率比例低（一般仅为 15% 左右）、铸坯表面横裂等质量问题，为了解决这些问题，一般要采用二冷区板坯电磁搅拌器。某钢厂最大铸坯宽度为 1200mm 的连铸机，为其装备了两相板坯电磁搅拌器。

4.5.1.1 电磁搅拌器设备

在试验过程中采用凸极式板坯电磁搅拌器，其结构如图 4-33*a* 所示，设备线圈采用内通水进行冷却。在内通水线圈冷却过程中，由于一个线圈的匝数比较多，不能一个线圈只由一个铜线管进行缠绕，也就是说线圈的冷却水路应该有多个组成，否则线圈冷却不充分，降低搅拌器的寿命。凸极式电磁搅拌器的线圈水路如图 4-64 所示。根据线圈的结构，每个线圈采用两路水冷却，共计 8 路水。另外，铁芯由于涡流产生热量放出，铁芯内部冷却应该考虑。

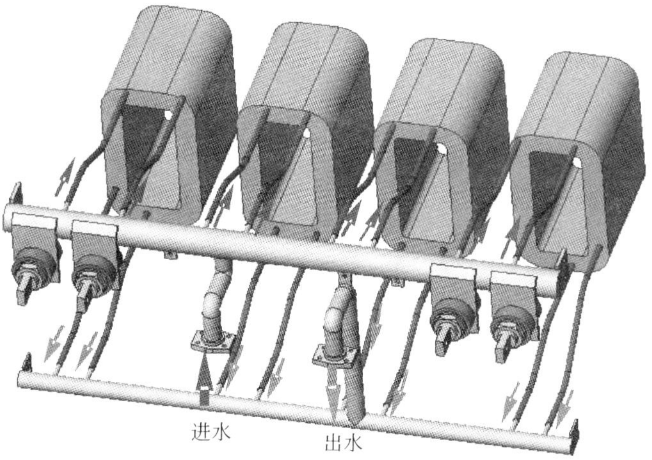

图 4-64 凸极式板坯搅拌器的进出水示意图

4.5.1.2 实验结果分析

图 4-65 为电流强度为 750 A、频率 2 Hz 时，铸坯的低倍组织。由图中可以看出，通过电磁搅拌，板坯的等轴晶率达到 20%，没有搅拌铸坯的等轴晶率只有 10%。

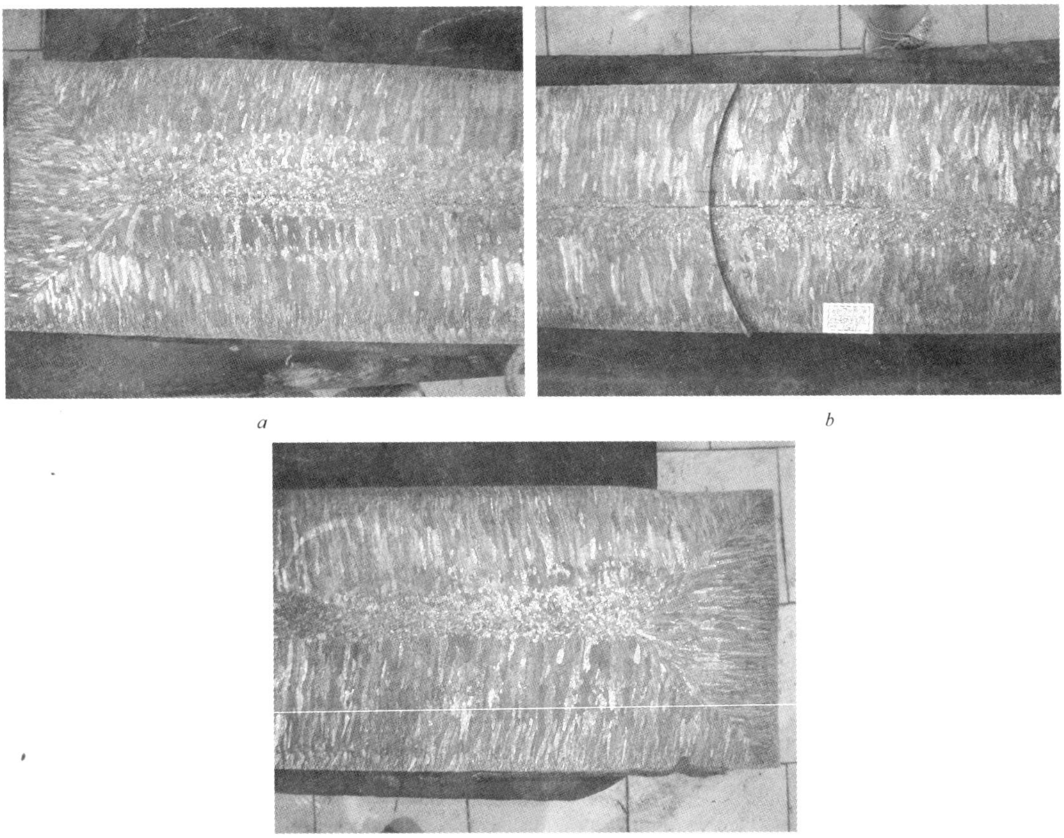

a b c

图 4-65 板坯电磁搅拌作用下 1Cr17 铸坯低倍组织

a—左边；*b*—中部；*c*—右边

4.5.2 辊式电磁搅拌器的工业实践

4.5.2.1 辊式电磁搅拌工艺参数

辊式电磁搅拌器辊径 240 mm，辊长 1700 mm，每个辊重约 700 kg，冷却水用量每个辊 11 m^3/h。共有四个电磁搅拌辊，两个为一组成对配置在铸流弯曲段、弧线段内外弧的某一位置。感应器为二相直线型，有四个极，每相电流强度为 400 A，频率为 5 Hz，搅拌断面为 (210 ~ 250) mm × (700 ~ 1600) mm，实物图如图 4-66 所示。

图 4-66 辊式电磁搅拌实物图

4.5.2.2 工艺条件

试验过程中的工艺条件如下：

试验钢种	合金中碳钢、中碳钢、高碳钢、电工钢
过热度	≤35℃
拉速	0.75～1.5 m/min
二冷	按钢种要求分别用强冷、中冷、弱冷等冷却方式

4.5.2.3 冶金效果分析

为了评价辊式电磁搅拌装置，根据方案表试验了16个浇次，每浇次6～10炉，每炉取1～2个横断面试样，尺寸为断面长度70～90 mm。试验样经加工后，用快速冷蚀方法进行检验。根据试验样冷蚀结果，对等轴晶率、中心偏析、负偏析率等项目进行评定。

A 等轴晶率

将晶粒的长度和宽度的比值小于3的晶粒层定为等轴晶带，晶粒的长度和宽度的比值大于3的晶粒层定为柱状晶带。以板坯宽度方向从一边起的1/4、1/2(中心)、3/4位置测定等轴晶率，以这3个值的平均值定为该试验样的等轴晶率。各钢种的测试结果见表4-2[9]，图4-67为铸坯横断面低倍组织照片[9]。

表 4-2 各钢种等轴晶率

钢 种	等轴晶率/%
中碳钢	24
合金包晶钢	25
合金中碳钢	34
高碳钢	20
电工钢	≥40

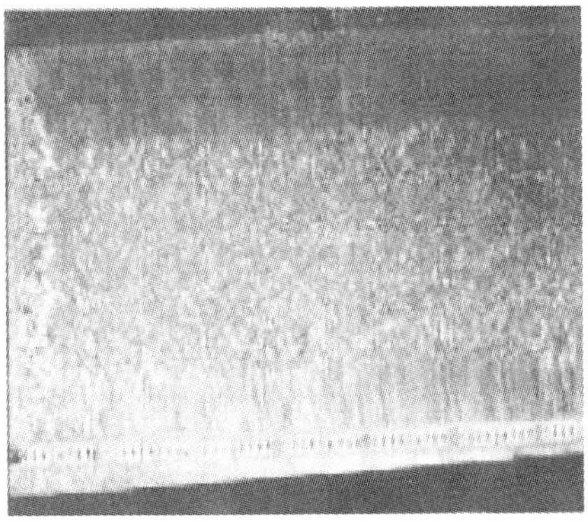

图 4-67 铸坯横断面低倍组织

图4-68～图4-69为另一钢厂宽厚板铸坯在有无使用电磁搅拌情况下铸坯的低倍组织对比。由这两个图中可以看出，这种辊式二冷区电磁搅拌可以有效改善铸坯在二冷区形成的中心疏松和缩孔等缺陷，增加铸坯中心的等轴晶。但同时也能够发现，经过搅拌的铸坯，横断面上留下很明显的白亮带。

B 铸坯中心偏析、负偏析率评级

用快速冷蚀方法确认白亮带位置(负偏析位置)，从铸坯宽度方向1/4、1/2(中心)、3/4处的白亮带区域的中心部位钻取试样做碳分析，求出1/4、1/2(中心)、3/4处3点的负偏析率，求平均值作为该试样的负偏析率。

a

b

图 4-68 宽厚板铸坯电磁搅拌低倍组织

a—铸坯中间;b—铸坯一侧

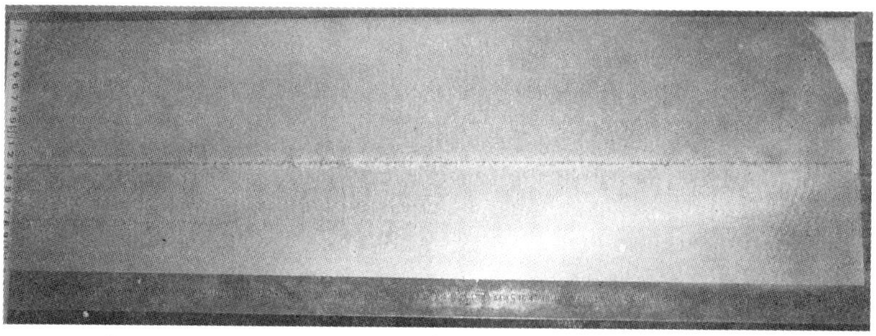

a

b

图 4-69 宽厚板铸坯没有使用电磁搅拌低倍组织

a—铸坯中间;b—铸坯一侧

根据试验及试生产所取试验样的快速冷蚀检验结果，对铸坯中心偏析、负偏析率做了部分统计，结果见表4-3[9]。

表4-3 中心偏析、负偏析率统计

钢 种	中心偏析		负偏析率	
	0、1级比例/%	统计数据/个	≥0.8级比例/%	统计数据/个
电工钢	100	53	100	35
中、高碳钢	83	52	100	18
合金钢	100	30	100	14

从上面分析可以看出，根据试验和应用的情况，经过电磁搅拌的铸坯内部质量提高，等轴晶率、中心偏析、负偏析率级别都能满足产品的要求。

4.5.3 提高铸坯等轴晶率的工业实践

在连铸过程中，很多厂家一致把二冷区板坯电磁搅拌作为提高板坯等轴晶率的主要手段，但板坯等轴晶率和钢液的化学成分、过热度、二冷区用水量以及电磁搅拌的使用等因素有关。采用板坯电磁搅拌器可以使钢液旋转流动、加强传热、降低过热度、促进等轴晶的形成。采用电磁搅拌还可均匀液相成分、减少偏析程度，但不能说使用板坯电磁搅拌器就一定能增加等轴晶，凝固过程需要必要的热力学和动力学条件。板坯电磁搅拌的使用需要满足电磁流体力学的条件，使未凝固的钢水产生必要的流动，这就要求电磁搅拌器按照连铸机的特性定制后还要进行电流和频率的优化；其次电磁搅拌器的使用应和连铸过程的工艺条件结合起来。生产过程中提高板坯等轴晶率有以下方法：

（1）降低钢液的过热度。从现场试验来看，降低过热度是最好的一种方法。钢水过热度对等轴晶率的影响较大，在所有数据中，等轴晶率高于70 %的试样均是过热度低的炉次。钢水过热度在10℃左右时，铸坯等轴晶率可达到60% ~80%，而过热度高于25℃时，等轴晶率要比正常水平低10%左右，见图4-70[9]。如果过热度过高，采用电磁搅拌器，其效果也不是特别明显。

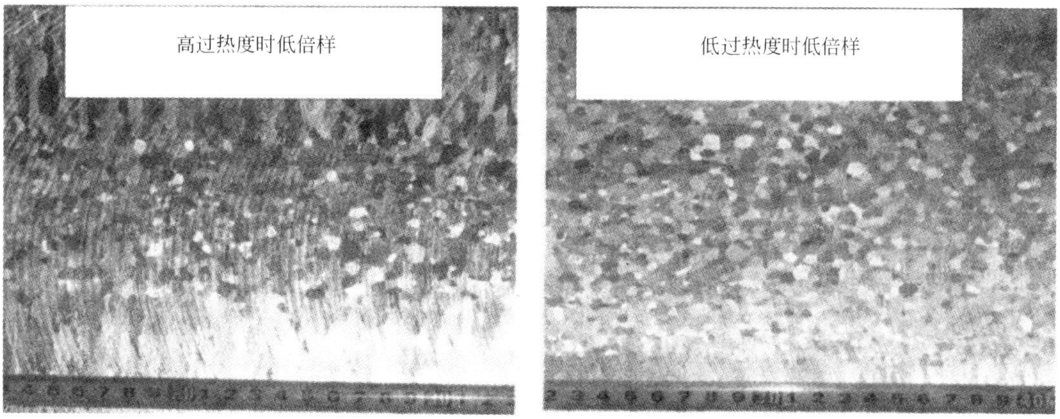

a *b*

图4-70 不同过热度条件下等轴晶情况

a—过热度为27℃；*b*—过热度为10℃

（2）降低二冷区的比水量。要控制柱状晶过度生长，关键是控制凝固时固液界面前沿的成分过冷区，成分过冷区越大越好。要成分过冷区增大，就要减少固相、液相钢的温度梯度，即水量要适当，不要太大。

（3）提高板坯电磁搅拌器的能力。在板坯电磁搅拌设计过程中，由于连铸机对板坯电磁搅拌器尺寸的特殊要求，搅拌器内部磁极及磁轭的尺寸应该进行优化设计，优化电磁搅拌器的电源参数，使电磁搅拌器的作用发挥至最大。

参考文献

[1] 高允彦，贾光霖，史玉升，等．线性电磁搅拌时金属运动规律的数学模型[J]．东北工学院学报，1991，2(3)：292-297.

[2] Genma N, Soejima T, Saito T, et al. The linear motor type in-mold electromagnetic stirring technique for the slab continuous caster[J]. Int. ISIJ, 1989, 29(12): 1056-1062.

[3] Fujimura T, Takeuchi E, Brimacombe J K. Proceedings Japan-Canada Seminar Second-Steelmaking[C]. 1985: 218-225.

[4] Takatani K. Effects of electromagnetic field on fluid flow, heat transfer and inclusion behavior in a continuous casting[A]. Int. Symposium on EPM'94[C], Nagoya, ISIJ, 1994: 68- 73.

[5] Fujisaki K, Sawada K, Ueyama T, et al. Fundamental electromagnetic characteristics of in-mold electromagnetic stirring in continuous casting[A]. Int. Symposium on EPM'94[C], Nagoya, ISIJ, 1994: 272-277.

[6] 苗敬利，李华德．板坯连铸过程电磁搅拌二维电磁场的有限元数值模拟[J]．上海金属，2003，25(6)：11-14.

[7] 李光，李华德．利用有限元法对板坯电磁搅拌中电磁场的数值模拟[J]．北京科技大学学报，2004，26(1)：95-98.

[8] 宿国栋．板坯连铸二冷区电磁搅拌耦合分析[D]．包头：内蒙古科技大学，2007.

[9] 陈国威，李具中，刘光明，吴强．板坯连铸机辊式电磁搅拌的应用实践[J]．武钢技术，2008，46(1)：33-37.

5 板坯连铸电磁制动技术

5.1 电磁制动技术概述

铸坯的表面缺陷主要决定于钢水在结晶器中的凝固过程，它是与结晶器内坯壳的形成、结晶器振动、保护渣性能、浸入式水口设计及钢液稳定性等因素有关，必须严格控制影响表面质量的各参数在合理范围之内，以生产无缺陷的铸坯，这也是热送和直接轧制的前提条件。造成铸坯表面质量缺陷的主要原因有：结晶器内钢液液面波动过大，引起铸坯卷渣、裂纹等缺陷；浸入式水口结构尺寸或插入深度不合适，引起夹渣、夹杂、裂纹等表面质量缺陷；吹气不合适，易增大皮下气泡、夹渣等几率；保护渣传热性能不好；钢水成分及过热度、结晶器锥度及冷却强度等对铸坯表面质量也有影响。

从以上问题可以看出，影响板坯质量及工艺顺行的关键问题，大部分与钢液在结晶器内的流动行为有着直接或间接的关系。目前，连铸机日益向高速化、重型化发展，板坯连铸机最大宽度已经超过3m，而板坯厚度也在300mm以上。对CSP连铸机来说，其拉速可以达到7 m/min。

提高铸速，浸入式水口出口处的钢水流股速度增大，钢水流股冲击铸坯窄面的速度也相应提高，上升流在弯月面引起的波动加剧，液面流速明显增大，使钢液卷混更加严重。根据多尔霍尔等人对液面波动影响纵裂的研究，液面波动大时，波源振幅大于或等于液渣层厚度时，将阻碍液渣均匀流入坯壳与结晶器之间的空隙，造成坯壳凝固不均匀，易引发表面缺陷。当结晶器弯月面的波动幅度控制在4～9 mm范围内，表面速度在0.1～0.3 m/s范围内时，板坯表面缺陷最少；但弯月面过于平静，必然造成热中心下移，使得凝固区紊流加强，结晶器上部区域循环不好，引起液面结壳，不利于保护渣功能的发挥，从而影响板坯表面质量的提高和浇铸工艺的顺行。因此，衡量一个水口是否合理，除了满足使用寿命要求外，重要的是考虑是否建立起了合理的结晶器流场，保证结晶器内形成均匀的凝固坯壳。大量的实验及模拟研究表明，通过优化结晶器浸入式水口的工艺参数，在一定程度上能够达到改善钢液流场分布状态的目的，但同时也会带来新的问题。例如，增加浸入式水口的插入深度，虽然可以减缓结晶器内自由液面的波动，但会增大向下流股的冲击深度，同样会对钢坯的质量产生影响。法国Solmer工厂试验指出，结晶器液面波动大于10 mm，发生纵裂的几率占30%，浸入式水口插入深度的变化大于40 mm，发生纵裂的几率占20%[1]。因此，深入了解和控制结晶器内的钢液流动行为是保证高效连铸过程顺行和提高连铸坯质量的关键之一，而电磁制动作为一种结晶器内的钢液控流技术，在国外众多钢铁企业中已经成功应用，并且很好地解决了上述出现的问题。

由于电磁制动技术在工业中的应用时间还不太长，特别是在理论上对其作用机理不是很清楚,还需要进一步地分析和研究。目前研究的主要手段是利用计算机对连铸结晶器内钢水流动过程进行数值模拟。

5.2 电磁制动技术的工作原理

电磁制动技术涉及电磁动力学、计算流体动力学等多门学科,其机理相当复杂。电磁制动的工作原理是在板坯结晶器的两个宽面处,外加一对恒定磁场,其方向从一个宽面垂直穿过钢水到达另一个宽面。从浸入式水口(SEN)的两个侧孔喷出的钢液主流股,以相当大的速度垂直切割外加的恒定磁场,就在其中感应引起电势,因钢水有电导率,由此产生感应电流,感应电流的方向与流股和外加磁场方向相垂直,符合 Flaming 右手定则,该感应电流与外加恒定磁场相互作用,在流股上产生电磁力,它们也相互垂直,符合 Flaming 左手定则。电磁力是体积力,作用在流股的体积单元上,而电磁力与流股的方向相反,从而制动了流股,这就是电磁制动的制动效应[2,3],电磁制动冶金效果对比如图 5-1 所示。

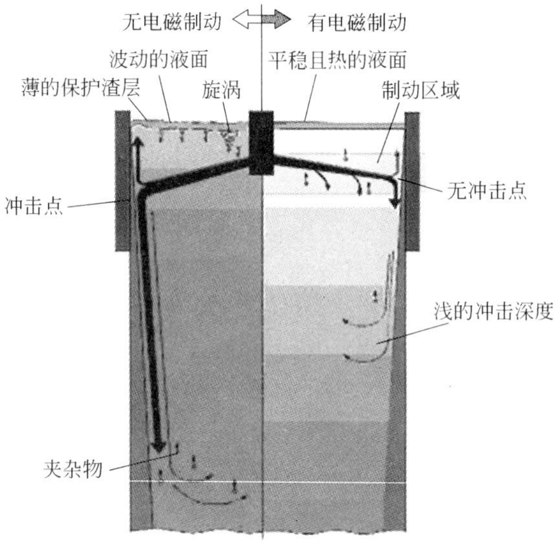

图 5-1 电磁制动冶金效果对比图

5.3 电磁制动的冶金效果及其影响因素

5.3.1 电磁制动的冶金效果

在板坯连铸中,随着拉坯速度的提高,从浸入式水口喷出的钢液流速增大,使得铸型内产生强烈的湍流,同时弯月面波动也比较剧烈,容易使夹杂物卷入,而且出水口的射流对铸坯的窄面的冲击也很大,有可能使初生凝固壳发生重熔。同时,自水口侧孔流出的钢液主流股的穿透深度增大后,夹杂物不易上浮,而形成夹杂缺陷。针对上述问题,电磁制动技术可以达到解决或缓解这些问题。在实际应用中结晶器电磁制动技术具有以下冶金效果[2,3]:

(1) 坯壳均匀生长,使漏钢和角裂的危险大大减小;

(2) 降低弯月面下的水平流速和稳定弯月面,不仅防止保护渣的卷入,而且使保护渣铺展均匀,从而减少铸坯的表面裂纹;

(3) 减小钢液流股的向下流动速度和浸入深度,有利于夹杂物的上浮,从而减少铸坯内部夹杂物;

(4) 提高弯月面下的钢水温度,使保护渣熔融充分,增加保护渣的流动性;

5.3.2 影响电磁制动效果的因素

电磁制动(EMBr)作用的效果受诸多因素相互作用,主要的影响因素有[1]:

(1) 磁场的相对位置。磁场和流场的相互作用位置不同,产生的电磁力大小不同,对钢液流场的制动效果也不同。一个合适的磁场作用位置能同时抑制上、下回流钢液的速度,达到有效的制动目的。实际生产中,应根据不同的制动目的选择合适的磁场作用位置。

(2) 磁场强度。磁场强度过小,不能有效抑制钢液流速;磁场强度过大,制动效果虽然明显,但容易导致钢液局部速度过低,出现其他不利现象而严重影响铸坯表面质量,且过大的磁场强度在工业生产中不容易实现。一个合理的磁场强度,既能达到改善钢液流场、提高产品质量的目的,又不至于带来其他的负面作用,且在工业生产中易于实现。

(3) 拉速。拉速也是影响电磁制动性能的重要参数。随着拉速的增加,要适当地增加磁场强度来达到有效的电磁制动目的。

(4) 浸入式水口倾角。钢液流场对浸入式水口侧孔倾角比较敏感。水口倾角不同,钢液直接穿透磁场区域的路径不同,磁场与流场的有效作用位置不同,导致不同的制动效果。

工业生产中影响电磁制动作用的因素很多,但上述几点的影响尤为突出。

5.4 电磁制动装置的结构

局部磁场 EMBr(第一代):1980 年初,瑞典 ABB 公司和日本川崎钢铁公司联合开发了第一代区域型电磁制动装置。EMBr 设置在结晶器宽面、浸入式水口两侧,控制了从浸入式水口流出的钢液速度和方向,消除了钢液对窄面坯壳的冲刷,并抑制了液面的波动,减少了卷渣。第一代电磁制动装置结构较小(如图 5-2*a* 所示),只有两对磁极作用在靠近浸入式水口的局部区域。由于磁场的作用范围有限,存在着流股不稳定、制动不足、难以优化参数等问题。

条形磁场(EMBr Ruler,LMF,第二代):1991 年,法国 Sollac 公司和荷兰 Hoogovens 公司安装实验了第二代覆盖整个板坯宽度的水平磁场电磁制动器(如图 5-2*b* 所示),获得了更稳定的电磁制动效果,弯月面处的钢水流动稳定,消除了保护渣的卷入,改善了板坯内部的洁净度,且对浇铸条件的敏感性减小,具有良好的抑制混合功能,在不同钢种的连铸生产中,缩短了铸坯混合段的长度。但这类电磁制动器受位置的影响较大,位置稍不合适,就不能够同时有效地抑制表面和下部流动。弯月面的流动情况受到板坯尺寸、浇铸速度和浸入式水口的结构等因素影响,当施加电磁制动后,通常可以减轻弯月面的波动。但是如果磁场强度太大,可能会使靠近板坯窄面的金属液流动停滞,在这种情况下,需要采取一定的措施,如减小磁场强度、增加拉坯速度或者增加浸入式水口的流量等。

流场控制结晶器(FC-Mold,第三代):日本川崎钢铁公司开发的第三代电磁制动装置由两个覆盖住整个板坯宽度的水平磁场构成(如图 5-2*c* 所示),其中一个磁场设在弯月面处,以优化连铸结晶器内钢液的流动;另一个设在浸入式水口的下方,可同时减小弯月面处的钢液流速和结晶器下部钢液的向下流速。最近出现了独立控制两段磁通量密度的 FC-mold Ⅱ,还有 FC-mold III。

FC-Mold 全幅上段磁场可以有效地制动弯月面附近的向上反转流,减少弯月面波高可达 50% 以上。水口下方的下段磁场使从水口侧孔吐出的钢水高速流股减速并分散,使钢液向下流动趋向均匀,变为"活塞"流动。适当选择磁场强度,如 0.1T,可以使弯月面波高处在适中范围内,使板坯缺陷发生的频度最低,从而有效改善铸坯质量。随着磁场的加强,这种趋势加强;随着浇铸速度的提高,这种趋势减弱。若浇铸速度较高时,磁感应强度可选择强些;若浇铸速度较低时,磁感应强度可选择弱些。

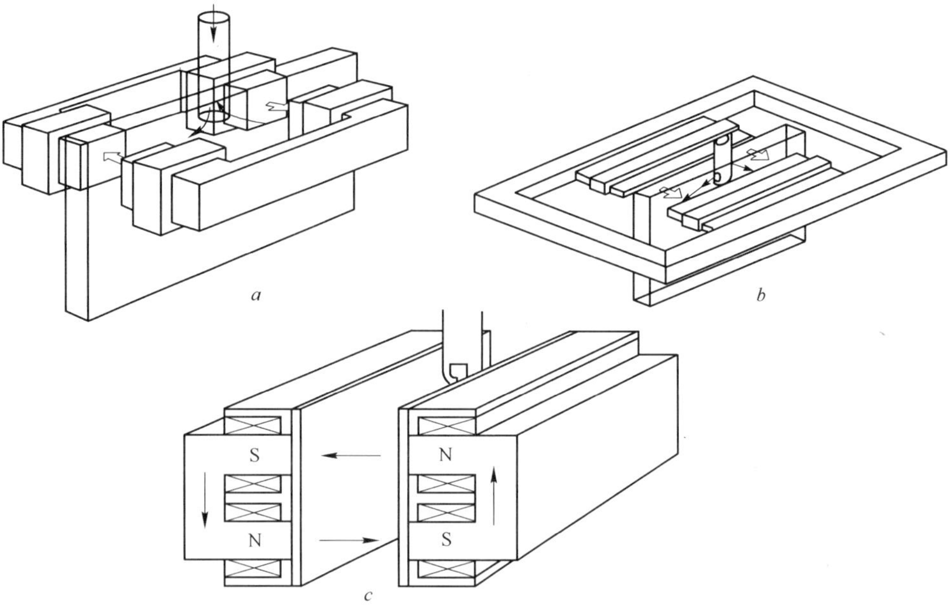

图 5-2 各种电磁制动装置

a—第一代 EMBr;*b*—第二代 EMBr;*c*—第三代 EMBr

5.5 电磁制动过程流场的数值模拟

本部分以第一代电磁制动形式为例,对电磁制动过程进行数值计算,讨论各个因素对电磁制动效果的影响。

5.5.1 模拟过程总体计算流程

结晶器内钢液流场的模拟求解过程如图 5-3 所示。

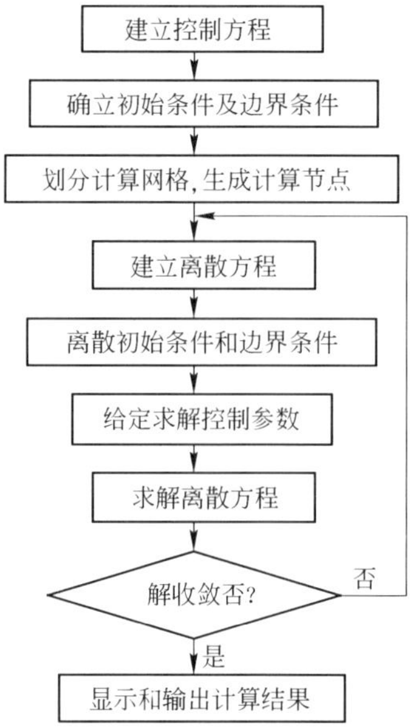

图 5-3 CFD 总体计算流程图

5.5.2 钢液流动的基本假设

由于结晶器内钢液流动十分复杂,因此需对结晶器内的流体流动做如下假设:

(1) 结晶器内的钢液流动是稳态不可压缩的黏性流动过程;

(2) 液固界面为无滑移边界,即在壁面处速度为0,且 $k=0$,$\varepsilon=0$;

(3) 忽略凝固坯壳和振动对流动的影响,忽略结晶器壁的倾斜效果;

(4) 忽略弯月面的存在,认为结晶器内的钢液面为平面;

(5) 结晶器内的钢液按均相介质处理。

5.5.3 数学模型的基本控制方程及求解

磁动力学是建立在 Maxwell 方程组基础上的,Maxwell 方程组的微分形式如下:

$$\nabla \cdot \boldsymbol{B}=0 \tag{5-1}$$

$$\nabla \times \boldsymbol{E}=-\frac{\partial \boldsymbol{B}}{\partial t} \tag{5-2}$$

$$\nabla \cdot \boldsymbol{D}=q \tag{5-3}$$

$$\nabla \times \boldsymbol{H}=\boldsymbol{J}+\frac{\partial \boldsymbol{D}}{\partial t} \tag{5-4}$$

式5-1～式5-4表明了空间每一点上各电磁场之间的相互关系。通过微分方程组的求解,可以计算实际问题中的电磁场分布。在实际应用式5-1～式5-4时还要结合下式:

$$\boldsymbol{H}=\frac{1}{\mu}\boldsymbol{B} \tag{5-5}$$

$$\boldsymbol{D}=\varepsilon\boldsymbol{E} \tag{5-6}$$

$$\boldsymbol{J}=\sigma\boldsymbol{E} \tag{5-7}$$

式中 $\boldsymbol{B}$——磁通密度矢量,T;

$\boldsymbol{E}$——电场强度矢量,V/m;

$\boldsymbol{H}$——磁场强度矢量,A/m;

$\boldsymbol{D}$——电位移矢量,C/m^2;

$\boldsymbol{J}$——电流密度矢量,A/m^2;

q——自由电荷密度,C/m^3;

μ——介质的磁导率,H/m;

σ——介质的电导率,$\Omega^{-1}\cdot m^{-1}$;

t——时间,s;

ε——介质的介电常数。

式5-1～式5-7全面总结了电磁场的规律,是宏观电动力学的基本方程。

在描述结晶器三维流动的数学模型中,用到的基本方程是连续性方程(质量守恒方程)、动量守恒方程(N-S方程)和湍流模型方程(标准的 k-ε 双方程模型,见式2-37～式2-40)。

在研究流场和电磁场相互作用的问题中,关键是如何求解由于感应引起的电流密度 $\boldsymbol{J}$,由于假设结晶器内的钢液流动为稳态过程,忽略感应磁场的产生,故采用求解电势方程的方法来求解电流密度[5,6]。

（1）感应电流密度的计算方程。由

$$\boldsymbol{J}=\sigma(\boldsymbol{E}+\boldsymbol{u}\times\boldsymbol{B}) \tag{5-8}$$

$$\boldsymbol{E}=-\nabla\varphi \tag{5-9}$$

推出电流密度的计算方程为：

$$\boldsymbol{J}=\sigma(-\nabla\varphi+\boldsymbol{u}\times\boldsymbol{B}) \tag{5-10}$$

电流密度满足稳定状态下的守恒方程：

$$\nabla\cdot\boldsymbol{J}=0 \tag{5-11}$$

又由式 5-10 和式 5-11 联立可以导出电势的泊松方程为：

$$\nabla^2\varphi=\nabla\cdot(\boldsymbol{u}\times\boldsymbol{B}) \tag{5-12}$$

（2）电磁力（洛伦兹力）方程：

$$\boldsymbol{F}=\boldsymbol{J}\times\boldsymbol{B} \tag{5-13}$$

（3）动量方程。动量方程需要增加源项，即电磁力项。因此，动量方程表示为：

$$\rho\frac{\partial(u_iu_j)}{\partial x_j}=-\frac{\partial p}{\partial x_i}+\frac{\partial}{\partial x_j}\left(\mu_{\text{eff}}\frac{\partial u_i}{\partial x_j}\right)+\frac{\partial}{\partial x_j}\left(\mu_{\text{eff}}\frac{\partial u_j}{\partial x_i}\right)+\rho g_i+F_i \tag{5-14}$$

求解过程，首先用每次迭代求解的速度场 $\boldsymbol{u}$ 和稳恒磁场 $\boldsymbol{B}$ 来求解电势方程，见式 5-12，求得电势 φ；然后由感应电流密度方程式 5-10 求得电流密度 $\boldsymbol{J}$；最后动量方程式 5-14 中的电磁力 F_i 由式 5-13 求得[4]。如此反复迭代求解，直到达到满足相应的收敛标准为止，各变量的残差标准为 1.0×10^{-3}。

5.5.4 求解区域和边界条件

对于三维计算，由于板坯结晶器的双对称性，故计算求解区域只取结晶器的 1/4 体积，如图 5-4 所示。求解方程式 5-8 ~ 式 5-14 必须给出相应的边界条件，结合连铸结晶器的特点，模型计算边界条件如下[6~16]。

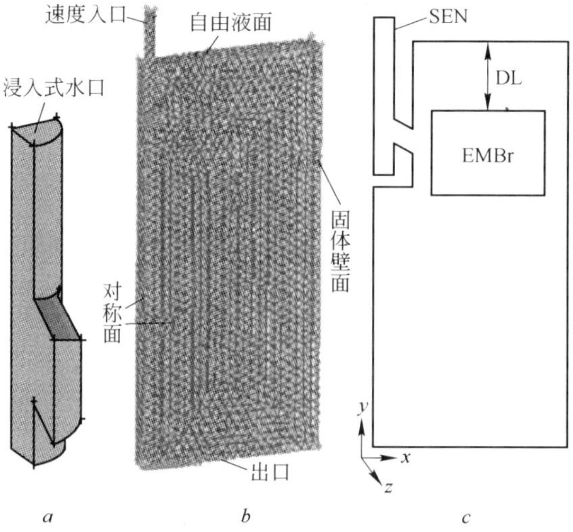

图 5-4 模型几何结构

a—水口结构；*b*—模型网格划分；*c*—电磁制动位置

(1) 入口边界条件。入口定义在浸入式水口入口处。在入口处根据拉速由质量守恒按式 5-15 计算出入口处流速 v, $u=w=0$。另外，水口壁面处定义为固体壁面，处理方式与结晶器壁面相同。湍流参量 k, ε 分别由式 5-16 和式 5-17 确定：

$$\bar{v}_{\text{inlet}} = \bar{u}_{\text{out}} S_{\text{out}} / S_{\text{in}} \tag{5-15}$$

$$k_{\text{inlet}} = \frac{3}{2}(\bar{v}_{\text{inlet}} T_{\text{i}})^2 \tag{5-16}$$

$$\varepsilon_{\text{inlet}} = C_\mu^{3/4} k^{3/2} / l \tag{5-17}$$

式中 S_{out}——结晶器出口截面面积，m^2；

S_{in}——水口入口处截面面积，m^2；

T_{i}——湍流强度，一般取 1% ~ 10%；

l——湍流长度尺寸，取为 $0.07d_{水口直径}$，m。

(2) 对称面。垂直于对称面的速度分量及所有其他各变量沿对称面法线方向的梯度设为零，即在 $x-y$ 和 $y-z$ 对称面上有：

$$\frac{\partial u}{\partial z} = \frac{\partial v}{\partial z} = \frac{\partial k}{\partial z} = \frac{\partial \varepsilon}{\partial z} = w = 0 \tag{5-18}$$

$$\frac{\partial v}{\partial x} = \frac{\partial w}{\partial x} = \frac{\partial k}{\partial x} = \frac{\partial \varepsilon}{\partial x} = u = 0 \tag{5-19}$$

(3) 结晶器液面。结晶器液面设为平面，垂直于液面的速度分量及所有其他各变量沿液面法线方向的梯度设为零，即：

$$\frac{\partial u}{\partial y} = \frac{\partial w}{\partial y} = \frac{\partial k}{\partial y} = \frac{\partial \varepsilon}{\partial y} = v = 0 \tag{5-20}$$

(4) 出口边界条件。出口处为计算区域底部，设出口处流动充分发展，各物理量沿该截面的法向导数为零，即：

$$\frac{\partial u}{\partial y} = \frac{\partial v}{\partial y} = \frac{\partial w}{\partial y} = \frac{\partial k}{\partial y} = \frac{\partial \varepsilon}{\partial y} = 0 \tag{5-21}$$

(5) 结晶器壁面。在结晶器壁面处，垂直于结晶器壁面的速度为零，而平行于结晶器壁面的分量采用无滑移边界条件，即黏度设为无穷大。在靠近结晶器壁的近壁区的节点上，平行于结晶器壁面的分量由壁面函数确定。

5.5.5 计算区域网格划分和控制方程的离散

5.5.5.1 计算区域网格划分

选用直角坐标系，坐标系的建立如图 5-4 所示。针对板坯连铸结晶器的断面尺寸，建立模型时将结晶器考虑成长方体，水口的结构如图 5-4a 所示，具体形状尺寸如图 5-5 所示，结晶器工艺参数和水口相关尺寸见表 5-1 和表 5-2。鉴于结晶器的浸入式水口结构的复杂性，模型的网格划分为均匀的非结构网格，节点间距根据计算过程的经验和壁面函数法对近壁区节点分布的要求取为 16 mm，网格划分如图 5-4b 所示。

表 5-1 结晶器工艺参数和钢液的热物性参数

参 数	数 值
结晶器尺寸/mm	1280(宽)×180(厚)×900(长)
水口尺寸/mm	$\phi_{内}$ 48,$\phi_{外}$ 90
水口浸入深度/mm	130,150,170
拉速/m · min^{-1}	0.75,1.0,1.5
钢液密度/kg · m^{-3}	7100
钢液黏度/Pa · s	5.50×10^{-3}
钢液电导率/Ω^{-1} · m^{-1}	7.14×10^{5}
钢液磁导率/H · m^{-1}	1.26×10^{-6}
磁通密度/T	0.1,0.15,0.2
磁场位置(DL)/mm	20,80,120,160,200
制动区域大小/mm	500(宽)×300(高)

表 5-2 浸入式水口尺寸

水口型号	倾角 α/(°)	内/外径/mm	水口侧孔半径 R/mm	h/mm	水口横截面积 $S_{内}$/mm^2
A	10	48/90	24	32	1808.64
B	0				
C	-30				

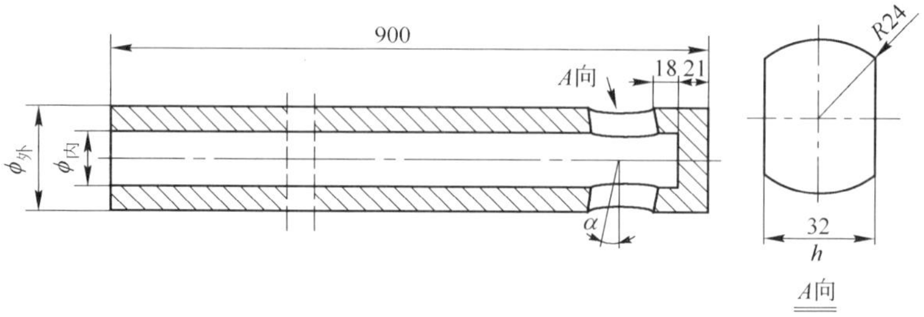

图 5-5 浸入式水口示意图

5.5.5.2 控制方程的离散

对于在求解区域内建立的上述偏微分方程,理论上是有真解的,但由于所处理的问题自身的复杂性,如复杂的边界条件或方程自身的复杂性等,造成很难获得方程的真解,因此,就需要通过数值的方法把计算域内有限数量位置(即网格节点)上的因变量值当作基本未知量来处理,从而建立一组关于这些未知量的代数方程,然后通过求解代数方程组来得到这些节点值,而计算域内其他位置上的值则根据节点位置上的值来确定。离散化的目的就是将控制方程在网格上离散,将偏微分格式的控制方程转化为各个节点上的代数方程组,进而求解代数方程组,得到离散点上的数值解,用以表示和代替连续解。目前主要应用的离散方法有有限差分法、有限元法、有限体积法(控制容积法)以及边界元法等。

有限体积法(Finite Volume Method,FVM)又称为控制容积法(Control Volume Method,CVM)。其基本思想是:将计算区域划分为网格,并使每个网格点周围有一个互不重复的控制体积;将待解微分方程(控制方程)对每个控制体积积分,从而得出一组离散方程。其中的未知数是网格节点上的因变量。为了求出控制体积的积分,必须假定因变量的值在网格节点之间的变化规律。从积分区域的选取方法看,有限体积法属于加权余量法中的子域法,从未知解的近似方法看来,有限体积法属于采用局部近似的离散方法。简言之,子域法加离散,就是有限体积法的基本方法。有限体积法的基本思想易于理解,并能得出直接的物理解释。离散方程的物理意义就是因变量在有限大小的控制容积中的守恒原理,如同微分方程表示因变量在无限小的控制体积中的守恒原理一样。有限体积法得出的离散方程,要求因变量的积分守恒对任意一组控制体积都得到满足,对整个计算区域自然也得到满足。这是有限体积法吸引人的优点。有一些离散方法,如有限差分法,仅当网格极其细密时,离散方程才满足积分守恒;而有限体积法即使在粗网格情况下,也显示出准确的积分守恒[17]。

使用有限体积法建立离散方程时,需要用到一定的离散格式。目前使用较广泛的离散格式主要有一阶迎风格式、中心差分格式、混合格式、指数格式、QUICK 格式及二阶迎风格式等。很多商业软件也提供了诸多离散格式,这里采用二阶迎风格式。对控制方程式 5-8 ~ 式 5-11 离散后得到的三维离散化方程的通用形式为[17,18]:

$$a_P\phi_P = a_W\phi_W + a_E\phi_E + a_S\phi_S + a_N\phi_N + a_B\phi_B + a_T\phi_T + b \tag{5-22}$$

5.5.6 控制方程的求解

5.5.6.1 压力修正法

流场计算的基本过程就是在空间上用有限体积法或其他类似方法将计算域离散成许多小的体积单元,在每个体积单元上对离散后的控制方程组进行求解。流场计算的本质就是对离散后的控制方程组的求解。对离散后的控制方程组的求解可分为耦合式解法(coupled method)和分离式解法(segregated method)。这里采用分离式解法。分离式解法不直接解联立方程组,而是顺序地、逐个地求解各变量代数方程组。依据是否直接求解原始变量 u、v、w 和 p,分离式解法分为原始变量法和非原始变量法[18]。

涡量-流函数法就属于非原始变量法,其对二维求解过程较为方便,方程中各项物理量的意义也比较明确,但流函数法不易扩展到三维情况,因为三维水流不存在流函数。这里采用原始变量法,其包含的解法比较多,常用的有解压力泊松方程法、人为压缩法和压力修正法[18]。目前工程上应用最为广泛的流场计算方法就是压力修正法。

压力修正法的实质是迭代法。在每一时间步长的运算中,先给出压力场的初始猜测值,据此求出猜测的速度场。再求解根据连续性方程导出的压力修正方程,对猜测的压力场和速度场进行修正,如此往复,可以得出压力场和速度场的收敛解。其基本思路归纳为:

(1) 假定初始压力场;

(2) 利用压力场求解动量方程,得到速度场;

(3) 利用速度场求解连续性方程,使压力场得到修正;

(4) 根据需要,求解湍流方程及其他标量方程;

(5) 判断当前时间步长上的计算是否收敛,若不收敛,返回到第(2)步,迭代计算;若收敛,重复上述步骤,计算下一时间步长的物理量。

压力修正法有多种实现方式,其中,压力耦合方程组的半隐式方法(SIMPLE 算法)应用最为广泛，也是各种商业 CFD 软件普遍采纳的算法。SIMPLE 算法自问世以来，在被广泛应用的同时，也以不同方式不断地得到改善和发展，其中最著名的改进算法包括 SIMPLEC、SIMPLER 和 PISO 算法，这里采用 SIMPLEC 算法[17,18]。

5.5.6.2 SIMPLEC 算法

SIMPLEC 算法是英文 SIMPLE Consistent 的缩写，意为协调一致的 SIMPLE 算法。SIMPLEC 算法的收敛性远优于 SIMPLE 算法。SIMPLEC 算法的基本步骤如图 5-6 所示。

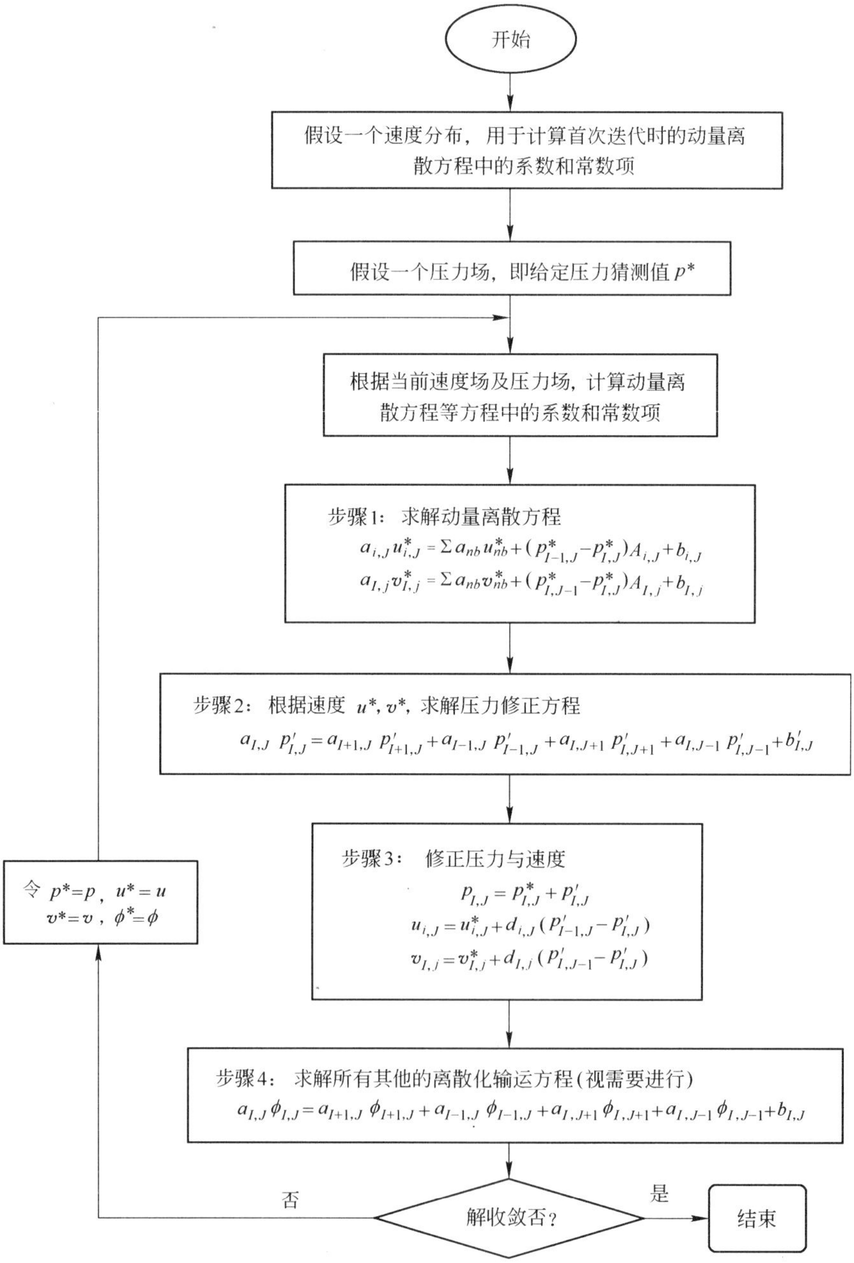

图 5-6 SIMPLEC 算法流程图

5.6　电磁制动过程影响钢液流动因素分析

5.6.1　结晶器内电磁制动过程的基本特征

5.6.1.1　感应电流密度和电磁力的分布

图 5-7 为水口侧孔倾角为向上 10°和向下 30°、拉速为 1.0m/min 和磁感应强度为 0.15T 时对应的感应电流密度分布。由图可以看出，运动的钢液通过静磁场时就会在钢液内部形成如图所示的感应电流，其大小与钢液流速成正比，所以钢液主流股附近的感应电流尤其大，根据对称面另一侧的情况分析，可以发现整个结晶器内的感应电流呈现一个大范围的涡流分布[19~23]。

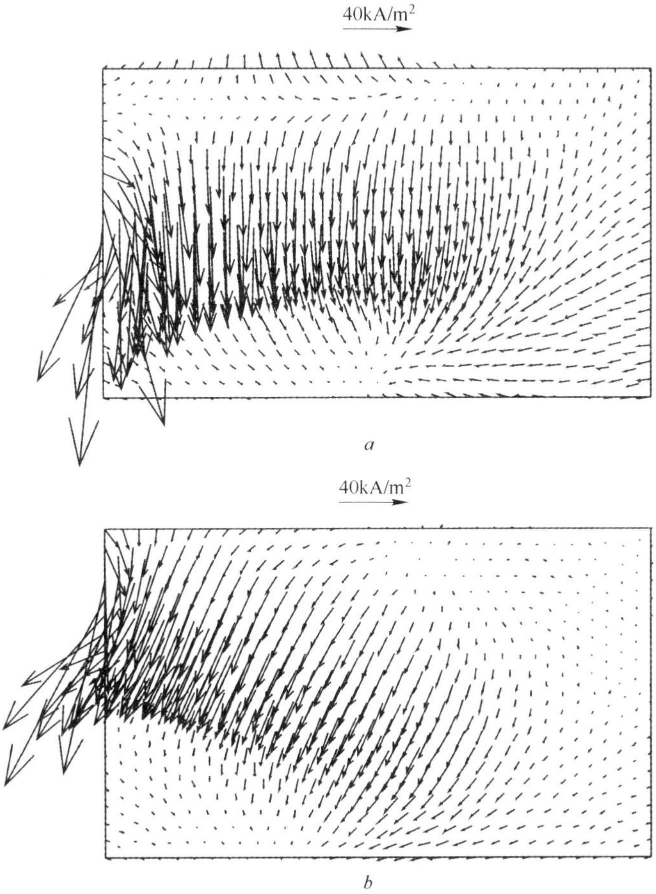

图 5-7　制动区域感应电流密度的放大分布图（$B=0.15T$）
a—水口侧孔倾角向上 10°；*b*—水口侧孔倾角向下 30°

图 5-8*b* 为与图 5-7*b* 所示的感应电流密度相对应的电磁力分布情况。感应电流和磁场相互作用形成了如图所示的与钢液流动方向相反的电磁力，电磁力的方向和感应电流方向垂直，钢液流动速度越大的地方，电磁力就越大。正是此电磁力的存在，减缓了钢液主流股的流速，使主流股的钢液被重新分配，达到了改善钢液流动状态的目的，进而促进了非金属

夹杂物和气泡的上浮，减缓了钢液自由液面的波动。如图 5-8 所示，随着拉速的增加，制动区域的电磁力随之增大，钢液主流股所在区域的电磁力变化尤为明显。

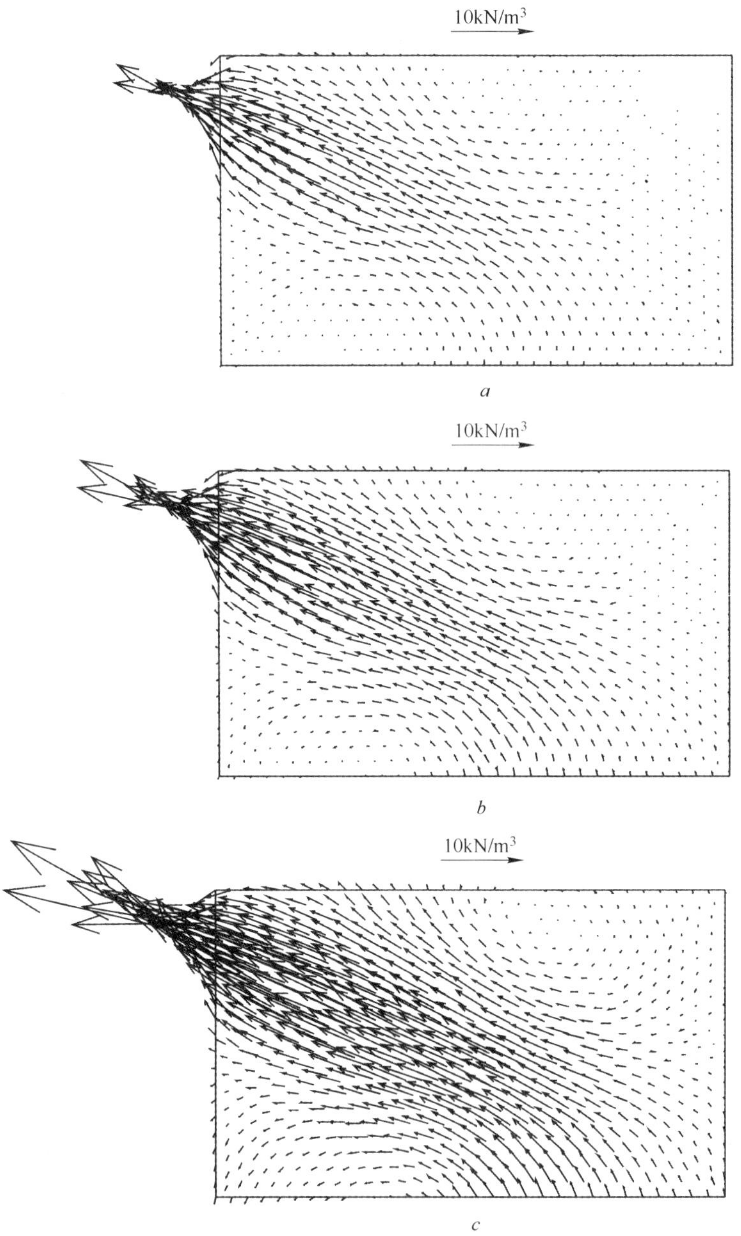

图 5-8 不同拉速时，制动区域电磁力的放大分布图（$B=0.15\text{T}$）

a—0.75 m/min；b—1.0 m/min；c—1.5 m/min

图 5-9 为不同拉速时钢液主流股方向上的电磁力和电流密度分布。由图可见，电磁力和电流密度的变化趋势是一致的，均沿着钢液主流股的流动途径逐渐减小，最大电流密度和电磁力分别由拉速 0.75 m/min 时的 103 kA/m^2、15.4 kN/m^3，变到 1.0 m/min 时的 137 kA/m^2、20.6 kN/m^3，1.5 m/min 时的 206 kA/m^2、30.9 kN/m^3。可见，随着拉速的增加，感应电流密度

和电磁力的增幅明显。电磁力是电磁制动的原动力,其分布状态和大小与钢液的流动速度密切相关。

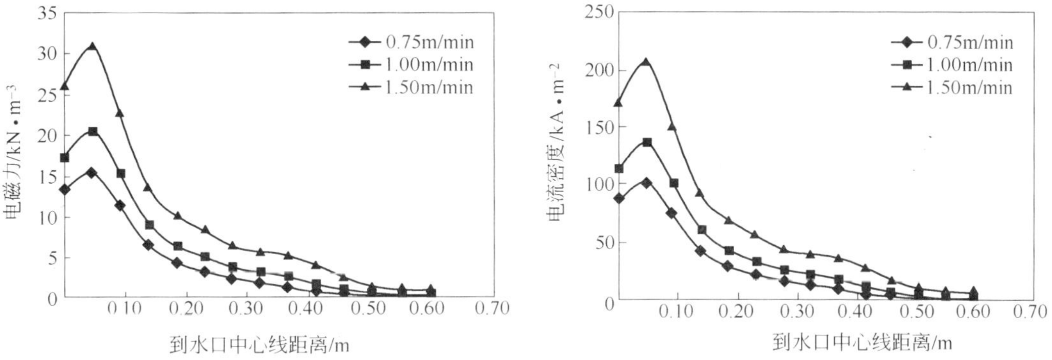

a *b*

图 5-9 不同拉速时,钢液主流股方向上的电磁力和电流密度分布($B=0.15$T)

a—电磁力;*b*—电流密度

5.6.1.2 电磁制动过程流场的基本特征

图 5-10 为在水口侧孔倾角向下 30°、拉速 1.0 m/min 条件下,无电磁制动时结晶器各截面的流场分布。由图可见,在没加电磁制动时,钢液射流冲击到结晶器窄面后形成上下两个范围较大的回流区,整个区域流速都很大。若定义钢液的"冲击深度"是从钢液自由液面到

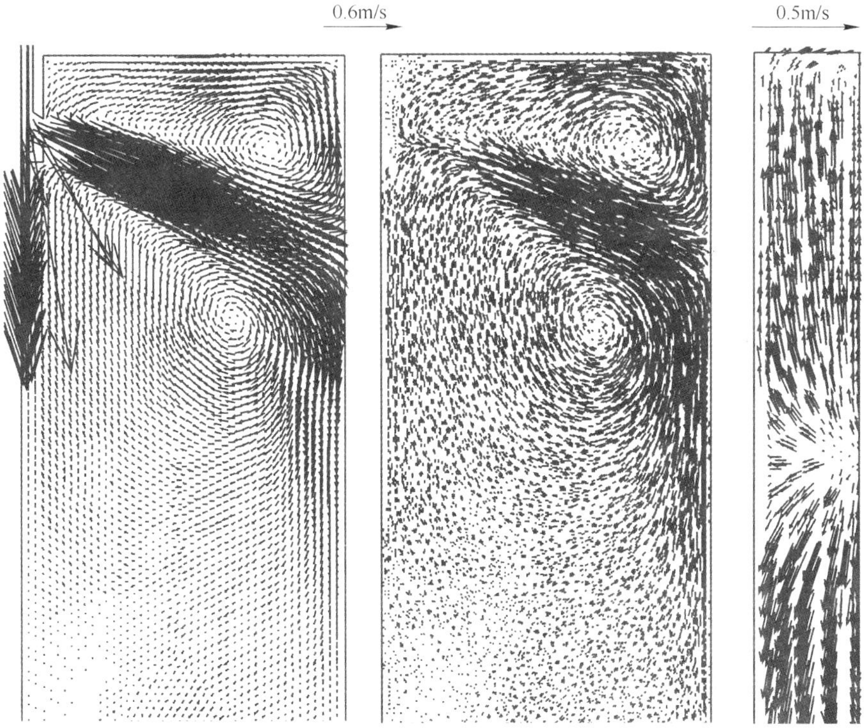

a *b* *c*

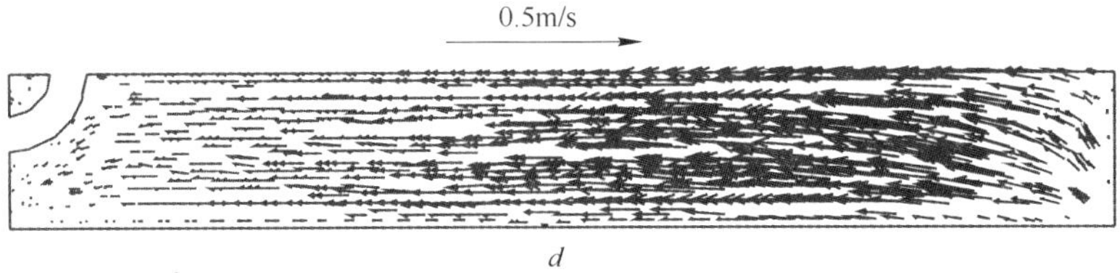

图 5-10　无电磁制动时，$x-y$ 平面（$z=0$ 和 $z=-45$ mm）、$y-z$ 平面（$x=630$ mm）和 $x-z$ 平面（$y=1490$ mm）的放大速度场（$\alpha=-30°$）

a—$z=0$ mm；b—$z=-45$ mm；c—$x=630$ mm；d—$y=1490$ mm

下回流区的最大范围处的距离，则此时的冲击深度为 1250 mm；由图 5-10c 可以看出，钢液主流股冲击结晶器窄面后沿着壁面以较大的速度向上和向下流动，其冲击点处的最大冲击速度为 0.119 m/s；由图 5-10d 可看出，钢液自由液面下的速度也相当大，且最大速度靠近弯月面处，其值为 0.122 m/s。

图 5-11 为施加电磁制动后结晶器内的钢液流场分布，分别与图 5-10 相对应。由图可以看出，当有电磁制动时，钢液主流股的流速被明显减缓了，在未到达结晶器窄面时钢液射

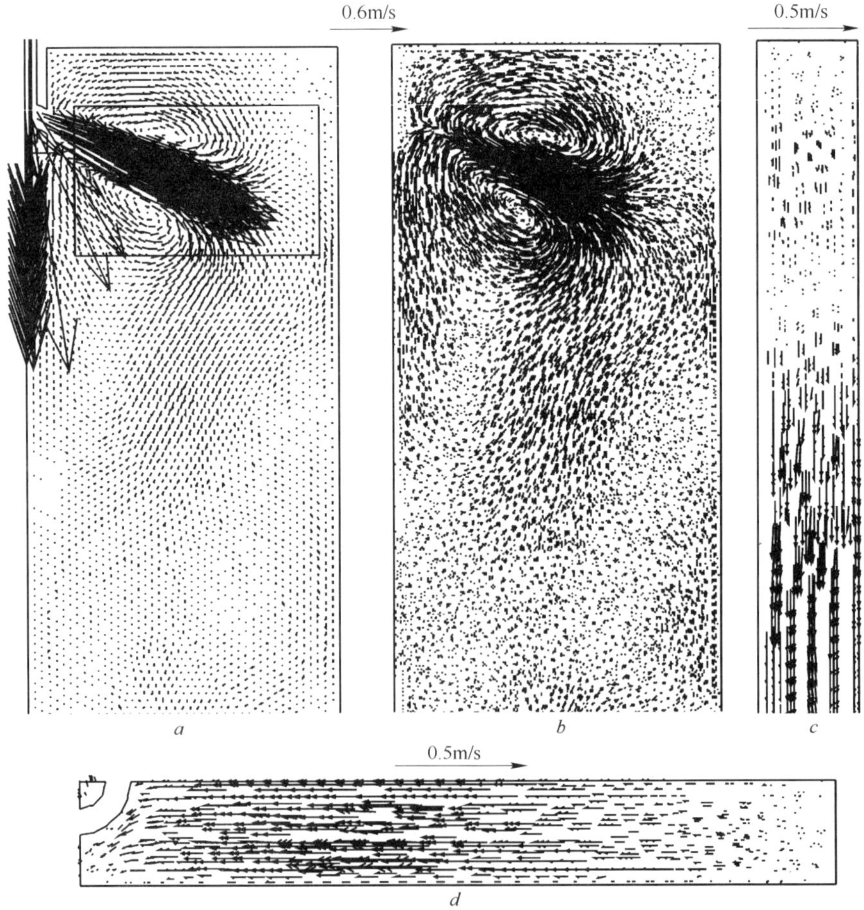

图 5-11　电磁制动时，$x-y$ 平面（$z=0$ 和 $z=-45$ mm）、$y-z$ 平面（$x=630$ mm）和 $x-z$ 平面（$y=1490$ mm）的放大速度场（$\alpha=-30°$，$B=0.15$T）

a—$z=0$ mm；b—$z=-45$ mm；c—$x=630$ mm；d—$y=1490$ mm

流就被强制地改变了方向,形成较无电磁制动时相对小的回流区,其冲击深度仅为800mm,整个结晶器内部流场都相对平稳了,且大部分钢液出现单方向的向下流动。由图5-11*c*可以看出,钢液在窄面凝固壳附近形成了新的流谱,钢液沿着窄面凝固壳的流速较图5-10*c*所示减缓了许多,冲击点附近的速度更均匀平缓了,冲击速度减小到0.04m/s;由图5-11*d*可以看出,钢液自由液面下的速度也明显降低了,最大流动速度出现在离弯月面较远的地方,其值为0.048m/s。

从以上分析对比可看出,电磁制动能有效地控制和改善结晶器内的钢液流动状态。通过电磁制动,可以减轻甚至消除由于钢液流速和冲击强度过大而容易出现的"卷渣"、"漏钢"和"重熔"等一系列现象,有利于促进非金属夹杂物的上浮。因此,电磁制动为实际生产中提高钢产品的质量和产量提供了有力的保证。

5.6.2 磁感应强度对钢液流场的影响

图5-12~图5-15为在拉速为1.5m/min、水口侧孔倾角向下30°和电磁制动位置距液面120mm的条件下,不同磁感应强度时结晶器内的钢液流场分布[24~26]。

图5-12为结晶器宽面中心对称面和四分之一截面上的钢液流场分布。从两个流场分布可以清晰地看出,结晶器内部两个较大范围的回流区的整体流动速度都很大,尤其是在结晶器的自由液面附近和靠近结晶器窄面的钢液流股冲击点附近,此时的下流冲击深度为1350mm。

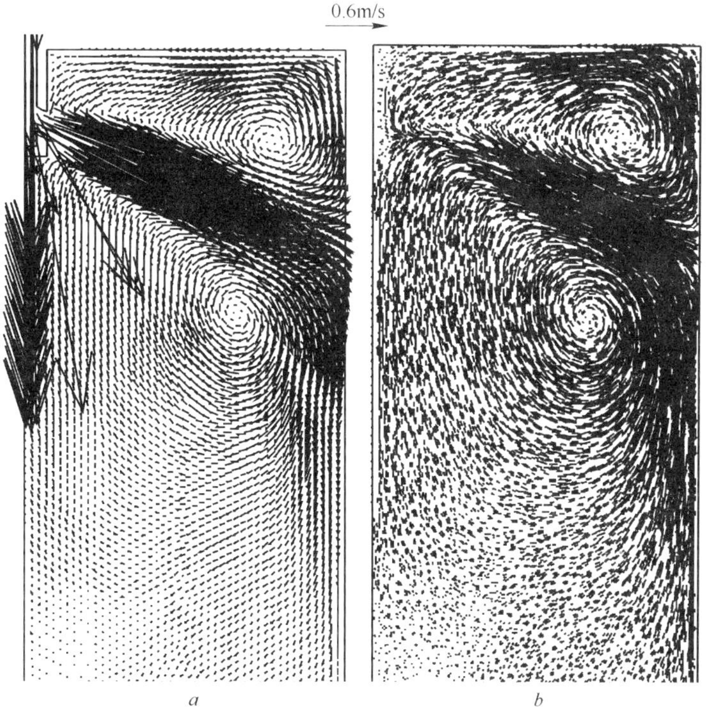

图5-12 无电磁制动时,$x-y$平面上的速度场(v_c=1.5 m/min)

a—z=0mm;*b*—z=-45mm

由图5-13可以看出,当所加的磁感应强度B=0.1T时,结晶器内部钢液的整体流动速度有所下降,钢液主流股对结晶器窄面的冲击强度有所降低,冲击深度也有一定的减小,其值是 900 mm;同时,回流区域范围也有轻微的减小,但从图可以看出,上下回流区的循环流动仍占整个钢液流动的支配地位,所有的钢液流动形式没有大的改变。

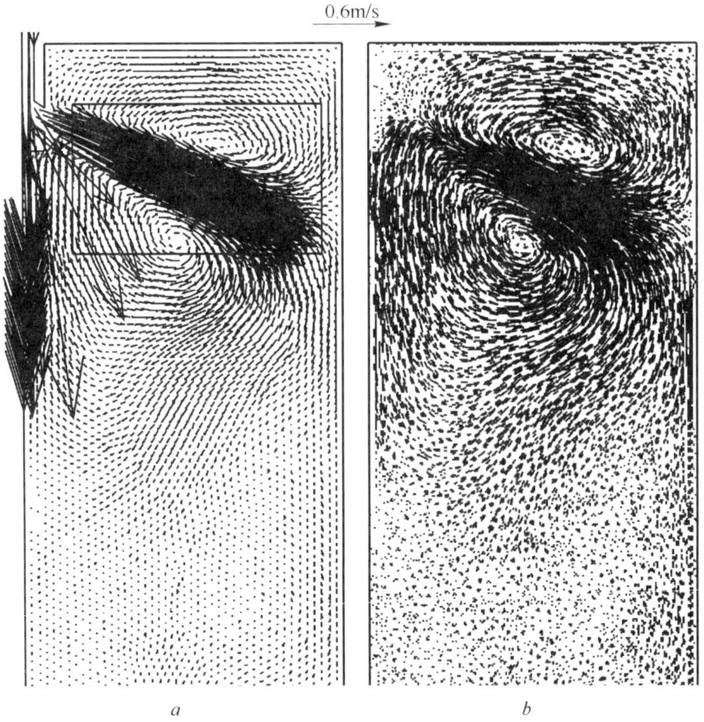

图 5-13　$B=0.1\text{T}$ 时,$x-y$ 平面上的速度场($v_c=1.5\,\text{m/min}$)

a—$z=0\,\text{mm}$;b—$z=-45\,\text{mm}$

图 5-14 为 $B=0.15\text{T}$ 时的流场分布,此时磁场对钢液流动的控制作用相当明显。首先,磁场对钢液主流股的抑制作用较图 5-13 所示变得更为显著。通过减小从水口侧孔喷出的钢液主流股的冲击动量,进而使流股的冲击强度降低,钢液主流股对结晶器窄面的冲击点位置相对于图 5-12 和图 5-13 所示沿着向下流动方向有所下移,但钢液的冲击深度明显减小到了 820 mm,这对于非金属夹杂物的上浮是有利的。其次,由于钢液主流股的冲击动量被减小,上下回流区的再循环动量也跟着降低,这样,使上下回流区域的钢液流动速度变得相对较弱,以至于上下回流区都变得很小,下流钢液几乎大部分都均匀稳定地单方向向下流动。由图还可以看出,此时上下回流涡心的位置到结晶器窄面的距离较 $B=0\text{T}$ 和 $B=0.1\text{T}$ 时都要远,钢液自由液面速度降低,且最大速度远离弯月面处。

图 5-15 为 $B=0.2\text{T}$ 时的情况,钢液整体流动速度更低,上下回流区域范围较图 5-13 和图 5-14 所示更小,冲击深度减小到 720 mm,最明显的变化是自由液面速度降低得更多,尤其在弯月面附近,这对稳定钢液自由液面的波动起到明显的抑制作用。但由于自由液面附近速度过小,向上回流钢液也较少,导致带到自由液面附近的热量不足以完全熔化保护渣,尤其在靠近弯月面附近的热量更是不足,这对于保护渣的均匀铺展是不利的,其润滑作用也难完全实现,进而影响夹杂物的去除,也对钢产品的质量产生一定的影响。

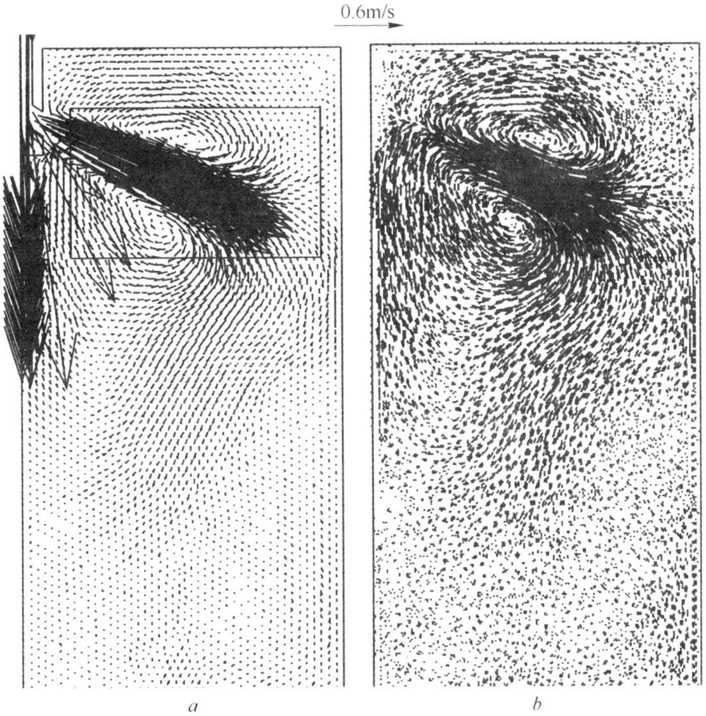

图 5-14 $B=0.15\text{T}$ 时，$x-y$ 平面上的速度场（$v_c=1.5\text{ m/min}$）

a—$z=0\text{ mm}$；b—$z=-45\text{ mm}$

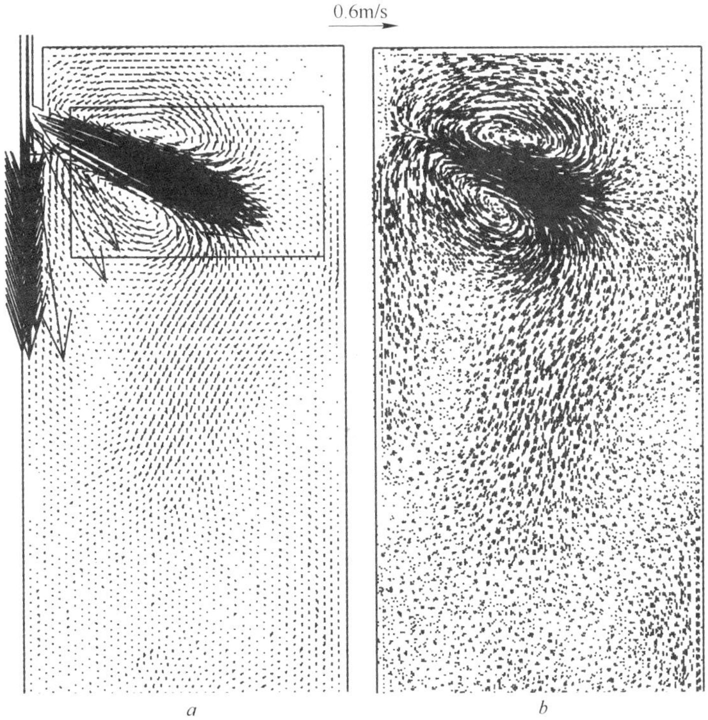

图 5-15 $B=0.2\text{T}$ 时，$x-y$ 平面上的速度场（$v_c=1.5\text{ m/min}$）

a—$z=0\text{ mm}$；b—$z=-45\text{ mm}$

图 5-16 为在相同条件下不同磁感应强度时距自由液面下 10 mm（$y = 1490$ mm）处的 $x-z$ 截面上的流场变化。正如前面分析的那样，由图可以清晰地看出，随着磁感应强度的增大，该截面的整体流动速度随之降低，流速更趋于平缓。最明显的变化是截面上的最大流速所在区域由没加磁场时的靠近弯月面附近，逐渐移向远离弯月面的区域；弯月面附近的钢液流速随着磁感应强度增加而减小得更明显[24~26]。

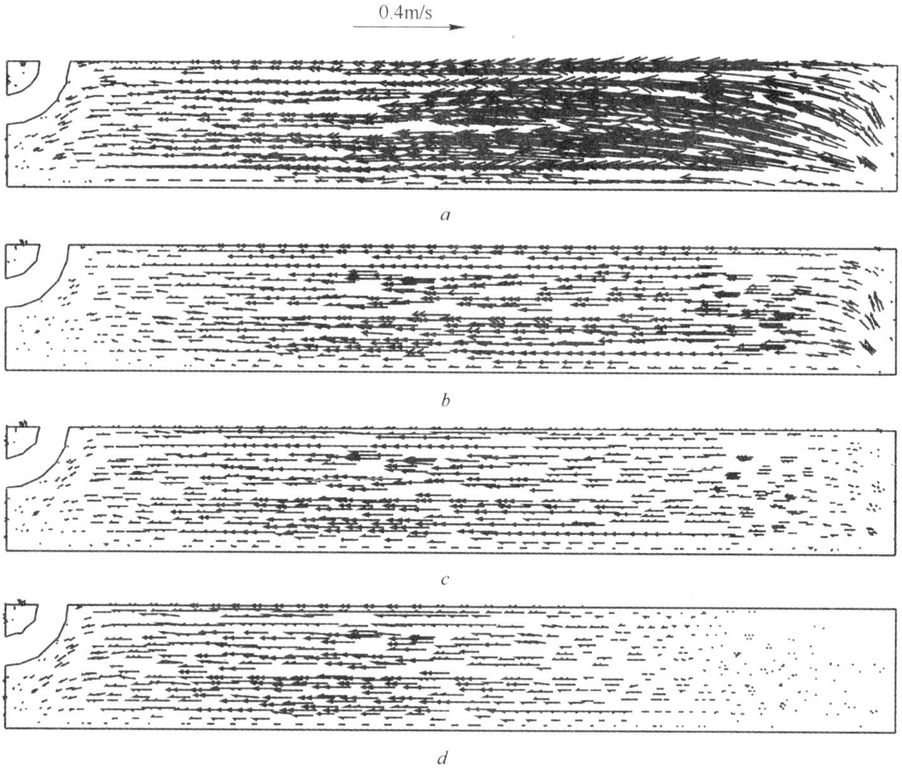

图 5-16　不同磁感应强度时，$x-z$ 平面（$y = 1490$ mm）的速度场

a—$B = 0$ T；b—$B = 0.1$ T；c—$B = 0.15$ T；d—$B = 0.2$ T；

图 5-17 为不同磁感应强度时结晶器内距钢液自由液面 10 mm 处沿结晶器宽度方向中心线上的速度分布。由图可知，速度变化是很明显的，其最大速度由没加磁场时的 0.151 m/s 依次降到 0.1T 时的 0.084 m/s、0.15 T 时的 0.076 m/s 和 0.2 T 时的 0.072 m/s，可见最大速度降低的幅度相当大，但 0.2 T 时的速度变化不是很大，只是最大速度的位置发生了变化。从图上还能直观地看出，随着磁感应强度的增大，最大速度依次远离弯月面（板坯窄面）处，（板坯窄面）弯月面附近的速度降低更快。

图 5-18 为钢液自水口侧孔喷出以后的钢液主流股沿着流动路径的速度变化。由图可知，随着磁感应强度的逐渐增大，主流股的流速沿着流动途径依次降低，而且降低幅度与磁场强度成正比。冲击点处的最大冲击速度由没加磁场时的 0.178 m/s 依次降到 0.1 T 时的 0.098 m/s、0.15 T 时的 0.066 m/s 和 0.2 T 时的 0.048 m/s，冲击速度的降低幅度相当大[24~26]。

由以上分析可知，磁感应强度大小对结晶器内的钢液流动状态的影响是很大的，不同磁感应强度对钢液流场的控制作用明显不同。磁感应强度小，对钢液流场的控制效果

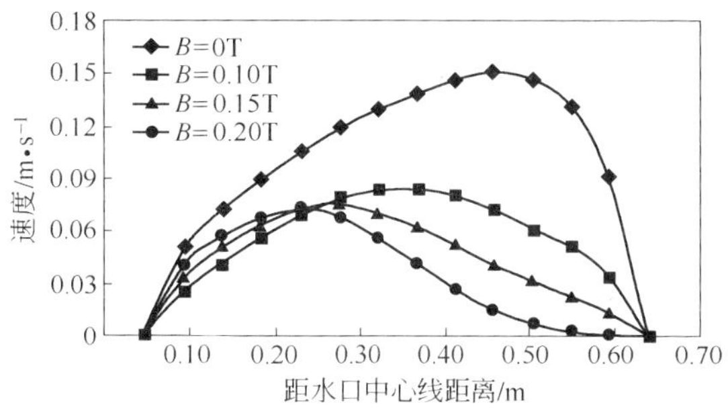

图 5-17 不同磁感应强度时，自由液面下 10 mm($y = 1490$ mm) 处的速度变化

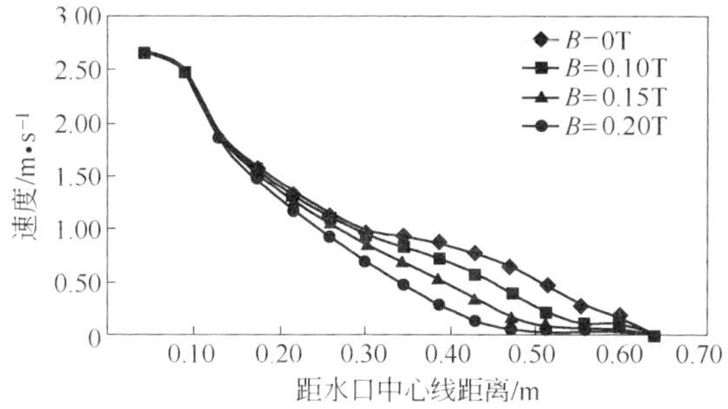

图 5-18 不同磁感应强度时，钢液主流股的速度变化

不明显，不能起到有效地改善钢液流动状态的目的；磁感应强度大，能够明显地起到改善钢液流场分布的作用，但过大的磁感应强度，反而会带来不希望得到的流场分布，如过大的磁感应强度会使自由液面尤其是弯月面附近的速度过小，这对保护渣的充分熔化不利。因此，磁感应强度是影响电磁制动效果的一个最显著的因素，为了使结晶器内的钢液流场达到合理的分布，实际生产中根据具体的水口结构和拉速等选择一个大小合适的磁感应强度是很重要的。在图 5-12 ~ 图 5-16 所示的流场条件下，磁感应强度 B 为 0.15 T 是相对合适的[24~26]。

5.6.3 磁场位置对钢液流场的影响

磁场与流场相互作用区域的位置不同，产生的电磁制动效果将不同，结晶器内的钢液流场的变化也将不同。本节针对不同的电磁制动位置时的流场变化，分析不同磁场位置下钢液流场的变化规律。

图 5-19 为在拉速为 1.0 m/min、磁感应强度 $B = 0.1$T 和水口侧孔倾角为向下 30°的条件下，电磁制动区域分别位于钢液自由液面下 80 mm、120 mm、160 mm 和 200 mm 时的结晶器宽面中心对称面($x - y$ 平面)上的速度场。图 5-20 是与图 5-19 相对应着的电磁制动区域的局部放大流场分布图。由图 5-19a 和图 5-20a 可以看出，当电磁制动位置处于自由液面下 80 mm 处时，磁场对钢液上升流的抑制作用明显增强，上回流区大部分位于制动区域内。这样，自由液面附近的钢液流速明显减小且趋于均匀，可以有效地抑制液面波动，进而降低了保护渣卷入钢液中的机会，对于保护渣的均匀铺展有一定的好处。但这对于下回流钢液的抑制作用减弱，钢液冲击深度仍达到 1000 mm，使较多的热钢液向下流动，进入了液相穴

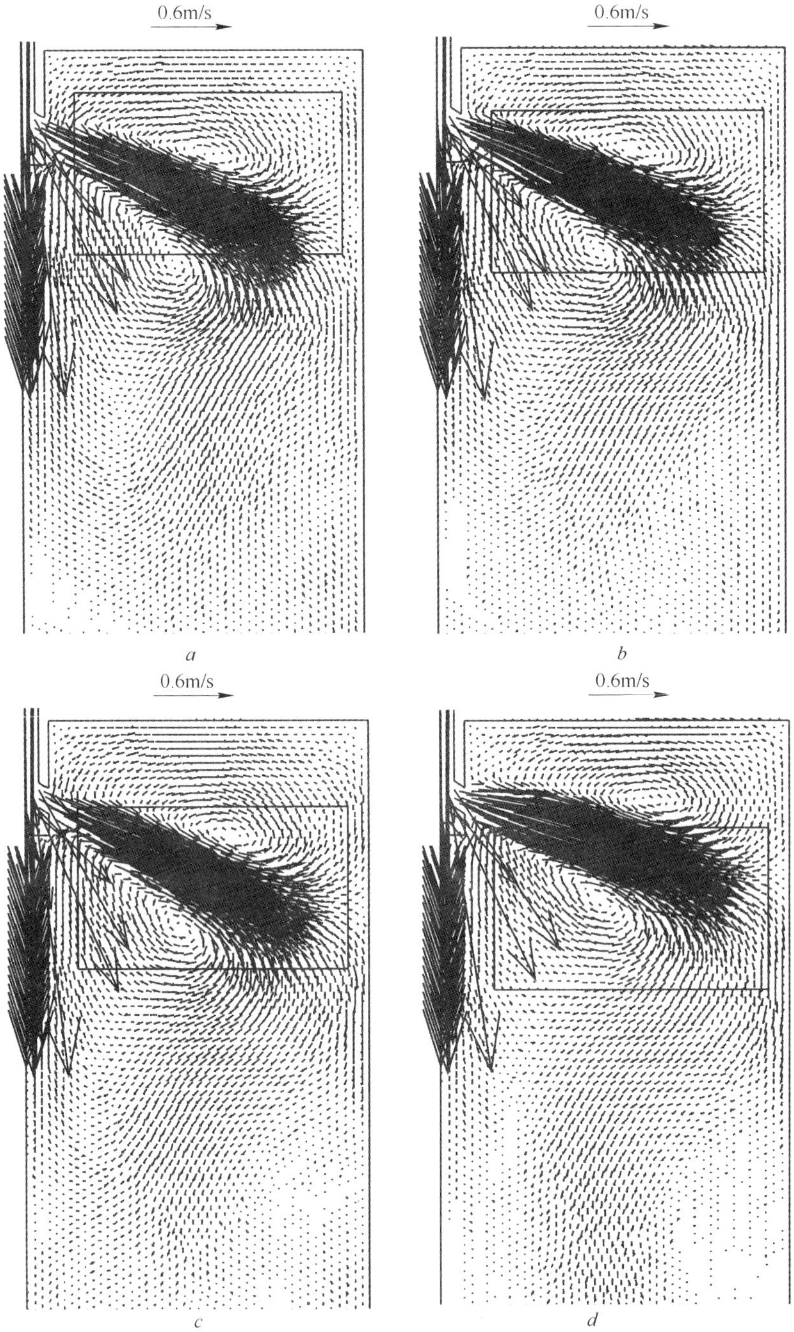

图 5-19 不同电磁制动位置时，$x-y$ 对称面上的速度场（$B=0.1\mathrm{T}$）

a—DL = 80 mm；b—DL = 120 mm；c—DL = 160 mm；d—DL = 200 mm

深处，钢液的热量大部分随之下移，这对于初生凝固坯壳的均匀生长不利。由于上回流的热钢液较少，对于结晶器液面保护渣的充分熔化也是不利的。图 5-19b、c 和图 5-20b、c 是相应于制动区域在自由液面下 120 mm 和 160 mm 时的流场分布情况。从图上可以明显地看出，这两种条件下电磁制动的作用几乎相同。钢液主流股几乎沿着制动区域的对角线穿过，不但钢液主流股的流动速度得到了有效地抑制,而且上下回流区几乎大部分都在制动区域内,制动作用比较均衡,上下流股的流速也都得到了一定的控制,热钢液的分流也比较平均。此时,电磁制动的效果相当明显,既减小了钢液主流股的流速,降低了流股对铸坯窄面的冲击强度,又减小了钢液自由液面的流速,尤其是弯月面附近的速度得到了很好的控制,稳定了液面波动,防止了保护渣卷入到钢液中而影响钢的质量;同时,由于热钢液的分流均匀,有足够的热量来熔化钢液面的保护渣,使保护渣铺展均匀,起到了充分发挥润滑的作用,对于保证钢液质量和促进夹杂物的去除是有好处的。下流钢液的热量也不至于过大而导致凝固坯壳的重熔甚至漏钢现象的发生。钢液流股冲击铸坯窄面后向下的冲击深度也明显减小到了800 mm,这对于夹杂物的充分上浮有利;下流钢液大部分平稳地向下单方向流动。图5-19*d*和图5-20*d*是制动区域位于液面下200 mm时的情况。由图可以看出,此时磁场对钢液下回流区的抑制作用比较突出,下回流区几乎完全处于制动区域内,而上回流区则几乎没在制动区域内。下流钢液的速度得到了有效地控制,向下流股的冲击深度减小到720mm,这有利于夹杂物的上浮。但同时上流钢液的速度没得到很好的控制,钢液大量地上流。从图可以清晰地看到,钢液自由液面的流动速度仍然很大,液面波动没有得到有效地抑制。

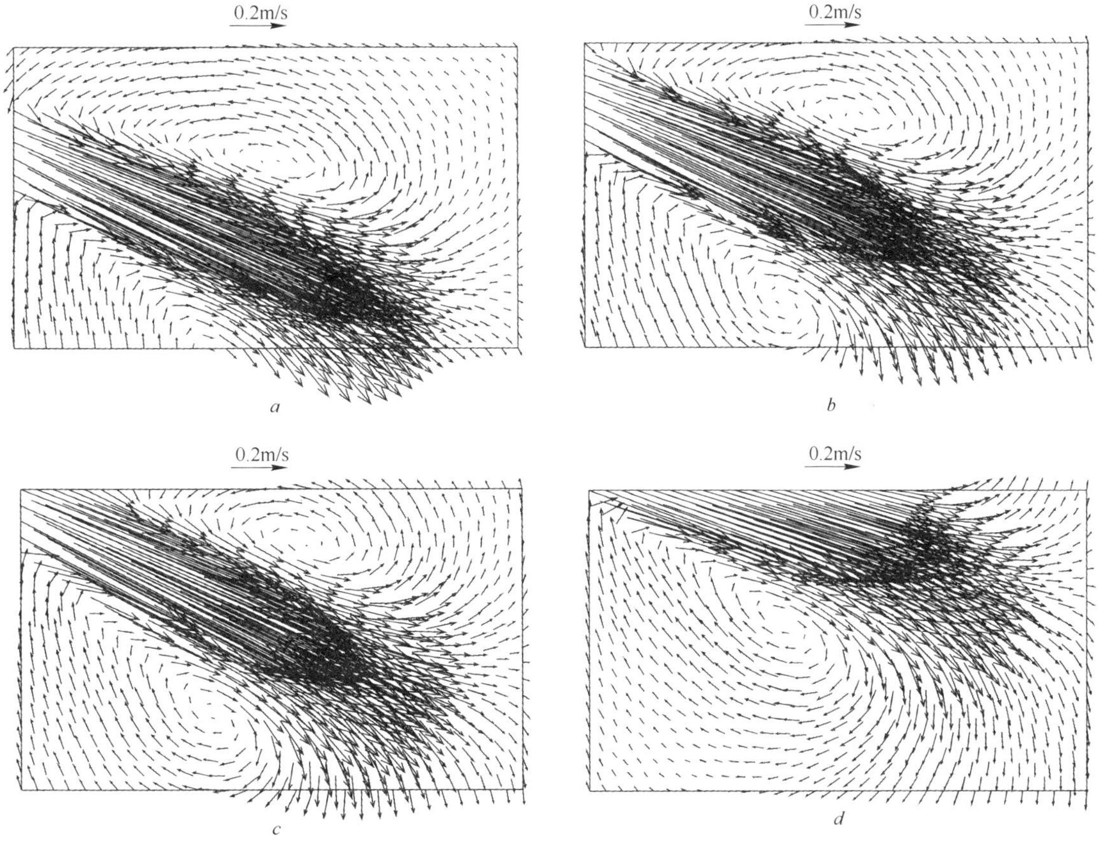

图5-20 电磁制动区域的流场局部放大图($B=0.1$T)

a—DL = 80 mm;*b*—DL = 120 mm;*c*—DL = 160 mm;*d*—DL = 200 mm

图5-21和图5-22分别为不同电磁制动位置时自由液面下10 mm处和600 mm处沿结晶器宽度方向中心线上的速度变化。如图5-21所示,随着电磁制动位置相对于钢液自由液面

下移,磁场对自由液面波动的控制作用就越弱。钢液自由液面下 10 mm 处的最大流动速度在没加磁场时是 0. 122 m/s,而且靠近弯月面处,随着制动位置由距离液面下 80 mm 依次下移到 120 mm、160 mm 和 200 mm 处,自由液面下 10 mm 处的最大速度都较弯月面处有一定的距离,其速度分别为 0. 052 m/s、0. 062 m/s、0. 071 m/s 和 0. 082 m/s。可见,随着制动位置的下移,速度的变化规律是很明显的。从图 5-22 可以看出,自由液面下 600 mm 处沿着结晶器宽度方向中心线上的速度随着电磁制动位置的下移而降低,说明随着制动位置的下移,对下流钢液的抑制作用变得越来越明显。

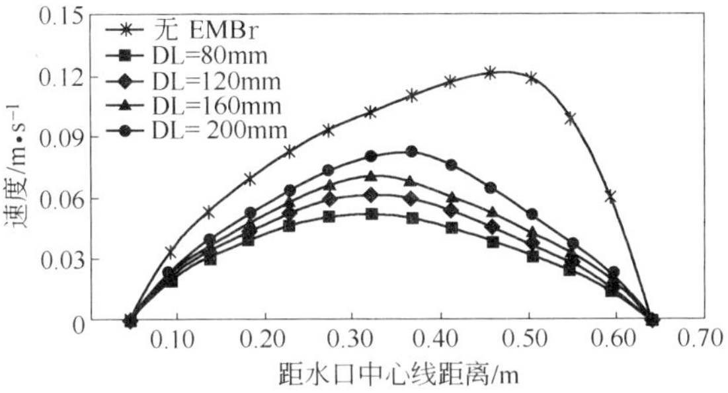

图 5-21 不同电磁制动位置时,自由液面下 10 mm($y=1490$ mm)处的速度变化 ($B=0.1$ T)

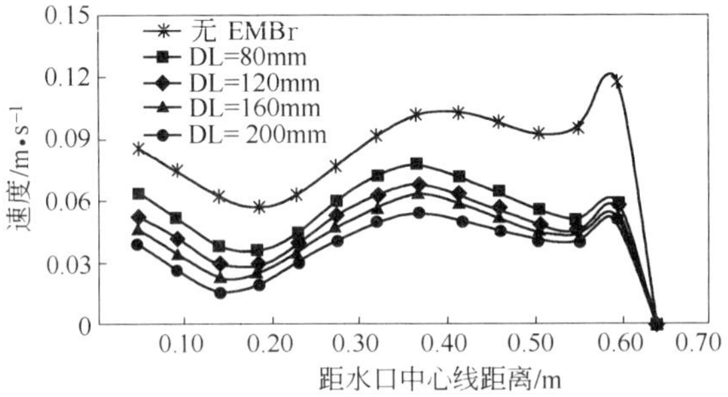

图 5-22 不同电磁制动位置时,自由液面下 600 mm($y=900$ mm)处的速度变化 ($B=0.1$ T)

由以上分析可以发现,电磁制动位置不同,对结晶器内的钢液流场的制动效果是不同的。实际中应根据不同的水口侧孔倾角以及不同的电磁制动目的来选择不同的电磁制动位置。

5.6.4 水口侧孔倾角对钢液流场的影响

下面研究当电磁制动位置固定在距自由液面下 20 mm 处,即制动区域的水平中心线与水口侧孔中心的水平线位置相同时,不同水口侧孔倾角对电磁制动效果的影响。

图 5-23 为拉速为 0. 75 m/min、磁感应强度 $B=0.15$ T 和制动位置 DL = 20 mm 的情况下,水口侧孔倾角分别是 10°、0°、-15°、-30°和 -45°时的电磁制动区域的速度场分布。图 5-23*a*、*b* 表明,当水口侧孔倾角是向上 10°和 0°时,此时的电磁制动效果比较相似,制动区域能够完全控制钢液主流股的流速,主流股通过制动区域内的流动途径较长,有效地抑制了主流股的速度,降低了该流股对铸坯窄面的冲击强度;同时,上下回流区大部分被覆盖在电磁制动区域范围内,这样制动作用较均衡,既能达到稳定液面波动的目的,减少保护渣

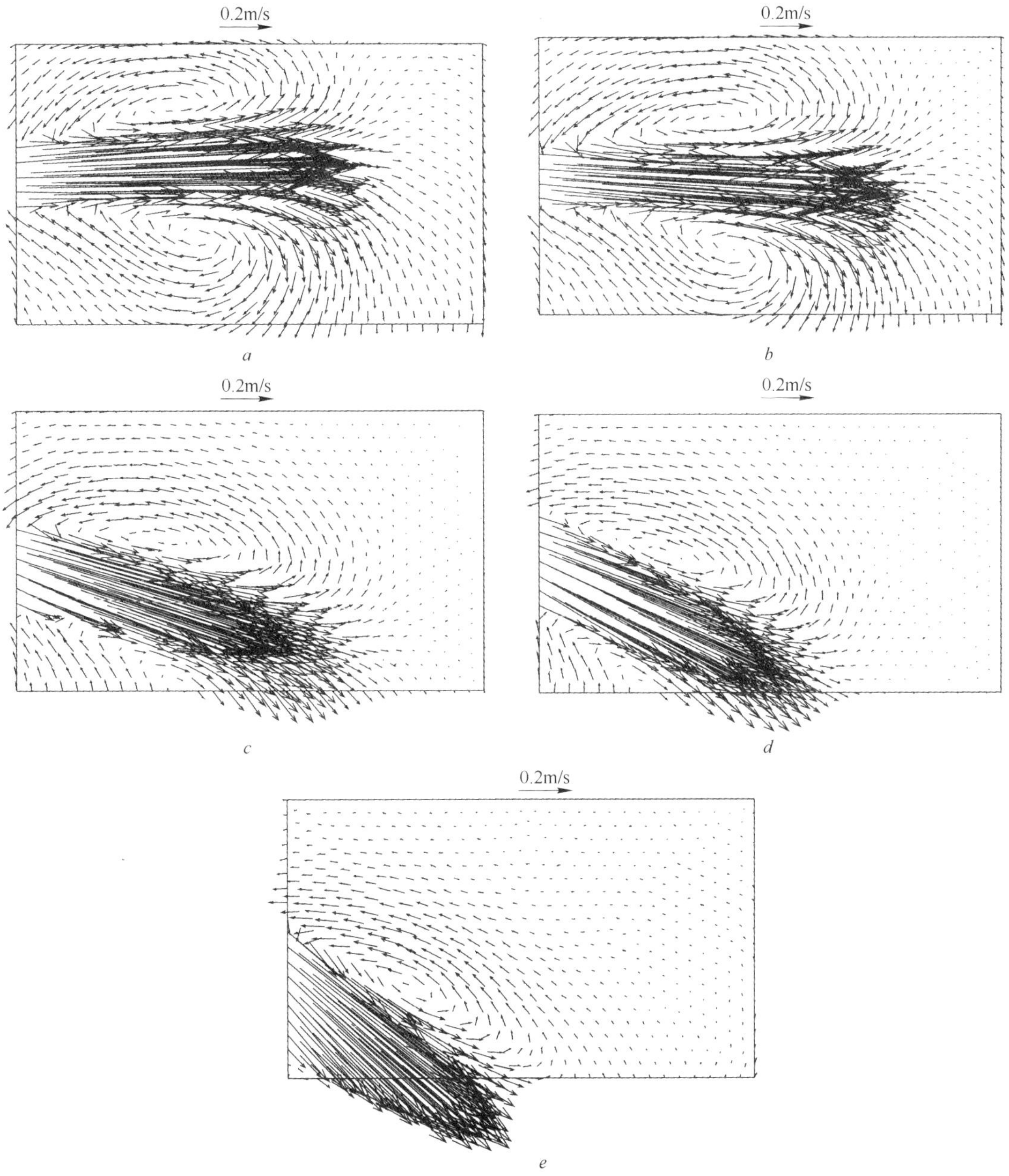

图 5-23 不同水口侧孔倾角时，电磁制动区域的流场局部放大图（$B=0.15\mathrm{T}$）

a—$\alpha=10°$；b—$\alpha=0°$；c—$\alpha=-15°$；d—$\alpha=-30°$；e—$\alpha=-45°$

的卷入机会，提供足够的热量熔化保护渣，改善弯月面附近的钢液流动状态；又能控制下流钢液的流动速度，有效地降低钢液流股的冲击深度，促进非金属夹杂物的上浮去除。图 5-23c、d 是水口侧孔倾角为向下 15°和 30°时的情况。由图可以看出，此时钢液主流股在制动区域内的流动途径明显缩短，磁场对上流钢液的制动作用突出，下流钢液没有得到有效控制。上流钢液大部分处于制动范围内，这样有利于稳定钢液的自由液面波动。但不利的是，此时的弯月面附近速度过低，热钢液大部分向下流动，液面处得到的热量不足以熔化保护渣,尤其在弯月面处;而热钢液大部分下流带来的热量又对初生凝固坯壳的生长不利,容易造成坯壳重熔或漏钢现象。图 5-23*e* 是水口侧孔倾角向下 45°时的制动区域流场分布情况。此时的钢液主流股几乎没有得到电磁制动作用的控制,对铸坯窄面的冲击强度仍然很大。制动区域内完全是上流钢液,这样,上流钢液的流速得到了充分的抑制,但下流钢液没有受到控制,钢液大部分下流,导致热量分布不均,从而使上述提到的"保护渣熔化不完全"、"钢液二次氧化"、"坯壳重熔"和"漏钢"等现象更容易发生。

由以上分析可知,电磁制动作用对水口侧孔倾角比较敏感。当水平静磁场处于正对着水口侧孔出口的位置上时,随着水口侧孔倾角向下增大,钢液主流股从水口侧孔射流的角度就越大,钢液主流股就越快脱离磁场控制范围,因此磁场对钢液流场的影响有限。这是由于当水口侧孔倾角不同时,磁场覆盖钢液流股的范围大小和区域位置不同,使制动过程产生的电磁力的大小和方向也不同,从而得到不同的电磁制动效果。所以,在实际生产和设计电磁制动装置过程中,应根据结晶器水口的侧孔倾角来合理地安排电磁制动位置。

5.6.5 拉速对钢液流场的影响

图 5-24 ~ 图 5-26 为在水口侧孔倾角向下 30°,有无电磁制动的情况下,拉速分别为 0.75 m/min、1.0 m/min 和 1.5 m/min 时结晶器的宽面中心对称面上的速度分布。图 5-24*a*、图 5-25*a* 和图 5-26*a* 显示,当没有电磁制动时,随着拉速的增大,结晶器内钢液的整体流速随之增大,钢液主流股对铸坯窄面的冲击速度、液面附近的流动速度和钢液的下流速度变化尤其明显,钢液冲击深度由 1150 mm 依次增加到 1250 mm、1350 mm。是这些局部区域钢液

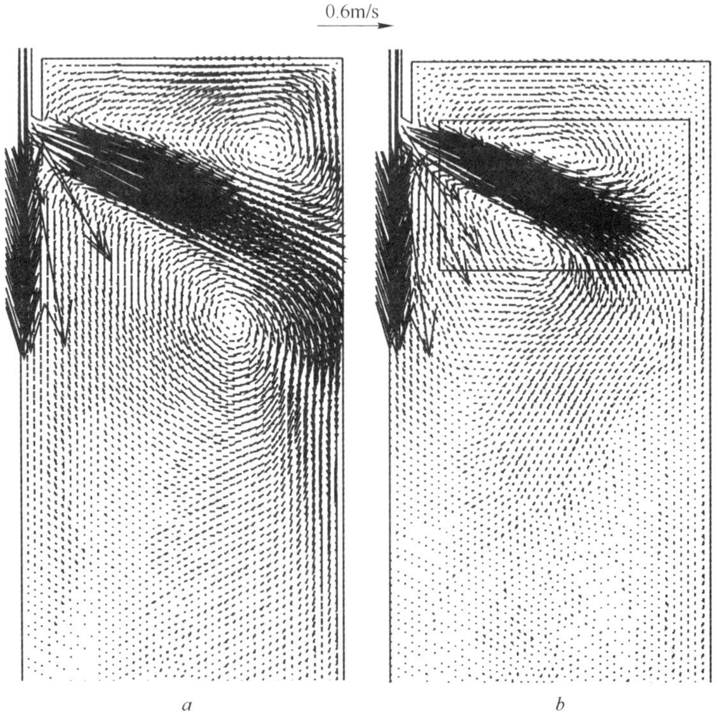

图 5-24　拉速为 0.75 m/min 时,$x-y$ 对称面上的速度场

a—$B=0\,T$;*b*—$B=0.1\,T$

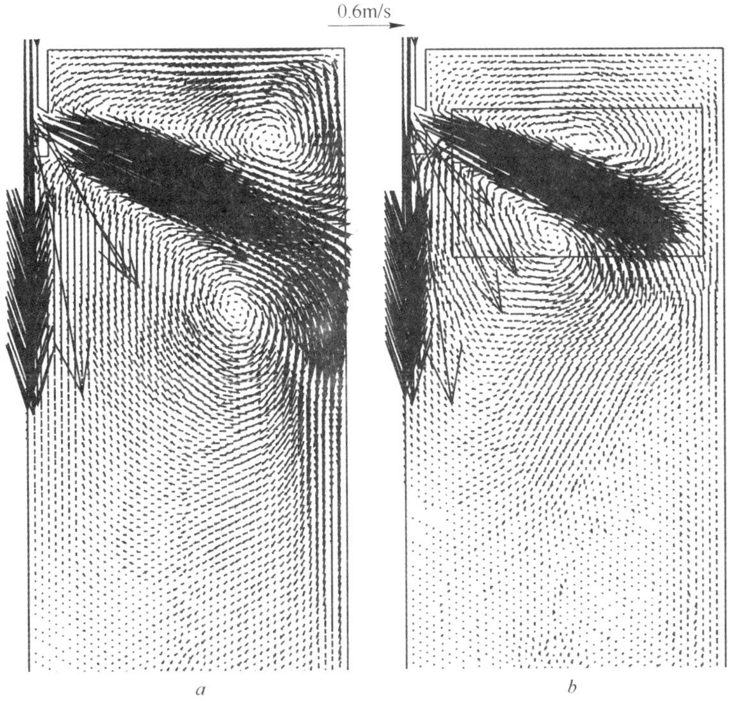

图 5-25 拉速为 1.0 m/min 时，$x-y$ 对称面上的速度场

a—$B=0\,T$；b—$B=0.1\,T$

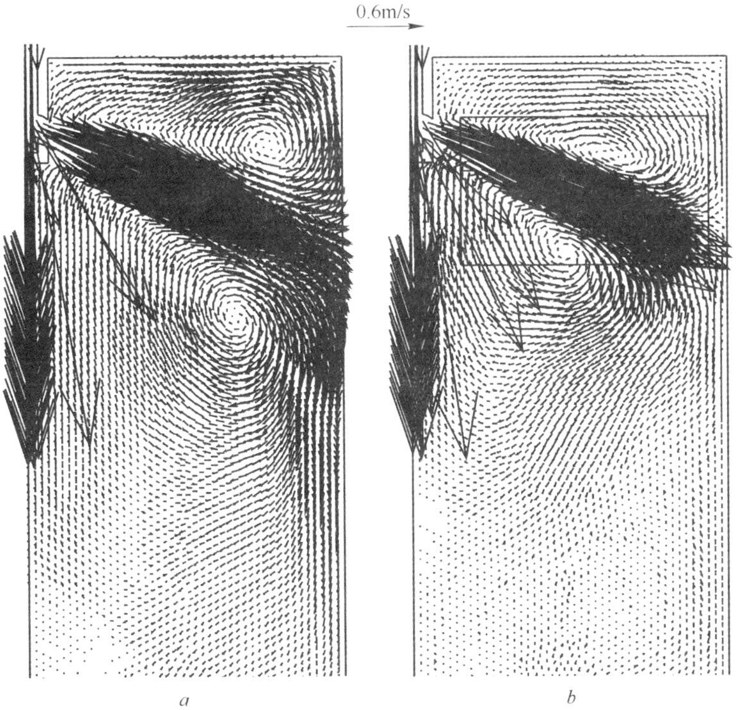

图 5-26 拉速为 1.5 m/min 时，$x-y$ 对称面上的速度场

a—$B=0\,T$；b—$B=0.1\,T$

流速的突增,将会使像“卷渣”、“重熔”、“漏钢”以及“夹杂物难以上浮去除”等现象出现,这也是板坯实际生产中实现连铸高拉速的一个主要障碍。而电磁制动技术作为一种结晶器内的钢液控流技术,恰恰解决了上述提高连铸拉速中出现的各种现象及问题。由图 5-24*b*、图 5-25*b* 和图 5-26*b* 可以看出,施加电磁制动后,钢液在结晶器内的流动状态发生了明显的变化。首先,随着拉速的增加,钢液主流股的流速和对铸坯窄面的冲击强度随之增大,撞击铸坯窄面后的上下流股的流速也随之大增。施加电磁制动后,不但钢液主流股的流速被降低了,而且由于上下回流区大部分处于制动区域内,所以上下流股的流速也减小了,且更趋于平稳,钢液的冲击深度分别相应地减小到 850 mm、870 mm、900 mm。

图 5-27 为距铸坯窄面 10 mm($x=630$ mm)处 $y-z$ 平面上的速度分布。从图上可清晰地看出,随着拉速的增加,铸坯窄面的速度跟着增大,尤其是靠近钢液主流股对铸坯窄面的冲击点附近。但应用电磁制动后,整个铸坯窄面附近的速度都被降低,冲击点附近的速度更均匀。

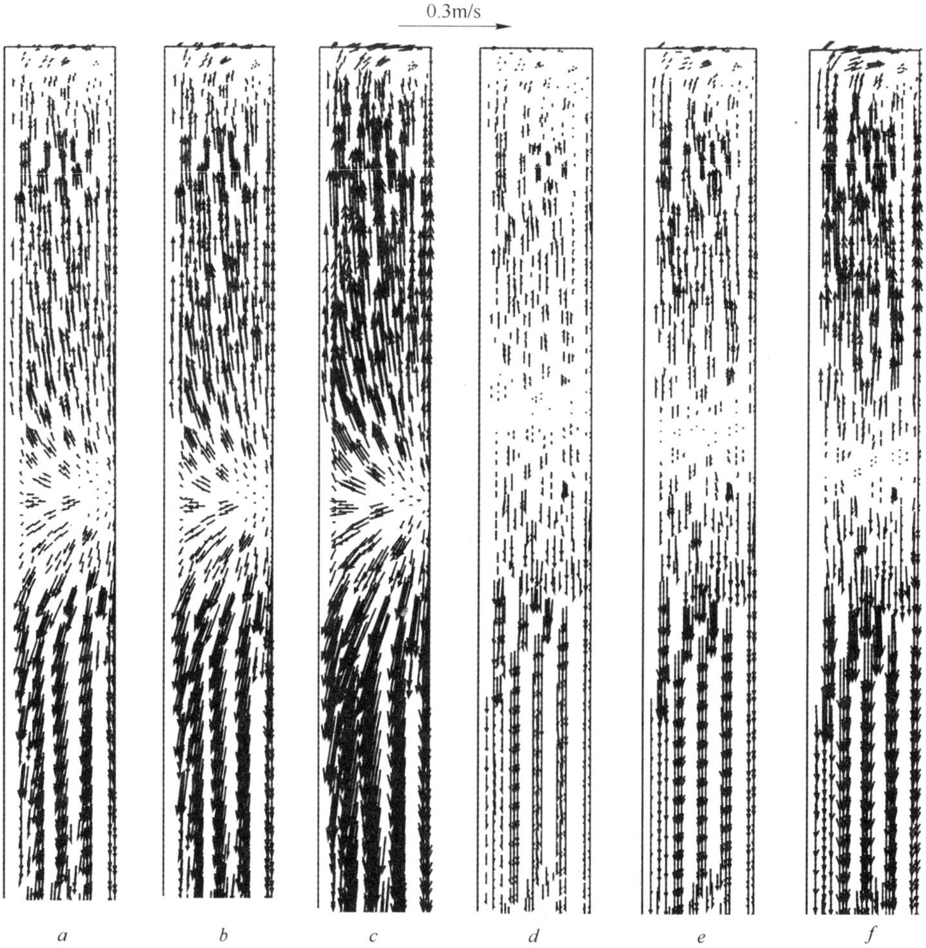

图 5-27 有无电磁制动时,$y-z$ 平面($x=630$ mm)的速度场

a—0.75 m/min($B=0$ T);*b*—1.0 m/min($B=0$ T);*c*—1.5 m/min($B=0$ T);
d—0.75 m/min($B=0.1$ T);*e*—1.0 m/min($B=0.1$ T);*f*—1.5 m/min($B=0.1$ T)

图 5-28 为钢液自由液面下 10 mm(y = 1490 mm)处 $x - z$ 截面上的流场变化,随着拉速的增加,钢液自由液面的流速增大,致使液面波动加剧。但应用电磁制动后,液面速度明显被减小了,且更趋于平稳;由图可见,即使拉速提高时导致的液面速度很大,但施加电磁制动后,液面下该截面的钢液流速被有效地降低,而且最大速度由无电磁制动时的靠近弯月面处移到有电磁制动时的远离弯月面处。

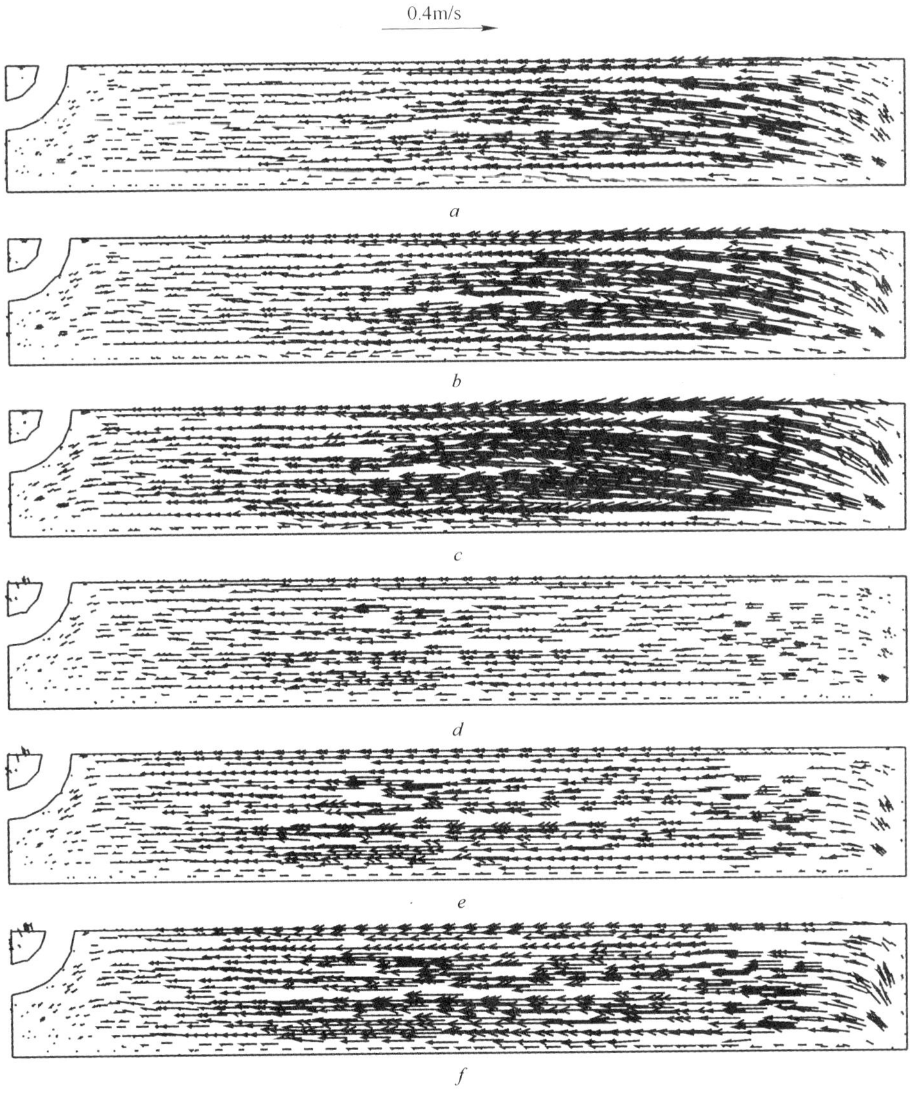

图 5-28 有无电磁制动时, $x - z$ 平面(y = 1490 mm)的速度场

a—0. 75 m/min(B = 0 T);b—1. 0 m/min(B = 0 T);c—1. 5 m/min(B = 0 T);
d—0. 75 m/min(B = 0. 1 T);e—1. 0 m/min(B = 0. 1 T);f—1. 5 m/min(B = 0. 1 T)

图 5-29 为在不同拉速情况下,有无电磁制动时钢液自由液面下 10 mm 处结晶器的宽面中心线上的速度变化。由图可以看出,对于相应的拉速,电磁制动时的液面下 10 mm 处的速度较无电磁制动时有了明显的降低;最大速度出现处,也相应地较无电磁制动时离弯月面处更远,弯月面附近速度更均匀平缓;拉速 0. 75 m/min 时的最大速度由无电磁制动时的

0.099 m/s降到加电磁制动后的0.035 m/s，拉速1.0 m/min时的最大速度由0.122 m/s降到0.052 m/s，拉速1.5 m/min时的最大速度由0.151 m/s降到0.084 m/s。可见，即使在高拉速下，电磁制动对于稳定钢液液面速度也是非常有效的。

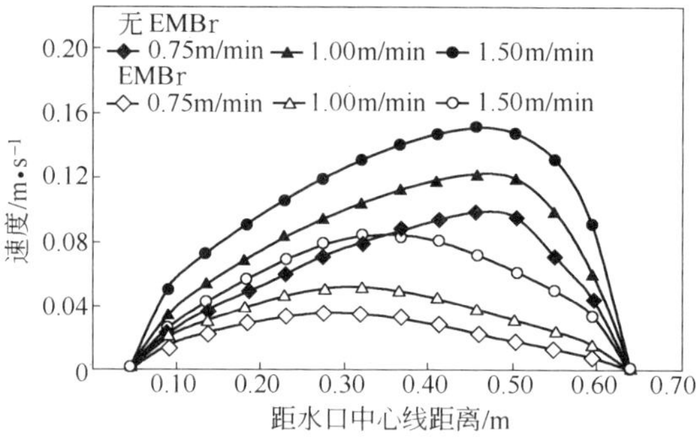

图5-29　不同拉速时自由液面下10 mm（$y=1490$ mm）处的速度变化（$B=0.1$ T）

由以上分析可知，通过施加电磁制动，对于缓解或消除上述所提到的由于提高拉速导致的"卷渣"、"重熔"、"漏钢"等现象都有一定的作用，而且对于促进非金属夹杂物的上浮去除、净化钢液也有明显的效果。在提高连铸拉速的条件下，电磁制动一样可以起到理想的制动效果。所以，电磁制动技术使连铸高拉速的实现成为可能，它有利于提高连铸坯的质量和产量。但不同的拉速下电磁制动效果是不同的，在实际连铸生产中，应根据不同的拉速，不同的水口结构等条件选择不同的磁场强度，这样才能达到不同拉速下最好的制动效果。

5.7　电磁制动的设备

本部分内容以第二代电磁制动为例简要介绍其设备构成，第一代和第三代电磁制动设备构成与第二代大致相同。电磁制动的设备主要包括一个变压器、一个变频器、电磁线圈、铁芯和磁轭以及一套专用的冷却水系统。由于线圈通入大电流会产生很多热量，因而需要通过一套专用的闭路冷却水系统冷却。线圈固定在钢结构上，铁芯通过线圈，是可以移动的，这样可以在浇铸时完全伸出，靠近结晶器铜板，当打开或更换结晶器时铁芯缩回，每侧设有三个限位开关用于控制位置。铁芯在高度方向上可以有两个位置选择，用于在调试时确定最佳的磁场位置。另外，有一个磁轭用于形成闭合的磁通路。图5-30为电磁制动装置的示意图。

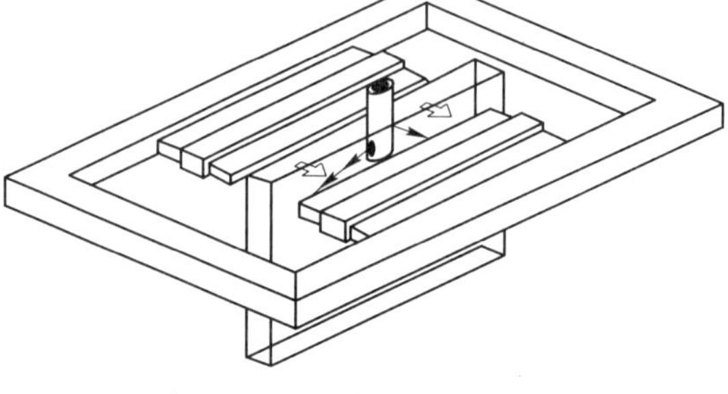

图5-30　电磁制动装置示意图

国内引进薄板坯结晶器电磁制动装置的主要设备参数[24]如下：

变压器	160 kV · A
最大电流	570 A（直流）
最大磁场强度	约 3000 Gs
线圈冷却	内部水冷
线圈冷却水电导率	<0.4 μS/cm

5.8 电磁制动的工业实践

5.8.1 电磁制动的磁场分布特性

在电磁制动运用之前，必须使用专用仪器对结晶器内的磁场进行测量，得到结晶器内磁场的分布以及磁感应强度与电流强度的对应关系。

5.8.1.1 沿高度方向的磁场分布

测量条件：结晶器窄边厚度 90 mm，电流强度为 570 A，沿垂直方向从结晶器铜板上沿开始测量。

在结晶器中心线上从上向下测量，得到了沿高度方向的磁场分布。由图 5-31 中可以看到，在距铜板顶部 550 mm 左右磁感应强度最大[27]。

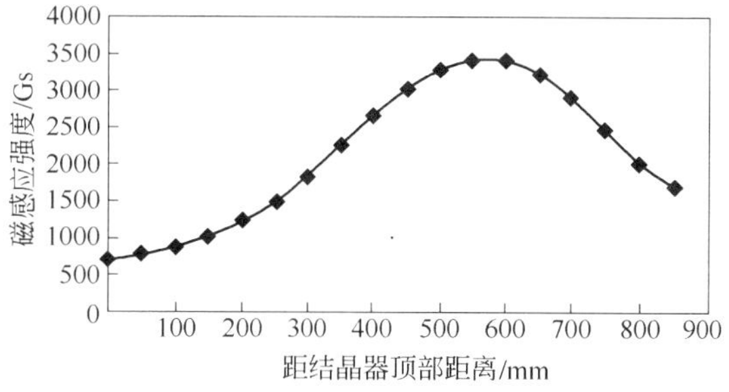

图 5-31 结晶器中心点沿高度方向的磁场分布

5.8.1.2 沿水平方向的磁场分布

在结晶器磁场的中心位置开始（铜板上沿下 550 mm）测量结晶器宽度方向的磁感应强度[27]，结果见图 5-32。由图可以看出，由于磁场的端部效应，从中心到边部，磁感应强度逐渐减少。

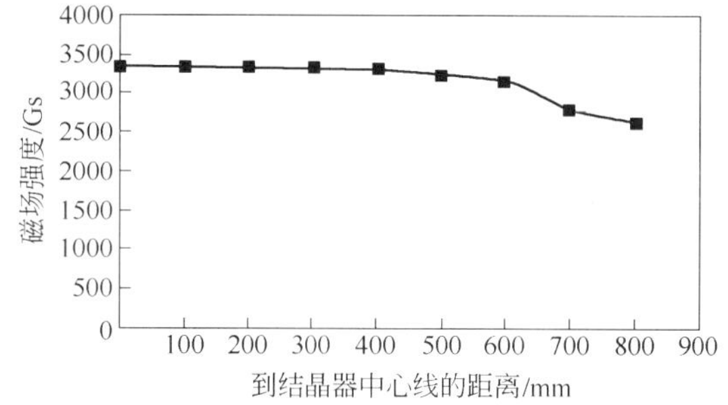

图 5-32 结晶器中心点沿水平方向的磁场分布

5.8.1.3 磁感应强度与电流的关系

在磁场中心点处测量，电流强度从 0 A 到 570 A，磁感应强度随电流强度的变化如图 5-33 所示。随着电流的增加，磁感应强度增加，但电流增加到一定的程度，磁场增加速度变慢，这是由于磁极内部的磁感应强度饱和造成的[27]。

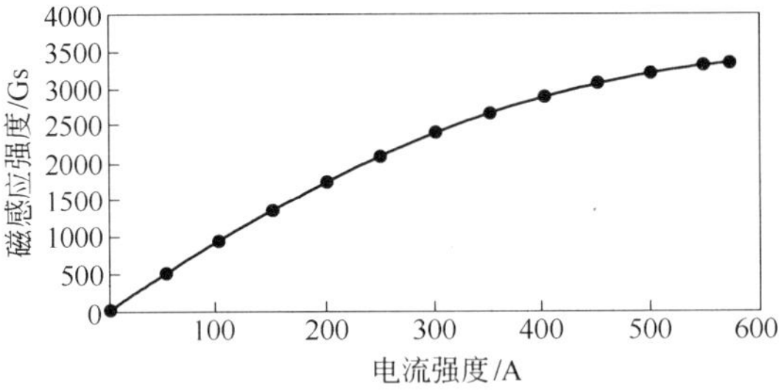

图 5-33 磁感应强度与电流强度的对应关系

图 5-34 为电磁制动磁极中心位置的磁感应强度随电流的变化规律[28]。结晶器窄边厚度为 70 mm，磁极中心位置从结晶器顶端向下 479 mm。由图中可以看出，随着电流的增加，磁感应强度增加，但当电流增加到一定程度时，磁感应强度增加得非常缓慢，这说明了磁极或者磁轭也已经发生了饱和。

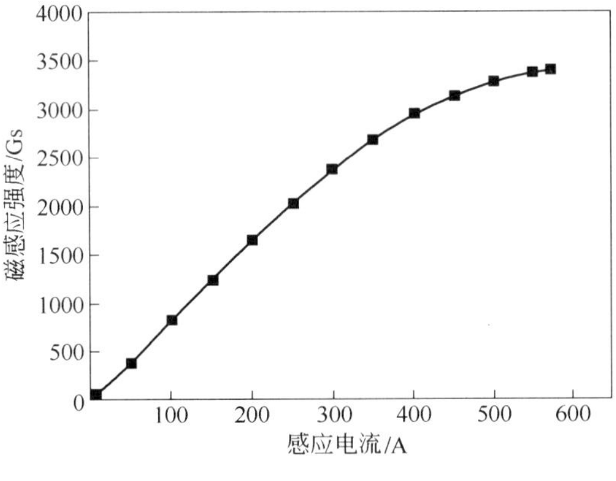

图 5-34 电磁制动磁极中心磁感应强度随电流的变化

5.8.2 电磁制动的效果对比

5.8.2.1 对液面波动的影响

由于在浇铸状态下结晶器内的液面波动情况很难进行精确的测量，选择采用 0.2 mm 的薄不锈钢板来测量结晶器内的液面波动及保护渣层的厚度分布，对比使用和不使用电磁制动条件下钢水液面的波动情况。不锈钢板使用专用夹具夹持，浸入结晶器内 2 ~ 3 s，图 5-35 和图 5-36 是测量结果[27]。对比图 5-35 和图 5-36 可以看出，EMBr 投入使用后，结晶器内钢液面的波动明显降低。

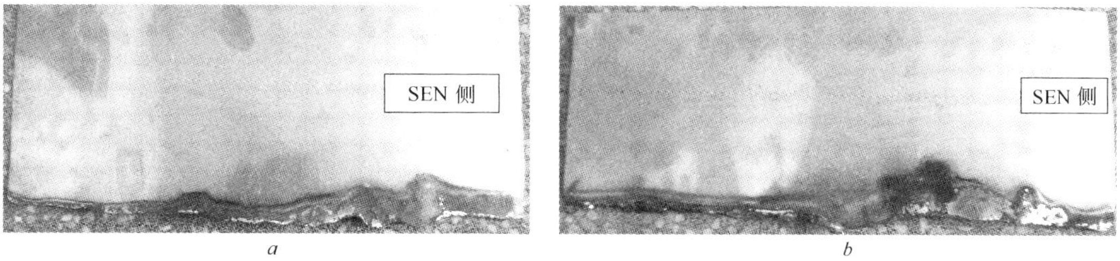

图 5-35 不使用电磁制动测试所用薄不锈钢板断面形状
a—水口一侧；*b*—水口另一侧

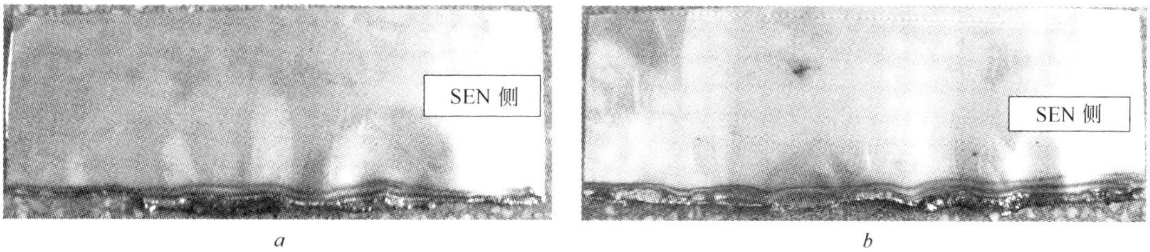

图 5-36 使用电磁制动测试所用薄不锈钢板断面形状
a—水口一侧；*b*—水口另一侧

5.8.2.2 对保护渣润滑的影响

由图 5-35 和图 5-36 也可以看到结晶器内液渣层的分布情况[27]。未使用 EMBr 时，液渣层的波动较大，在靠近水口处液渣层较厚，但不均匀，而靠近窄侧部分则液渣层非常薄，有时仅有 4 mm；而使用 EMBr 后，液渣层的厚度分布有了明显改善，从水口到窄侧的液渣层厚度分布更加均匀。

由于结晶器内钢水流场的改变及弯月面处温度的提高，更主要的是结晶器内液面波动程度降低，保护渣的液渣层在钢液面上分布更加均匀，同时由于靠近窄侧及浸入式水口附近液面波动的降低，可以减少由于波动导致的卷渣造成的生产和质量事故。

5.8.2.3 对内部质量的影响

A 低倍组织

通过在连铸机上使用和不使用电磁制动情况下铸坯取样分析，对比了两种情况对铸坯组织的影响。首先，在不使用电磁制动的情况下进行铸坯取样。然后，投入使用电磁制动，一炉后再次取样。取样后进行切割、酸洗，其低倍照片见图 5-37[27]。由图可以看到，投入使用电磁制动后，铸坯中心疏松及偏析明显减轻。

B 内部夹杂

为了对比使用电磁制动前后对铸坯内部夹杂的影响，在铸坯和钢板上分别取样，通过电解样夹杂物的对比分析，分析结果表明，夹杂物总量在使用电磁制动后降低了约 30% 左右[27]。

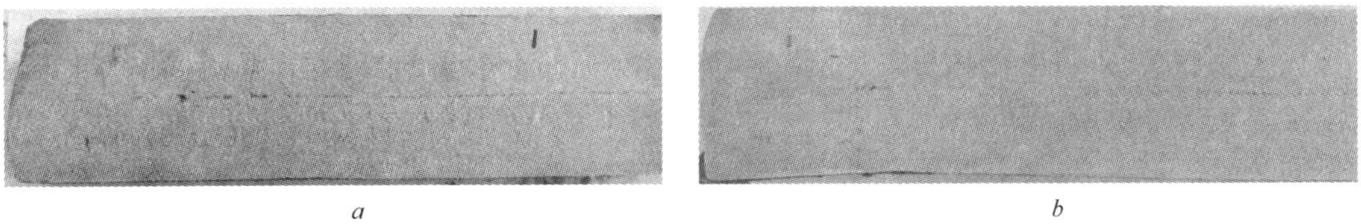

图 5-37 有无电磁制动铸坯组织对比

a—无 EMBr；*b*—有 EMBr（电流 220A）

5.8.3 电磁制动对结晶器内钢液温度的影响

某钢厂 4 号连铸机的最高拉速可达 2.2m/min，高拉速导致浸入式水口吐出的钢水流速很快，夹杂物会随着钢流卷入凝固壳，对板坯质量产生影响。因此，连铸机生产中应选择适应高拉速的电磁制动技术，即通过穿过结晶器的垂直于浇铸方向的静磁场制动钢流，图 5-38 为直流磁场电磁制动器示意图[29]。

该装置有上、下两段磁场，为第三代电磁制动技术。其中，上段磁场位于弯月面附近，用于制动向上的反转流和抑制弯月面的波动；下段磁场位于水口下方，用于制动从水口吐出的高速流股，并在其下游获得“活塞”流动，从而改善铸坯表面质量和减少内部夹杂。

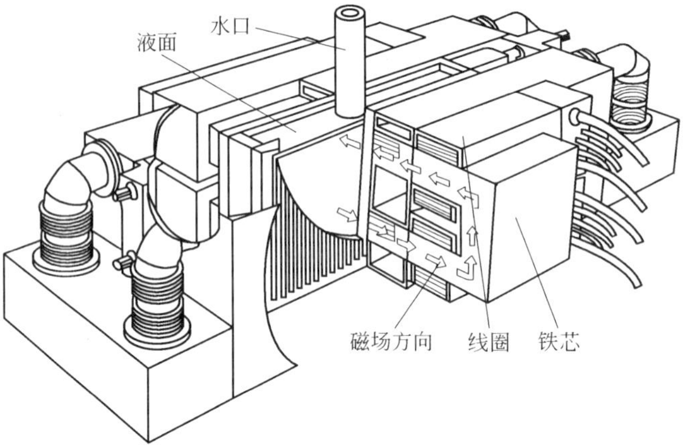

图 5-38 直流磁场电磁制动器示意图

图 5-39 为电磁制动对弯月面温度的影响的测试数据[29]。在相同拉速条件下，采用电磁制动后钢液温度较未采用电磁制动时上升 10℃左右。其原因是，从水口侧孔吐出的向上

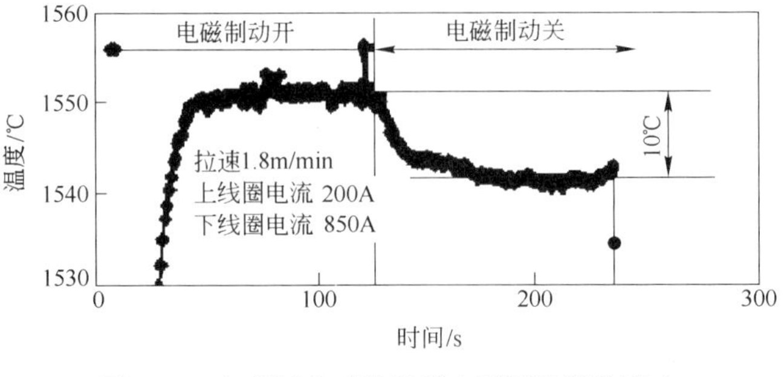

图 5-39 电磁制动对结晶器内钢液温度的影响

流股在水平磁场的排斥作用下向上提升，使上环流区的位置提高、范围缩小；而从水口侧孔吐出的流股须经水平磁场作用区才能向下流动，在电磁力的作用下，向下流动的钢液被显著减速，分布更为均匀，下环流几乎不出现，使钢液在磁场作用区上方的滞留时间增加，从而提高了弯月面附近的温度。

参考文献

[1] 张佩. 重钢板坯连铸结晶器浸入式水口研究及应用[D]. 重庆：重庆大学，2002.

[2] 汪洪峰，郭振和. 结晶器电磁制动技术在高效连铸中的应用[J]. 钢铁研究，2003，(6)：43-47.

[3] 陈芝会，王恩刚，赫冀成. 板坯连铸结晶器电磁制动技术及其应用[J]. 炼钢，2004，20(3)：48-52.

[4] Man Y Ha，Hyun G Lee，Seung H Seong. Numerical simulation of three-dimensional flow，heat transfer，and solidification of steel in continuous casting mold with electromagnetic brake[J]. Journal of Materials Processing Technology，2003，133：322-339.

[5] Ishii T，Sazhin S S，Makhlouf M. Numerical prediction of magneto-hydrodynamic flow in continuous casting process[J]. Ironmaking and Steelmaking，1996，23(3)：267-272.

[6] Thomas B G，Mika L J，Najjar F M. Simulation of fluid flow inside a continuous slab-casting machine [J]. Metall. Trans. B，1990，21B：387-400.

[7] Thomas B G，Yuan Quan，Sivaramakrishnan Sivaraj，et al. Comparison of four methods to evaluate fluid velocities in a continuous slab-casting mold [J]. ISIJ International，2001，41(10)：1262-1271.

[8] Brian G Thomas，Zhang Lifeng. Mathematical modeling of fluid flow in continuous casting [J]. ISIJ International，2001，41(10)：1181-1191.

[9] Huang X，Thomas B G，Najjar F M. Modeling superheats removal during continuous casting of steel slabs [J]. Metall. Trans. B.，1992，23B(6)：339-356.

[10] Brian G. Modeling of the continuous casting of steel-past，present and future [J]. Electric Furnace Conf. Proc.，2001，59：3-30.

[11] Yuan Q，Shi T，Vanka S P，et al. Simulation of turbulent flow and particle transport in the continuous casting of steel [J]. Mineral & Metals Soc.，2001：491-500.

[12] HoYeong-Ho，Chen Chi-Hung，Huang Weng-Sing. Analysis of molten steel flow in slab continuous caster mold [J]. ISIJ International，1994，34(3)：255-264.

[13] Takatani Kouji，Tanizawa Yoshinori，Mizukami Hideo，et al. Mathematical model for transient fluid flow in a continuous casting mold [J]. ISIJ International，2001，41(10)：1252-1261.

[14] Hua Bai，Brian G Thoinas. Turbulent flow of liquid steel and argon bubbles in slide-gate tundish nozzles [J]. Metal. & Material Trans. B.，2001，32B(2)：269-284.

[15] Huang X，Thomas B G. Modeling of steel grade transition in continuous slab casting processes [J]. Metall. Trans. B.，1993，24B(2)：379-393.

[16] 包燕平，张涛，蒋伟，等. 板坯连铸结晶器内钢液流场的三维数学模型[J]. 北京科技大学学报，2001，23(2)：106-110.

[17] Versteeg H K，Malalasekera W. An introduction to computational fluid dynamics：The Finite Volume Method [M]. New York：Wiley，1995.

[18] 王福军. 计算流体动力学分析——CFD 软件原理与应用[M]. 北京：清华大学出版社，2004.

[19] 雷洪，朱苗勇，王文忠. 板坯结晶器内电磁制动过程流场的数值模拟[J]. 化工冶金，1999，20(2)：193-198.

[20] 李宝宽，赫冀成，贾光霖，高允彦. 薄板坯连铸结晶器内钠液流场电磁制动的模拟研究[J]. 金属学

报,1997,33(11):1207-1214.

[21] 雷洪,金永丽,朱苗勇,等. 连铸结晶器内电磁制动过程的数值模拟[J]. 钢铁研究学报,2002,14(3):13-18.

[22] 赫冀成. 电磁场对改善钢材质量的作用[J]. 钢铁,2005,40(1):24-30.

[23] 黄军涛,赫冀成. 方坯结晶器内钢液凝固及电磁制动的数值模拟[J]. 金属学报,2001,37(3):281-286.

[24] Yu Haiqi,Wang Baofeng,Li Huiqin,et al. The influence of eletromagnetic brake on the flowfield of liquid steel in the slab continuous casting mould [J]. Journal of Materials Processing Technology,2008,202:179-187.

[25] 于海岐,李慧琴,王宝峰. 板坯结晶器电磁制动过程的三维数值模拟[J],包头钢铁学院学报,2005,24(3):217-220.

[26] 于海岐. 板坯结晶器电磁制动过程数值模拟[D]. 包头:内蒙古科技大学,2007.

[27] 张瑞忠,路占宝,刘俊山,张志克. 邯钢薄板坯连铸机电磁制动的应用效果[C]//板坯连铸技术交流会议文集[C],2006.

[28] 刘光穆. EMBr 对 CSP 结晶器内冶金过程和铸坯质量的影响[D]. 上海:上海大学,2005.

[29] 康建国. 宝钢 4 号板坯连铸机应用的主要新技术特点[C]//2007 中国钢铁年会论文集[C],2007.

冶金工业出版社部分图书推荐

书　　名	定价(元)
连续铸钢原理与工艺	30.00
连续铸钢	30.00
连铸坯质量(第2版)	24.50
新编连续铸钢工艺及设备(第2版)	40.00
常规板坯连铸技术	20.00
连铸结晶器	69.00
连铸结晶器保护渣应用技术	50.00
薄板坯连铸连轧(第2版)	45.00
薄板坯连铸装备及生产技术	48.00
薄板坯连铸连轧微合金化技术	58.00
薄板坯连铸连轧工艺技术实践	56.00
薄板坯连铸连轧钢的组织性能控制	79.00
连铸及炉外精炼自动化技术	52.00
炼钢—连铸新技术800问	46.00
连铸及连轧工艺过程中的传热分析	36.00
连铸连轧理论与实践	32.00
实用连铸冶金技术	35.00
连续铸钢生产	45.00
中厚板生产实用技术	58.00
汉英英汉连续铸钢词典	65.00
现代连续铸钢实用手册	248.00
电磁冶金技术及装备	76.00
电磁冶金技术及装备500问	58.00
磁电选矿技术	30.00
金属电磁凝固原理与技术	20.00
连续铸钢电磁搅拌器(YB/T 4139—2005)	12.00
电磁辐射污染及其防护技术	29.00
冶金过程数值模拟分析技术的应用	65.00
冶金过程数值模拟基础	28.00
钢铁冶金学(炼钢部分)	35.00
钢铁冶金学(炼铁部分)(第2版)	29.00
炼钢工艺学	39.00
转炉炼钢生产	58.00
氧气顶吹转炉炼钢工艺与设备(第2版)	29.80
氧气转炉炼钢工艺与设备	42.00
转炉炼钢生产技术	25.00
底吹转炉法——引进·搅拌效果·顶底复合吹炼	30.00
转炉炼钢功能性辅助材料	40.00
现代电炉炼钢生产技术手册	98.00
现代电炉炼钢操作	56.00
现代电炉炼钢理论与应用	46.00